吸收式热泵与吸收式换热器

谢晓云 江 亿 著

中国建筑工业出版社

图书在版编目（CIP）数据

吸收式热泵与吸收式换热器 / 谢晓云，江亿著.
北京 ：中国建筑工业出版社，2024. 10. -- ISBN 978-7-112-30448-6

Ⅰ. TH38；TK172

中国国家版本馆 CIP 数据核字第 202407PJ38 号

责任编辑：齐庆梅 武 洲
责任校对：张 颖

吸收式热泵与吸收式换热器

谢晓云 江 亿 著

*

中国建筑工业出版社出版、发行（北京海淀三里河路 9 号）
各地新华书店、建筑书店经销
北京红光制版公司制版
北京云浩印刷有限责任公司印刷

*

开本：787 毫米×1092 毫米 1/16 印张：13¼ 字数：324 千字
2024 年 11 月第一版 2024 年 11 月第一次印刷
定价：**60. 00 元**
ISBN 978-7-112-30448-6
（43614）

前　言

　　吸收式制冷是人类最早发明的制冷手段之一。早在压缩制冷技术发明之前，吸收式制冷就已经应用于制冰、制备冷水以及贮藏保鲜中。电动压缩制冷出现后，由于其在体积、能效等多方面的优势，使吸收式制冷的大部分应用都被电动压缩制冷所取代，吸收式制冷技术成为仅应用于某些特殊条件下的制冷手段。热泵制热的本质与制冷一样，都是设法在较低的温度下提取热量，并使其在较高的温度下释放，只是热泵制热与制冷的工程目的有所不同：制冷是为了在较低温度下排除热量，而热泵制热是为了获取较高温度下的热量；制冷时如何在较高温度下排除这些热量是必须处理的麻烦事；而热泵制热时，从何处找到和提取足够的低温热量又是工程中必须应对的困难问题。正是因为这样的差别，使得电动压缩式和吸收式在制热应用及制冷应用的适宜性上出现了显著的差异。压缩式与吸收式的区别在于二者的 COP 的巨大差别：压缩式的制冷 COP 在空调工况下可达 5～6，而吸收式则仅在 1 左右。这样，在以制冷为目的时，压缩式需要在热端排除的热量仅为吸收式的一半左右，这就大大减少了热端排热的任务；而在以制热为目的时，压缩式要从低温热源中提取的热量几乎是吸收式的一倍，这就大大增加了压缩式制热时寻找低温热源的困难。因此，尽管在以制冷为工程目的时，吸收式往往不如压缩式适宜，但当以制热为工程目的时，吸收式就表现出一些更符合工程实际需求的特点。

　　吸收式技术的又一特点是可以有效地回收利用各种品位的低温余热。在电力生产、化工、冶金、有色、建材、炼油等流程工业过程中，以及食品、纺织、造纸、皮革等轻工业生产中，都有大量的不同温度的余热排出，如何按照"温度对口、梯级利用"的原则，有效地利用好这些余热，已成为要求节能减排、低碳发展的现代化工业中必须高度重视的任务。吸收式技术恰好可以灵活地实现在各个不同温度水平之间的热量变换：以较高温度的热源为动力，从较低温度的低温热源提取热量，制备中温热量；或者从较高温度的热源取热，释放一部分热量至较低温度的冷源，同时在更高温度下释放出高温热量。这种可作用于不同温度的热源与热汇之间，可灵活地升温和降温、取热和排热的技术，使吸收机技术在这些余热回收利用的工程中大放异彩，得到广泛的应用。也正是全社会对节能减排、低碳发展的高度重视与需求，使得吸收机这一古老和传统的技术得以焕发青春，在最近十余年内突然又得到飞速发展。

　　清华大学建筑节能研究中心是十年来出现的最新一轮的吸收机技术热的推动者之一。早在 2006 年与 2007 年就相继提出采用吸收式热泵与地下水源热泵结合，可以获得更好的工程效果，吸收机产业应该北上，把市场重点从南方的制冷转移到北方的供热。2008 年付林教授提出热电联产吸收式换热循环的概念，并先后在赤峰、大同的热电联产工程上示范。这两个示范工程，利用吸收式热泵构成的"吸收式换热器"，在热力站把热网一次网的回水温度降低到 20℃，低于二次侧的回水温度，这就使一次网在循环流量不变的条件下热量输送能力提高了 70% 以上。接近 20℃ 的回水进入热源后，又可以有效地回收热源处原本排放掉的低品位余热，这大幅度提高了余热的回收利用率，使热电联产输出的热量在不减少发电量、不增加煤耗的前提下提高了 50%。大同示范工程引起业界的高度重视，在国内热电联产集中供热领域掀起一阵热潮，我国吸收机年产值从 2011 年的不到 10 亿元，一下子提高到 2013 年的接近 30 亿元，吸收机产品的主要应用也从 2011 年以前的制冷为主转为供热为主。吸收式热泵、吸收式换热器成为一个飞速发展的新产业。依靠国家的节能减排、低碳发展的战略，尤其是自 2016 年在北方地区围绕治理雾霾所展开的清洁供暖工程，吸收式热泵和吸收式换热器得到飞速发展和广泛应用。这主要包括：

（1）吸收式换热器概念的提出和系列产品的出现。这一新的热交换器概念可以实现热源侧和热汇侧的循环水流量有数倍之差的条件下的高效换热，使热源侧为小流量时其返回热源的回水温度低于热汇侧进入换热器的温度；热源侧为大流量时，热汇侧从换热器流出的供水温度高于热源侧进入换热器的供水温度。这一全新概念的换热器已经被开发成全系列的换热器产品，单机容量从几十兆瓦到几百千瓦，包括立式、卧式等不同形式，广泛用于集中供热系统的不同环节中。

（2）蒸汽-水吸收式热泵，在热电联产电厂以抽取的中压蒸汽（0.4M～0.6MPa）为高温热源，提取低压乏汽热量，实现对热网循环水的大温升加热。这一加热过程循环水侧的温升可达 60～100K，高温蒸汽量根据加热工况不同仅占加热热源热量的 30%～60%。这就实现了低品位乏汽余热的有效回收利用。这一类型的吸收式热泵目前也已经形成系列产品，单机容量可达上百兆瓦，被大量应用在热电联产余热回收工程中。

（3）蒸汽、热水或燃气驱动的吸收式热泵，用于燃气、燃煤排烟的深度热回收。所回收的余热包括不同规模的燃煤、燃气锅炉排烟，也包括大型燃气-蒸汽联合循环电厂的排烟。通过吸收式热泵制取冷水可把各种排烟的温度冷却到 20℃ 以下，从而使其中的大部分水蒸气被冷凝，所回收的低温余热又被吸收式热泵提升，加热热网循环水。这使得燃气的热效率提高 10%～15%，燃煤的热效率提高 7%～10%，并彻底实现了排放烟气的"消白"，消除了燃煤燃气排烟的同时向大气排放的大量水蒸气。这一系列产品目前也已经广泛地用于各种燃煤燃气装置的烟气消白与余热回收中。

（4）各类工业生产过程的余热回收利用。这包括利用部分高温热源回收低温余热，利用高温热源制冷，以及利用中温热源和较低温的冷源制备更高温度的热源供工业生产用。工业过程中有各种温度的余热产出，通过吸收式热泵或吸收式换热器对这些热量进行变换，改变其温度范围，使其满足其他过程对热量的需要；或者通过热量变换，搭建起余热热源与余冷冷源之间的关系，使各种品位的余热得以充分利用。这是吸收式技术可充分发挥作用的场合，在对工业生产过程节能减排、循环利用的要求下，这一类的应用越来越多，从而催生了相关产品的产生和发展。

吸收式技术的飞速发展和广泛应用，促进了相关产品的研发和新产品的出现，而这些新产品的研发，又促使相关基础理论和应用技术的发展、完善。谢晓云副教授负责的吸收机课题组就是在这样的背景和需求环境下于 2010 年成立，并逐渐发展起来。近十年来，伴随着社会上对吸收机技术需求的不断提高和新问题的不断提出，这个小组在这一方向上的研究也历经困境、不断磨炼，在行业的支持和社会需求的激励下，在理论上和工程技术上一步步艰难前行，慢慢获得一些进展，逐渐围绕工程应用问题形成了系统的有特色的技术体系。课题组的主要贡献如下：

（1）传统的吸收机研究集中在以 COP 为标志的热效率上，而不能充分反映吸收机输入输出各路热量的品位变化。而这些品位变化问题恰为吸收机技术回收各类余热问题的关键。COP 可以回答高温热源的一份热量可提升低温热量的数量，却不能回答在给定的各类热源热汇的温度下，这一提升热量的任务可否实现。为此，谢晓云老师提出吸收机的"提升系数"的概念，用于回答吸收机是否可以在要求的各温度水平下工作。从理论上提升系数的上限，到工程中影响提升系数的各个因素，以及获取较高提升系数的方法。以提升系数为基础，谢晓云老师建立了全新的吸收机分析体系和设计方法，可清晰地回答各类与吸收机相关的工程问题，尤其是"行不行"方面的问题。

（2）在付林教授提出的吸收式换热器概念的基础上，系统地建立了吸收式换热器的理论体系和装置的流程体系。谢晓云老师主持的《吸收式换热器》国家标准编写组首次提出评价其性能的吸收式换热器"效能"这一新指标，基于这一指标的产品标准，将作为国家标准规范这一产品的性能描述和应用选择。大部分吸收式换热器的四大换热装置（发生器、冷凝器、吸收器和蒸发器）都不是如传统的吸收式制冷机那样工作在小温升/温降下，而是要承担超过 10K 的升温/降温任务，按照传统的吸收机流程就会导致很大的㶲耗散，从而降低可实现的提升系数，也就不能获得足够高的吸收换热器效能。为此，课题组提出多种新的流程，变四器内的大三角形换热为阶梯型换热，显著降低了四器换热过程的㶲耗散，大幅度提升了最终所研发出的吸收式换热器的效能。这些成果已经转化为多个发明专利，并具体应用在所研发的各个产品中。

（3）通过两年的努力，建成世界上第一个 $10m^3$ 真空空间、30kW 换热能力的大型吸收式换热实验平台。利用这一实验平台可对吸收机中的各个传热传质过程进行实验研究，也可以对吸收机中的各个部件性能进行实验，并对各种流程进行验证性测试。实验平台已经连续运行 14 年，其真空状态一直保持良好。14 年来在此平台上进行的各种相关基础现象与规律的研究、各类强化传热传质实验，以及多个发生-冷凝、吸收-蒸发试验段的实验与验证，为认识各个相关的规律，尝试各项发明创新，以及研发各类新的机组，都起到重要作用。

（4）在研究的基础上，2013 年底研制出世界上第一台 200kW 的立式吸收式换热器，用于楼宇式换热站，直接接在建筑热入口，在楼内管网循环温度为 55/40℃的条件下，外网的供回水温度为 90/25℃。在此基础上开发出不同容量的系列的楼宇吸收式换热器，并且使其高度和体积不断减小。2017 年开始，又与同方节能工程技术有限公司合作，开发出 1MW 到 10MW 系列的热力站用吸收式换热器，其实测最高效能已达 1.4，成为性能非常高的吸收式换热器。

上述工作主要是在清华大学建筑节能研究中心的吸收机课题组内完成。包括一个全新概念的产品，从概念的建立、流程优化，到关键部件的研究和制造工艺难题的解决，以及在各类工程中的应用示范。任务的前半程可以作为学校的科研任务，以论文为产出成果。而任务的后半程往往应该由各种应用型研究所、企业以及产品最终的应用部门完成，学校很难承担解决工艺难题、试制样机和工程示范这类工作。这些工作的完成，也很难产生论文，往往与学校的评估标准不一致，在学校的评估体系下难以获得足够的支持和评价。然而，没有后面的努力，前面的研究就很可能止步于论文的发表。而且，只有在后续的持续开发研究中，才能不断发现和认识新的理论和科学问题，从而推动创新研究的持续进行。中国目前还没有哺育一个全新概念的新产品从诞生到长成、指导全面推广应用的机制，要使这种新产品不停留在纸上，而是成为推动一个领域技术变革的动力，就必须把足够的力量放在后半段，解决试制、应用和推广中的各种难题。相对前面的理论工作，后面的工作往往要付出五倍、十倍的努力，这样做是否值得？这样做对学校的教学、研究生培养工作会有何影响？实践证明，对于工科专业，这种全过程的研究有利于对学生全过程能力的培养，而这种能力恰恰也是工科博士走入社会后所需要的。工科博士在走入工作岗位后，面临的往往不仅是基础理论研究工作，更多的往往是新产品的开发，重要工程的设计与实施。有这样的创新产品全过程的研究与开发经历，对这些工科博士能力的培养应该是有益的。

经过 16 年的努力，吸收式换热器已经发展成为一个初步具有完整体系的新技术，因此有必要将其系统化，从基础理论和概念到关键技术环节；从性能描述方法、标准到性能测试与检验方法；从装置的流程、构造和设计方法到应用系统的构成、设计和运行调适；需要专门的著作来系统阐述。本书就是试图建立这样一个吸收式换热器的全面的科学技术体系，以满足其继续发展和在社会上应用推广的需要。

本书的第一作者谢晓云副教授是吸收机课题组的创始者和主持人。她投入全部心血，专心致力于此，经过 15 年的努力，建立了吸收式换热器的理论和技术体系，主持了全部实验研究和产品研制。本书是她在此方向上研究工作的总结。本书的完成还积聚了吸收机课题组全体成员的努力，是群体智慧的结晶。在此要感谢付林教授，他最早提出吸收式换热器的概念，并推动了这一新型换热设备的开发应用；感谢张世刚博士，一直指导吸收式换热器的开发研制和吸收机研究实验平台的建设与运行；感谢王升博士、李静原博士、朱超逸博士、胡天乐博士、郑姝影、杨月婷、胡景童、易禹豪、张浩博士，他们为吸收机的研究发展做出重要贡献，吸收式换热器的相关研究也成为他们博士论文的主要内容；还要感谢史卓凡、方鼎钊、占子扬、王懿垚博士研究生，他们还在为吸收式换热器的继续发展从多方面进行着相关研究，希望在他们的努力下，吸收式换热的研究能够持续发展，吸收式换热器能够应用到更多的领域，成为各种余热回收利用的利器。在这里还要特别感谢吴建峰工程师，他完成了吸收式实验平台的建造，主持这一平台的运行，并且完成了实验平台所有试件的加工制作，他的精湛技术和对工作的认真负责、精益求精，使实验平台能够高质量运行，有他加入这一团队，才使得所有的试验工作和样机的试制得以实现。

时间过得真快，吸收机课题组已经成立了 14 年，第一台立式小机组也已经运行了 12 年。现在，吸收式换热器已经进入供热人的眼界，各地都开始考虑怎样利用这一新的装置解决热网中的诸多疑难问题，实现集中供热系统性能的全面提升。清华大学建筑节能研究中心提出"中国清洁供热 2025"技术框架，希望全面改变我国北方城镇供热形式，充分利用热电厂和工业排放的低品位余热，在综合成本不提高的前提下，大幅度降低供热能耗与污染物排放。在这个技术框架中，吸收式换热器起着至关重要的作用。希望本书再版的时候，吸收式换热器已经全面应用到各地的集中供热系统中，为我国集中供热出现革命性变化发挥其作用。这也是本书所追求的目标。

江亿

清华大学节能楼

6

本书各章作者

第 1 章：谢晓云

第 2 章：谢晓云，江亿

第 3 章：谢晓云，杨月婷，朱超逸，易禹豪，张浩，江亿

第 4 章：胡天乐，李静原，朱超逸，郑姝影，杨月婷，谢晓云

第 5 章：谢晓云，易禹豪，朱超逸，胡景童，胡天乐，张浩

第 6 章：朱超逸，谢晓云，江亿

第 7 章：谢晓云，朱超逸，胡天乐，杨月婷，江亿

目 录

第1章 绪 论

1.1 吸收式热泵与吸收式换热的应用背景

我国北方城镇建筑供暖能耗是建筑能耗的主要部分，也是能源结构调整、取消燃煤、发展新型供热热源方式的重点。根据我国情况，最合适、最有效的能源替代方式是用工业生产过程中排出的30～80℃的低品位余热作为供热热源，初步估算，这部分热量能够满足我国城镇建筑40％以上的供热需求热量。工业余热的特点为品位低（30～80℃），并且远离城市（距离城市30～100km），如何实现低品位工业余热长距离的经济输送，成为这一任务的关键。

利用热泵提取低品位余热替代常规的燃煤等化石能源目前是实现北方地区清洁取暖的重要途径之一。电驱动热泵是热泵的技术手段之一，但其仍存在（HFCs）氢氟烃类制冷剂的排放问题。作为提取低品位工业余热实现供热的另一类重要手段，且能够实现零HFCs排放的吸收式热泵被广泛应用在集中供热系统中[1]，用来回收各类低品位的工业余热用于集中供热，包括燃煤热电厂的乏汽余热回收[2]、燃气锅炉和燃气电厂的烟气余热回收等[3]，用来实现热电联产的热电协同等[4]。

而上述吸收式热泵能够高效回收低品位工业余热，其中的关键装置之一是吸收式换热器。吸收式换热是清华大学付林、江亿等在2008年提出的全新的概念[5]，是利用吸收式热泵与换热器组合而成的装置，如图1.1所示。将其用在热力站，完成小流量的一次网热水与大流量的二次网热水之间的换热，可以实现一次网水的出水温度比二次网水的进水温度低。如一次网进水温度为90℃，二次网进水温度为40℃，一次侧、二次侧流量比为1:6.5的情况下，一次网出水温度可降低至25℃。而常规换热方式，一次网出水温度仅

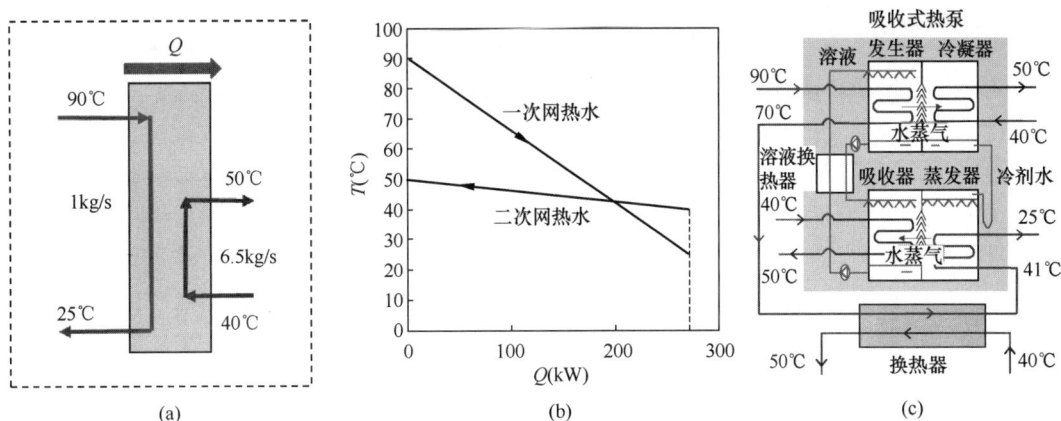

图1.1 第一类吸收式换热器的原理

（a）外部换热性能；（b）从外部看的 T-Q 图；（c）内部流程

能降低至 45℃ 左右。

由此，降低温度的一次网回水回到热源侧，可以直接回收 30～80℃ 的低品位余热，使得热源厂低品位余热变得容易回收。降低一次网回水温度，实质是降低了一次网的平均温度，从热源侧来看，相当于降低了热汇侧平均温度，从而提高了热源和热汇间的平均温差，从而使得回收余热的过程变得容易很多。从图 1.1 可以看出，利用吸收式换热器，实现了流量极不匹配的流体间的换热过程。利用吸收式换热器，一次网的供回水温差可增加40% 以上。如上例，一次网输送温差从 55K 增加到 80K，从而可以大幅增加一次管网的输热能力，实现低品位热量的长距离输送。

利用吸收式热泵实现了不同品位之间热量的变换，利用吸收式换热器实现了流量极不匹配的一、二次网之间的换热，这使得吸收式热泵和吸收式换热器成为燃煤热源清洁化、燃气热源高效化、热电联产灵活化、热量长距离输送等多项能源系统重要技术中的关键设备。

而这些应用在集中供热系统中的吸收式热泵和用于吸收式换热器内部的吸收式热泵，其外部工况要求与常规的吸收式热泵有比较大的差别，如表 1.1 所示。

用于集中供热的吸收式热泵和吸收式换热器与常规吸收式热泵的差别　　表 1.1

项目	常规吸收式热泵或吸收式制冷机	用于集中供热的吸收式热泵和吸收式换热器
源侧进出口温差	5K 左右	10～20K
源测供水温度变化	<5K	30～55K（如严寒期 120℃，初末寒期 70℃）
源、汇之间温差变化	<10K	30～40K 对应热水进水温度 60～100℃ 之间变化
机组运行期间浓度变化	<5%	10%～20%
流程特点	单级单段为主	需考虑分级或分段
罐体要求	较小的溶液罐和冷剂水罐体积	足够的溶液罐体积和冷剂水罐体积，以应对浓度变化
结构形式	卧式为主	需改变结构、减小占地面积
隔压形式	孔板为主，部分 U 形管	需适应较大的压差变化，U 形管为主

由表 1.1 所示，实现工业余热回收、用于集中供热系统的吸收式热泵与常规吸收式热泵相比，首先外部工况要求有了比较大的差别，用于集中供热系统的吸收式热泵和吸收式换热器，其内部各器源侧进出口温差可达 10～20K，而常规的吸收式热泵或吸收式制冷机各器源侧进出口温差仅有 5K 左右，如果沿用常规吸收式热泵的单级流程和结构，对于机组内部的冷凝器和蒸发器，单一冷凝温度或蒸发温度与大进出口温差的流体进行换热，将出现较大的不匹配换热损失，从而使得装置需要较大换热面积投资或者所要求的外部工况无法实现。需要研究全新的适用于源侧大进出口温差的吸收式热泵和吸收式换热器的流程。除了源侧大进出口温差之外，用于集中供热领域的吸收式热泵和吸收式换热器，其热源侧进口温度初末寒期到严寒期有着较大的变化，例如严寒期供热一次网热水供水温度120℃，而初末寒期一次网热水供水温度可降低至 70℃，这就使得回收工业余热用于给一次网水加热的吸收式热泵或者用于热力站一、二次网热水之间换热的吸收式换热器的热源

与热汇侧温差在较大范围内变化,从而使得机组内部运行过程溶液的浓度在较大范围内变化。而常规吸收式热泵或吸收式制冷机的设计,其热源和热汇温度均变化较小,热源与热汇之间的温差变化范围小,溶液浓度变化范围也较小。这就要求用于集中供热领域的吸收式热泵和吸收式换热器,其内部结构就要进行相应的设计,以应对较大的溶液浓度变化范围。并且,外部运行工况变化范围大时,内部发生-冷凝过程与蒸发-吸收过程之间的压差也在较大范围内变化,需要对内部隔压工艺进行精心设计,采用 U 形管隔压,同时尽量避免 U 形管中可能出现的气液两相流,进而出现的高低压之间的串汽现象。

此外,在吸收式换热器被提出之前,大部分常规的吸收式热泵一般都由高温热源驱动实现制冷或者热泵的功能,如蒸汽型或者直燃型吸收式制冷机。由于热源品位高,吸收式热泵的外部源侧驱动温差(发生器热源温度与冷凝器冷源温度之差)大,要求的外部源侧提升温差(吸收器热源温度与蒸发器热源温度之差)小,此时要求的提升系数小,外部参数能够较容易实现,各器可以分配到较大的传热温差,此时追求的是如何尽量提高吸收式制冷机或吸收式热泵的 COP,以尽量减少高温热源的消耗,并不太关注如何减小换热温差并实现换热过程的匹配。四器的强化传热研究的目标也是为了减小体积、降低造价。这就和吸收式换热器的优化目标有了很大的差别,从而导致吸收式换热器各传热传质过程的优化方向、技术路线、研究方法与最终结果都和常规的吸收式热泵有较大差别。对于吸收式换热器,必须追求四个换热器内水侧与溶液或冷剂水侧之间的温差均匀分布,"斤斤计较"各个环节的换热温差和换热温差导致的㶲耗散,否则就无法实现要求的外部工况参数,从而无法实现热量变换的需求。以减少传热传质过程的㶲耗散为目标来研究传热传质过程的强化,这也是本书中研究传热传质与常规传热传质过程性能研究的差别之一。

由此,为适应吸收式换热器所面对的新的应用场合,有必要从理论体系建立、新流程研究、新结构研发、内部传热传质过程的深入认识与强化等方面对吸收式热泵与吸收式换热器进行深入探讨。

1.2 吸收式热泵和吸收式换热器的国内外研究现状

1.2.1 吸收式热泵的研究现状

自 20 世纪 40 年代至今,吸收式热泵一直都是国内外研究的热点,在流程结构构建方面,以往对吸收式热泵流程的研究,主要是为满足制冷或者提升热量的要求。包括以下几类典型流程:

(1) 发生器的热源温度与冷凝器的冷源温度之间温差大时:双效流程

当发生器热源和冷凝器冷源之间的温差很大时,利用双效或多效发生过程[6],使较大的发生-冷凝驱动温差转化成对热量的高效利用。其中最常用的是双效发生流程,这种流程被广泛应用于以高温导热油、蒸汽、烟气等高温驱动的溴化锂吸收机中[7,8],流程主要包括高压发生器、低压发生器、冷凝器、吸收器、蒸发器等部件。发生器的热源首先驱动高压发生器对稀溶液加热浓缩,产生的水蒸气作为低压发生器的热源,再次加热浓缩稀溶液,产生的水蒸气进入冷凝器进行冷凝。双效流程充分利用了发生器热源和冷凝器冷源之间较大的温差作为驱动力,从而利用一份热量制得两份浓溶液,提高机组的 COP,提高热源的利用率。但由于溴化锂溶液在高温和高浓度下的腐蚀性，对于以溴化锂为工质的吸收式热泵，很难做到三效及以上效能的流程。

（2）吸收器的冷源温度与蒸发器的热源温度之间温差大时：双级流程

当蒸发器与吸收器之间的温差较大时，单级单效吸收式热泵可能难以满足温度提升的需求，因此出现了多级流程来解决这一问题。较为常用的是蒸发-吸收双级流程[9]，该流程主要包括发生器、冷凝器、高压吸收器、吸收/蒸发器、低压蒸发器等部件。吸收/蒸发器吸收低压蒸发器的冷剂蒸汽，并将吸收过程产生的热量用于产生冷剂蒸汽供给高压吸收器中的溶液，从而在原有单级单效流程的基础上，增加低压蒸发-吸收过程，有效提高高压吸收器与低压蒸发器之间的温差。另一种流程是发生-冷凝-吸收双级流程[10]，该流程主要包括一、二级发生器，一、二级吸收器，冷凝器，蒸发器等部件。其中高温热源同时驱动一、二级发生器，第一级发生器、第二级吸收器、冷凝器和蒸发器组成一个吸收式循环。第一级发生器产生的蒸汽全部进入冷凝器冷凝，第二级发生器产生的水蒸气全部进入第一级吸收器，第一级发生器与第一级吸收器之间为完整的溶液循环，第二级发生器与第二级吸收器之间为另一个完整的溶液循环，冷凝器冷凝下来的冷剂水全部到蒸发器去蒸发，蒸发器产生的水蒸气被第二级吸收器所吸收。此流程第二级发生过程的蒸汽由冷却水温度下吸收过程的溶液所吸收，从而提高了第二级溶液的浓度，从而有效提高蒸发器与第二级吸收器之间的温差，实现更低温度的制冷或者更低品位的余热回收。

（3）通过对冷剂蒸汽机械增压提高吸收式热泵性能

在吸收式热泵和制冷的应用中，往往存在驱动热源品位低，无法实现较低品位余热的回收或者实现较低温度的制冷等问题。针对这类问题，近年来，国内外不少学者提出在蒸发器和吸收器或发生器和冷凝器之间安装增压装置（压缩机），将蒸发器（发生器）产生的冷剂蒸汽增压后进入吸收器（冷凝器）。由于机械增压装置的引入，提高了吸收式热泵的温度提升能力，从而使得吸收式热泵可以充分回收利用太阳能[11]、低温废热、环境空气[12]等低品位热源，扩展其应用范围。但是目前的研究仍然处于模拟研究与可行性论证的阶段，增压装置引入的效果有待进一步的研究验证。

（4）电厂用于提升热水温度的流程

在城市集中供热系统中，一次网热源为热电厂时，在热源侧一次网回水的传统加热方式为抽蒸汽直接换热。膨胀做功后的乏汽中的潜热量则通过冷却塔排出，这部分热量可占到燃料总热量的 $30\% \sim 40\%$。当电厂的热电机组台数较少，无法通过设置多个乏汽品位和抽汽品位通过多级梯级加热加热一次网热水时，可通过设置吸收式热泵机组回收乏汽余热，从而可以大幅提高热电厂的总热效率。但由于吸收式热泵温度提升能力的限制，吸收式热泵加热一次网回水的出水温度有限，当需求的一次网供水温度较高时，仍然需要主蒸汽抽汽直接加热，这样供热系统的整体 COP 仍然较低，乏汽回收量有限。

复合式吸收式热泵流程[13]通过提高吸收式热泵的温度提升能力，减小主蒸汽抽汽量，提高供热系统整体 COP。在复合式吸收式热泵流程中，第一级发生器与第二级发生器均通过主蒸汽抽汽驱动，乏汽潜热作为蒸发器的热源，一次网回水依次通过第一级吸收器、第一级冷凝器、第二级吸收器、第二级冷凝器。复合式吸收式热泵流程在单级单效吸收式热泵的基础上，通过将第一级发生器产生的冷剂蒸汽一部分旁通至第二级吸收器，替代第二级吸收器的蒸发器，从而使得第二级吸收器的溶液在更低的浓度范围内工作。在发生器均通过相同的主蒸汽抽汽驱动的情况下,第二级冷凝器的冷凝温度更高,从而提高一次出水温度。该流程可实现在小驱动温差的条件下,尽可能提高提升温差,或者在提升温差一定时,尽可能减小驱动温差,在热泵模式下实现输出更高品位的热量。

(5) 吸收式蓄能技术

吸收式蓄能技术利用吸收式循环中产生的浓溶液与液态制冷剂进行蓄能。蓄能时,将吸收式循环的发生、冷凝过程中产生的浓溶液、液态制冷剂分别储存在罐体内;放能时,液态制冷剂与浓溶液分别进入蒸发器、吸收器释放能量。吸收式蓄能技术具有蓄能密度高、热损失小,并能采用环保型工质以及利用低品位余热等技术特征。研究表明[14],吸收式蓄能用于蓄冷时,其蓄能密度与冰蓄冷相近。已有厂家在市场上供应具有内部蓄能功能的热驱动热泵[15],主要是利用太阳能夏季供冷、冬季供热并全年提供生活热水。学者们提出了单级蓄能循环、双级蓄能循环、增压蓄能、三相蓄能循环(TCA)等多种蓄能形式,在应用上,从太阳能短周期蓄冷发展到太阳能季节性蓄冷或供热[16]。但是目前关于吸收式蓄能循环的研究多为实验与模拟层面,高效蓄能循环的性能、对于高浓度溶液长时间蓄存时结晶问题的有效解决方案等问题有待进一步的研究与验证。

1.2.2 吸收式换热器的研究现状

吸收式换热器是自2008年至今提出的全新的热量变换装置[5],如图1.1所示,可用于热力站实现两侧流体流量极不匹配时的换热,最终可将一次网出水温度降低至比二次网进水温度低15~20K的水平,降低至30℃以下,从而可回到热源厂回收低品位余热。在用热末端安装吸收式换热器成为在热源侧回收低品位余热的关键。吸收式换热器的概念自提出以来,在流程构建、性能分析、装置研发、内部传热传质过程等方面都有了较大的发展,这些内容是本书的重点,这里先简单列出吸收式换热器发展的几个方面。

(1) 发展出两类吸收式换热器的概念

第一类吸收式换热器,由小流量的热源向大流量的热汇换热,热源出口温度低于热汇进口温度;第二类吸收式换热器[17],是大流量的热源向小流量的热汇换热,热汇出口温度高于热源进口温度,实现制备出比两侧流体进口温度都高的系统最高温度。两类吸收式换热器,有效地降低了流量极不匹配下两侧流体间换热的㶲耗散,使得小流量侧流体的出口温度超越了常规换热的界限,成为低品位余热回收并进行长距离输送的关键装置。

(2) 吸收式换热器的性能表征:吸收式换热器效能

统一描述吸收式换热器的性能,从而可定量分析吸收式换热器的热量变换性能,并比较不同流程、不同工况下吸收式换热器的性能优劣,成为吸收式换热器研究的重要方向。由此,在对比多种性能表征方式的基础上,提出了吸收式换热器效能[18,19],其定义为小流量侧流体的进出口温差与两侧流体进口温度之差的比值。其定义与常规换热器的效能定义相似,但对于常规换热器,其换热效能永远小于1,而对于吸收式换热器,其吸收式换热器效能大于1,处在1.1~1.4之间。书中后续会对吸收式换热器效能的影响因素等做细致分析。

(3) 全新的多段、多级吸收式换热器的流程构建

吸收式换热器的内部实质是吸收式热泵与换热器的组合,而由于吸收式换热器外部一侧流体大温差(进出口温差),使得内部吸收式热泵的某器的外部源侧进出口温差较大,比如第一类吸收式换热器的发生器与蒸发器的外部源侧流体进出口温差可达 20K 以上，第二类吸收式换热器的冷凝器与吸收器的外部源侧流体进出口温差可达 20K 以上。而对于典型的单级单效的吸收式热泵，其蒸发器和冷凝器内部均为单一压力、单一蒸发温度/冷凝温度的腔体，当蒸发器或冷凝器外部源侧进出口温差较大时，就会导致蒸发器和冷凝器内部为明显的"三角形"换热过程，导致换热过程较大的不匹配换热的损失，从而较大程度上影响了吸收式热泵的热量变换性能。针对这类典型问题，提出了全新的立式多段吸收式换热器和立式多级吸收式换热器流程[20,21]，通过多段冷凝器/蒸发器或多级冷凝器/蒸发器实现了冷凝或蒸发压力梯度，从而显著减少内部不匹配换热的㶲耗散，提高了吸收式换热器效能。

（4）大型吸收式换热器的研发

吸收式换热器自提出以来得到了比较快速的发展，基于吸收式换热器的各类流程，研发出了不同容量的大型吸收式换热器，被大规模用于太原古交长距离供热系统、保定、银川、泰安等多个示范工程中。吸收式换热器的流程和内部结构也不断改进，集中在如何减小占地面积、减小体积、使得机组变得更加紧凑的方向上。最初部分沿袭了传统吸收式热泵的结构形式，一般整体为卧式结构，但由于占地面积大，在热力站的应用受限。之后逐步发展，目前已提出了立式结构的多级吸收式换热器，尽量减小占地面积。大型吸收式换热器的机组研发与示范将在本书的后续章节进行详细介绍。

（5）楼宇小型化吸收式换热器的研发

目前我国的集中供热末端系统一般为热力站集中供热的形式，比较大的小区的建筑面积规模能达到 10 万～40 万 m²，这就使得庭院管网非常复杂，较难调平衡，楼栋间的不均匀供热损失能达到 10%～15%[22]，楼内的不均匀供热损失也能达到 15%～20%[22]。对于楼内的不均匀供热损失，楼内二次网总的流量越大，楼内的不均匀供热损失越小；此外，对于大型庭院管网，其二次泵耗也相对较高。并且，如果采用吸收式热力站，由于吸收式换热器容量要求较大，体积大、占地面积大，当热力站空间有限时，其应用就受到限制。而与我国同纬度的芬兰等国，已经普遍采用了楼宇换热的形式，对每个楼栋安装楼宇换热站，实现单栋楼供热，取消了庭院管网，楼栋间的不均匀换热损失也相应避免。能否将楼宇供热与吸收式换热相结合，发展楼宇吸收式换热[23]，对每栋楼安装楼宇小型吸收式换热器，负责本栋楼的供热，同时降低一次网回水温度，回到热源侧回收低品位余热。由此，可取消庭院管网，实现单栋供热、单栋计量、单栋调节。而且对于单栋楼，除可以单独计量供热量之外，还可以单独计量耗水量，由此可在一定程度上规范用户的用热行为，减少偷水、漏水现象，二次网补水量也相应减少，二次网的结垢现象也可相应缓解，二次网的补水方式和加药方式可以相应的简化，如通过一次网向二次网补水等。同时，每栋楼的二次网水温可以根据需要单独调节。二次网水量也可以单独调节。由于取消了庭院管网，单栋楼的二次网流量可以适当加大，这不仅有利于减少楼内的不均匀供热损失，也有利于一次网回水温度的降低。因此发展楼宇吸收式供热应是未来一种很有潜力的全新的集中供热系统末端模式。针对小型楼宇吸收式换热器和吸收式换热站，从全新的立式多段吸收式换热器流程的提出与优化设计、小型机组的研发、小型机内部细致的传热传质与流动过程研究、楼宇吸收式换热器的示范应用等各方面都开展了大量的研究工作，该部分内容会在本书中后续部分详细介绍。

1.2.3 吸收式热泵和吸收式换热器的机组结构

吸收式热泵作为一种实现不同品位热能相互转换的装置,在多个领域有着广泛的应用前景和巨大的节能减排潜力,但是由于其体积庞大,造价高昂,使其应用受到了很大的限制。以制冷系统为例,对于制冷量在 $10\sim30kW$ 之间的吸收式制冷机组而言,其单位制冷量所需体积约为 $0.04m^3/kW$(不考虑冷却水系统体积),而相同制冷量范围下的压缩式制冷机组的单位制冷量所需体积仅为 $0.02m^3/kW$[24]。

针对吸收式热泵机组结构小型化的研究一方面是在管壳式结构的基础上进行优化,另一方面是将吸收式热泵四个主体换热部件改为紧凑型换热结构。

(1) 管壳式结构的发展

在吸收式换热机组应用于城市集中供热的场景中,传统卧式吸收式换热器的供热量在 $5M\sim20MW$ 之间,供热面积在 10 万~40 万 m^2 之间,这种大容量的卧式吸收式换热器体积与占地面积均十分庞大,而实际工程中,二次网用户末端的空间十分有限,使得这种大容量的吸收式换热器难以推广应用。由此,如前所述,本书编者提出了一种全新的楼宇小容量的立式吸收式换热器[23,25],一方面由于吸收式换热器的供热面积为单栋建筑,其热容量大幅减小,另一方面将传统的卧式结构改为立式结构,减小了占地面积并提高了机组紧凑性。

(2) 紧凑型换热结构

吸收式热泵系统的四个主体部件(蒸发器、吸收器、发生器、冷凝器)从本质上看均为多相多股流体间的热交换器。目前国内外的吸收式热泵几乎全是采用管壳式换热器结构,管壳式换热器具有结构坚固、操作弹性大、适应性强、能承受高温高压等特点,但相比近年来出现的新型换热设备(如板式换热器),其换热效率较差、结构紧凑性低、金属消耗量大,这导致了吸收式热泵整体体积庞大,造价高昂。将吸收式热泵体型小型化,对其推广应用从而发挥其节能减排的潜力十分必要,同时结合换热器的发展趋势来看,吸收式热泵的结构紧凑化从而实现其小型化具有现实可行性。

吸收式热泵小型化的关键是对其四个换热器结构进行改进与优化。近年来,国内外学者在板翅式、部分板式、微通道等不同方向上做了不少研究。

李美玲等于 2003 年提出了一种基于全板翅换热器的溴化锂吸收式制冷机[26],实验结果表明,其 COP 仅为 $0.46\sim0.61$,制冷量在 $1.56\sim2.16kW$ 之间,并没有后续报道。Flamensbeck M 等将双效吸收式热泵的低压发生器替换为板式结构[27],并进行了实验研究;Cerezo J 等将板式换热器应用于 NH_3 吸收式制冷机中[28],设计了 NH_3 鼓泡吸收器,所应用的板式换热器为 NB51 的 L 型 3 通道换热器,传热系数约为 $0.51\sim1.21kW/(m^2 \cdot K)$,冷量在 $0.86\sim1.27kW$ 之间。Garimella 等在利用微通道技术进行小容量 NH_3 吸收式制冷机小型化的方面做了深入的研究[29],研发了电驱动 NH_3 吸收式制冷设备,其制冷量为 300W,COP 在 $0.25\sim0.44$ 之间。

对于利用板翅式结构制作溴化锂吸收式制冷机组的尝试,从实验结果来看,翅片的优化作用不明显,而且结构不够紧凑,整体机组的性能较差,也未见有后续报道。

利用微通道技术进行吸收式热泵小型化的尝试中,仅有对小容量氨吸收式制冷机的尝试,其用途为军用个体便捷空调,工艺难度极大,对于大规模大容量的工程应用而言造价过高，可行性较低。且其内部各器中的流动方式也为满管流，当热容量扩大之后液位导致的热损失问题将严重影响机组性能。

而对于学者将板式换热器直接用于吸收式制冷机中替代部分部件的尝试，从加工工艺而言，相对简单可行，但由于吸收式热泵中的发生器和吸收器的热质交换过程与一般的相变传热过程有很大的区别，发生器与吸收器实际上为三股流体（热媒、溶液、冷剂蒸汽）之间的相变热质传递过程，换热器应该包括热媒进出口、溶液进出口及冷剂蒸汽进（出）口五个外接口，而一般的板式换热器只有四个，因此将常规板式换热器应用于氨吸收式制冷机的吸收器时只能采用射入氨蒸汽的鼓泡式吸收方式。而对于溴化锂吸收式制冷机的四器，若改为板式结构，必须重新设计全新的带布液和降膜结构的板片和相应的封闭不漏气空间，设计全新的板式结构的吸收式换热器。本书中会介绍一种全新的可拆板式降膜吸收式热泵基本单元的设计，为将来吸收式热泵从管式结构发展到板式结构进行初步的尝试，并给出可能的技术路线。

1.2.4　吸收式热泵和吸收式换热器的热学理论研究现状

（1）COP 评价方法

对于吸收式热泵整体性能的评价方法，最常用的是基于热力学第一定律定义的 COP，但是由于 COP 仅能反映产出的热量/冷量与输入的热量的量的比值，不能反映热量的品位。因此，尤其当主要的问题集中在吸收机源侧的品位和源侧的温差上时，COP 就无法反映吸收式热泵的性能随热源/冷源的品位的变化。

（2）热机-热泵等效模型

进而，为了考虑能量品位，将吸收机等效为热机-热泵的联合模型[30]。在发生器热源与冷凝器热源之间设一等效热机，在蒸发器热源与吸收器热源之间设一等效热泵，热机对外做的功全部用来提供热泵提热所需的功，从外部看仅是四股热源投入或吸收了热量，与吸收机实现的热量变换的效果相似，这即为理想吸收机的等效模型。以此为基础，定义了吸收式热泵的热力学完善度，来反映实际工况下在热机-热泵的等效模型下系统内部的功的损失。然而，在实际吸收机内部，当溶液为理想溶液并且溶液流量无限大时，对于发生-冷凝过程，发生器投入的热量可以近似等于冷凝器吸收的热量；对于蒸发-吸收过程，由于浓溶液的作用，使得热量自蒸发器侧热源温度提升到了吸收器热源温度，蒸发器投入的热量与吸收器吸收的热量也可近似相等。因此，吸收机的发生－冷凝过程和蒸发-吸收过程与热机/热泵的热功转换过程有本质区别：对于热机/热泵模型，与功等量的热量从热机系统进入热泵系统；而吸收机的发生-冷凝过程与蒸发-吸收过程之间可以完全不存在热量输送（当各器之间的溶液-溶液换热器换热能力无限大时），用来联系发生-冷凝过程和蒸发-吸收过程的，是溶液的浓缩与稀释，也即浓溶液的制备与消耗。实际单级单效吸收机的 COP 理想情况下最大只能到 1，而利用热机-热泵等效模型，其理想 COP 可以远大于 1。实际吸收机内部并没有发生热功转换过程，用热功转换的方法来分析吸收机时会遇到一系列问题。由此，热机-热泵等效模型并不能用来描述真实吸收式热泵热量变换的本质，需要基于吸收式热泵内部发生的真实物理过程，提出全新的理论模型，本书的第 2 章会对全新的理论模型进行详细阐述。

（3）热力学完善度以及㶲和熵的分析方法

进一步的，由热机-热泵等效模型衍生出来的热力学完善度，包括㶲和熵产的分析方法，实质都是从热功转换的角度对吸收机进行分析。很多研究者提出用㶲效率[31]，ECOP（输出能量的㶲与输入能量的㶲的比值）来评价吸收机的整体性能[32]。但是㶲的定义与参考点有关，同样的参数，不同的参考点，会导致吸收机不同的㶲效率，或者在不同参考点体系下具有相同㶲效率的两组工况，其实现难度（如机组所用总换热面积的大小）差别很大。而参考点的定义与选择却带有较大的主观因素，这使得用㶲效率分析吸收机的整体性能并不能反映出实质问题，也不易使用。

对于吸收机流程内部参数的优化分析，很多研究者试图利用损失分析的方法，通过减少各个环节的损失来优化。但大部分研究者用的损失参数仍是基于热功转换的㶲损失[31]，熵产分析[33]，能量水平的损失分析[34]。然而，通过前人大量的分析表明㶲损失最大的环节不一定是薄弱环节，因为在有限的面积下，㶲损失在吸收机内部各个环节的分布就应该是不均匀的[31,32]。Adnan Sözen对第二类吸收式热泵的分析就指出吸收器的㶲损失应该最大[32]，占到70%。这样在各个部件分布不均匀的㶲损失就很难作为局部损失参数得到利用局部损失优化流程内部参数的原则。因此，在有限的换热面积下，对于实际吸收机流程内部参数的优化，损失分析的方法给我们指出了一种深入流程内部看问题的分析方法，但是哪个参数真正反映了损失的本质，目前尚无定论。

（4）传递过程的㶲耗散分析

目前对于显热传递过程和系统，从传递过程的驱动力分布看问题，过增元提出了场协同原理[35]，并成功地应用在多个领域[36,37]。能否借鉴场协同的原理，来设计与分析比较吸收机内部的各传热传质过程？目前已有部分研究者开始利用场协同原理对溴化锂降膜吸收过程进行研究[38,39]，但均是从显热传递过程温差场与速度场协同的角度分析问题。而吸收机内部的溶液发生过程、溶液吸收过程不仅存在温差场，还存在溶液的浓差场、压差场，此时这几类场之间如何协同？并且，从微元的传热传质过程，进一步扩展到一个单元的传热传质过程，再扩展到吸收机的整个流程，场协同原理所描述的场如何相应变化，如何从微元过程到宏观流程达成一致，还需要进一步深入分析。

同时，区别于上述熵产分析、㶲分析，从传递过程的机理出发，过增元提出了一个新的热学参数"㶲"[40]，用㶲耗散来表示传递过程的损失，这一新的理论已经在显热传递体系中被广泛应用[41,42]。以"㶲"定义的耗散为热量与温差的乘积，与参考点无关，这就和㶲损失有了本质的区别。当传热过程的换热面积有限时，㶲耗散可以清晰地表述为过程传递驱动力差、流体流量比、有限的换热面积三者的函数，由此可以将过程总㶲耗散与传热过程的总投入建立联系，这样，㶲耗散可以作为传热过程复杂程度的判断标准。而对于吸收机内部的过程，其不仅有显热传递过程，还存在浓差导致的质量传递过程，如何通过㶲耗散描述这两类不同的过程，进而能否通过㶲耗散建立局部过程损失分析的原则，将吸收机内部传热传质过程与系统的整体性能联系起来。本书将尝试利用㶲对吸收式热泵和吸收式换热器内部的传热传质过程进行初步分析。

1.2.5　吸收式热泵和吸收式换热器内部过程传热传质性能研究

对于吸收式换热器内部各传热传质过程，主要由不存在不凝气的低压环境下的发生过程、冷凝过程、吸收过程、蒸发过程所组成。对于吸收机内部各过程传热传质性能的研究，多种传热传质结构已被提出，包括在实际中被广泛应用的降膜传热传质方式[43]，以及利用外冷/外热板式换热器的溶液喷淋吸收或溶液喷淋闪蒸方式等[44,45]。其中降膜传热传质过程的研究集中在降膜方式选择，包括水平降膜或者垂直降膜；降膜管束外表面强化传热的研究；溶液添加添加剂后降膜过程的强化等，这些研究主要侧重于确定降膜方式的传热传质系数，对于喷淋吸收过程，集中在喷淋液柱形态、喷淋液柱流量对传热传质系数的影响上。由于真空环境营造的难度较大，上述过程的试验数据还比较缺乏。

（1）蒸发器冷凝器的传热传质研究

吸收式热泵中的蒸发器和冷凝器分别为水蒸发和水蒸气冷凝的场所，功能与传统压缩式热泵中的蒸发器和冷凝器类似。

蒸发器大多采用管束降膜的形式，基本原理为喷淋在传热管上的冷剂流体润湿管束后成薄膜状滴下，吸收传热管内流体的热量而不断蒸发。蒸发器相对于吸收器来说形式和机理较为简单，相关研究主要有实验测试传热系数特性和数值模拟蒸发过程等[46,47]，近年来有一些关于壁面结构对降膜蒸发影响和新型蒸发器结构的研究[48,49]。

冷凝器多为壳管式换热。冷凝水在此冷凝并流入蒸发器中，两器之间多为节流小孔或U形管连接。冷凝器这一部件并非吸收式热泵所独有，在各种制冷系统中都扮演着重要角色。故而单独针对吸收式热泵中冷凝器的研究较少，主要集中在数值模拟和实验测试两方面。

总体来说蒸发器和冷凝器属于吸收式热泵中相对成熟的部件，已经有了比较成熟的研究成果和设计成果。

（2）吸收器传热传质研究

吸收器是吸收式热泵或制冷机组中最重要和所占体积最大的部分之一，制约整体机组的性能和成本，国内外关于吸收器传热传质有大量研究。按照吸收形式，吸收器主要有两种：内冷（降膜）型与外冷（绝热）型。其中内冷型应用广泛，原理是溶液在吸收水蒸气的同时将热量传递给冷却流体。主要包括竖直管降膜吸收和水平盘管降膜吸收。绝热型吸收器相对较少，其原理是传热传质过程分离，溶液先经过冷却水的冷却，再进入吸收器中吸收水蒸气，吸收过程没有同时向水传热。绝热吸收主要形式为喷洒或喷雾型吸收器。

国内外关于降膜吸收器的研究较多，包括大量实验和理论建模研究。实验研究方面，主要为对单排或多排管束降膜吸收进行实验，由此得到传热传质系数、拟合公式，或者验证理论模型的准确性，各实验工况、吸收器结构都不尽相同，其中不乏采用激光全息干涉方式进行的测量。实验结果受实验条件影响较大，而各研究者所得到的结论相互之间也有所区别[50]。理论研究方面，早期的研究使用了较多假设，对垂直管或竖直板表面采用解析解。近年来的一些研究越来越细致，更多地考虑如膜厚、横向对流等等因素。对于水平管降膜吸收器，也由最初的只考虑管壁表面吸收到越来越多的考虑管间、润湿率，并且考虑变物性参数等等。

绝热喷淋吸收器提出较晚，部分研究者认为其可以增强传质过程，并且利于传热传质分别的强化[51]。此类吸收器的研究主要有通过实验测试不同喷嘴、不同布液形式的传质性能，和建立数学模型数值计算等。总体来说研究者们认为此方式能更好的利用吸收器空间，传质系数和性能较好，但并未见其和传统降膜吸收器的详细比较。对于绝热喷淋型吸收器，由于喷淋吸收过程不需要传热传质面积，而溶液的冷却过程依靠外冷方式，在外部由冷却水通过板式换热器（简称板换）对溶液进行冷却，由此，绝热喷淋吸收式过程换热形式相对简单，换热面积投资相对较低。但从传质过程看，绝热喷淋吸收过程为典型的三角形传质过程，溶液入口溶液主体与表面的浓差大，吸收过程驱动力高；而随着吸收过程的进行，溶液温度升高，主体与表面的浓差越来越小。因此，喷淋吸收过程为典型的驱动力不均匀的传质过程，过程存在不匹配传质的损失，该不匹配损失会使得绝热喷淋吸收过程要求更低的冷源温度，从而造成了对冷源品位的浪费。

由于绝热喷淋吸收过程的实验数据相对比较缺乏，本书会分别给出绝热喷淋吸收器和降膜吸收器的实验结果，给出实测的传热传质系数以及传热传质性能的分析。

（3）发生器传热传质研究

发生器为制冷剂吸收热源热量汽化的场所，设有稀溶液进口和浓溶液出口。同时发生器中多装有挡液板，防止液滴直接进入冷凝器从而污染冷剂循环，降低吸收式热泵的性能。根据发生器内溶液的状态，可以分为满液式、降膜式和闪蒸式。其中，降膜又可分为水平降膜和竖直降膜两种。

满液式发生器出现较早，多出现于早期吸收式换热设备中。在这一形式中，加热盘管浸没在溶液之中，溶液在被加热的同时蒸发浓缩。这一形式与最早相变研究中的池态沸腾类似。当加热盘管的过热度逐渐增加时，传热系数会随之改变。对于满液式的发生过程，由于液面的高度，会使得沸腾过程需要更高的过热度，以克服液面高度所导致的液体静压的增加，这就使得沸腾过程所要求的热源温度升高，整个沸腾过程热量的品位损失增加。池态沸腾还有另外一个问题，就是溶液是一直储存在发生器内的，当有热源输入，且发生-冷凝器之间的温差很大时，就有可能使得储存的溶液浓度过高而导致结晶，典型的用于热力站的吸收式换热器，其初寒期刚开始运行时，一二次网之间温差很大，满液式发生器就很有可能出现结晶问题。

降膜发生器是目前发生器中采用较多的一种形式。溶液通过布液装置均匀布置在加热盘管上，被加热浓缩。从盘管的布置方向来说，主要分为水平降膜和竖直降膜两类。针对这两类降膜方式的文献占了发生器文献中的大部分，更有文献进行大量的实验以及数值模拟的分析，从传热传质性能，流动性质等各方面进行了研究。这一方式与满液式相比，液膜厚度较小，热阻较低，换热效果更好，同时由于液膜内压力较低，对过热度的要求也更低。

闪蒸式发生器是目前发生器中较少采用的一种形式，主要原因是担心闪蒸剧烈时溶液污染冷剂侧，从而使得吸收式热泵的性能持续变差。但闪蒸发生过程的优点是其加热溶液的过程是依靠外热式换热器，比如热水-溶液板式换热器完成的，闪蒸过程是在闪蒸空间完成的绝热传质过程，一般不需要设计传热传质面积，因此，从传热传质的换热面积成本来看，闪蒸过程相比降膜发生过程和浸没发生过程，会相对较低。但闪蒸过程为典型的三角形传质过程，过程存在较大的三角形不匹配传质损失，需要溶液被加热到足够高的温度，才能保证闪蒸过程的过热度，因此存在热源品位的浪费。仅当热源温度比较高时才可能适用，且需要通过较好的挡液手段，以避免闪蒸飞溅所导致的溶液对冷剂水侧可能的污染。

目前，已从气泡生成机理对溶液发生过程进行了深入探究[52]，对比了闪蒸发生与降膜发生两种方式，提出了降膜发生出现沸腾过程时气泡生成与长大的机理，给出了降膜沸腾过程传热传质性能优于降膜蒸发过程的本质原因。

（4）降膜流动过程研究

对于降膜侧的溶液流动，目前主要有管簇式和板式两种结构，无论是水平横管的降膜流动，还是竖直板片上的降膜流动，均追求在较薄的液膜下实现均匀的润湿和布液。然而无论对于水平横管的降膜流动过程还是竖直板片的降膜流动过程，都已发现存在几类典型的现象：①液膜的破裂与干斑现象：无论是水平横管还是竖直板片上的降膜流动，均存在着溶液无法润湿的干斑；②液柱横移与液膜的波动现象：液滴在从水平圆管底部脱落之前，存在迅速而不定向的底部位移现象，使得液滴下落位置周期性改变，从而使下层圆管重新布液；竖直板片上布置的液膜则根据布液方式参数不同而存在不均匀的波动现象。目前这些现象还没有得到清楚解释，如何避免干斑以减小无效的换热面积，如何利用液膜的横移和波动来增强布液的均匀性，成为吸收器和发生器微元传热传质过程强化的关键。

尤其对于吸收式换热器中的降膜吸收器/发生器/蒸发器装置，由于机组整体为立式结构，吸收器或发生器的管束可设计到 20 层以上，由此，溶液经过多层垂直管束时，下层管束是否能和上层管束保持相同的润湿特性，随着管束层数的增加，下层管束出现干斑的几率是否会增加，整体润湿率可能降低。这些问题都值得深入探究。

目前，国内外关于水平横管降膜流动研究主要集中于常压冷态流动，分析降膜流体在水平圆管外表面喷淋密度、布液间距、水平管束管间距等参数对于降膜布液流动过程流动均匀性的影响，主要研究目的在于避免干斑的产生。J. Mitrovic 根据雷诺数大小将降膜流动划分为三种流态[53]：滴状（droplet）、柱状（jet）及帘状（sheet）。实际的降膜流动过程大多为低雷诺数的流动，因此研究多集中于液滴和液柱流形。Ji 和 Wu 等探究了表面润湿角与润湿性的关系[54]，并发现管表面液体覆盖率随喷淋密度的增加或静态接触角的减小而增大。在实际应用中，水平圆管降膜型换热器采用多排管排布，包括顺排和叉排等形式，而在降膜流动过程中，由于真空腔内存在蒸汽气流，会对降膜流动的速度场产生影响，对传热传质过程有强化作用，但是同时也容易造成液膜在水平圆管上分布不均，出现局部干斑（dryout），从而减小了有效的传热面积[55-58]。而管列的排布方式以及竖直方向上管列的数量也对换热效果有影响。

在竖直板面降膜流动的研究中，以平板降膜流动的研究居多。近年来，关于竖直平板降膜流动的研究主要集中在三个方面：①降膜流动一般流动特性研究[61]。包括总结出了不同雷诺数范围下的液膜流动形态，给出了液膜层流流动、波动层流与剧烈湍流的雷诺数条件[59-61]。总结出在不同的液体流量、液体温度、板面倾斜角度、固体材料表面物理化学性质等外部条件下，液膜厚度、液膜宽度、液膜波动特性等微观参数的变化趋势并进行经验关联式拟合[62]。②气液剪切力的影响[62]。由于工业应用中，真空降膜流动过程往往伴随着相变过程并产生气体，气流将在降液膜表面顺向或逆向流动，从而对降膜行为产生影响。③液膜的破断与润湿特性[63]。降膜流动的研究方法从实验和数值模拟两方向展开。实验研究的方法包括通过染色配合图像识别进行宏观润湿特性研究、液膜厚度测量和气液界面捕捉等[64-66]。数值模拟近来主要是利用计算流体力学（CFD）方法求解 aiver-Stokes 方程，多为二维模型，对于液膜的波动特性模拟的结果与实验结果吻合较好[67]。

由于目前的研究还缺少对液柱横移现象机理进而对润湿特性影响的研究，本书首先尝试对液柱横移现象以及对润湿特性的影响进行初步探究。

1.3 吸收式热泵与吸收式换热的发展前景与主要面临的问题

由上述对吸收式热泵和吸收式换热的国内外研究现状的分析可以看出，自吸收式换热的概念提出以来，为满足低品位余热需求的吸收式热泵和吸收式换热器，无论从理论研究、流程构建、内部传热传质特性研究、装置开发和机组结构构建、应用场合等方面，都和常规的吸收式制冷机和吸收式热泵主要面临的问题、发展的方向有了较大的差别，需要建立一套新的体系，对用于低品位余热回收的吸收式换热器和吸收式热泵开展深入研究。主要包括以下几个方面：

（1）基于吸收式热泵内部真实发生的物理过程，建立吸收式热泵全新的理论模型，用来判断吸收式热泵外部工况的可行性以及实现难度；

（2）建立吸收式换热器的性能表征方法：吸收式换热器效能，用来判断和确定吸收式换热器的性能优劣和性能界限；

（3）研究吸收式换热器的各类流程，以减少外部大进出口温差的流体与吸收式换热器内部各流体之间换热的不匹配损失；研究吸收式热泵的新流程，以实现低品位余热的回收，并达到所要求输出的热量品位要求；

（4）研究吸收式热泵和吸收式换热的全新的结构，包括立式结构、板式结构等，实现更加紧凑的设计，减少占地面积，减少机组总体积；

（5）研究吸收式热泵和吸收式换热器内部各类传热传质与降膜流动过程，结合实验，给出传热传质和流动过程的基本性能；

（6）研究吸收式热泵和吸收式换热器在各类场合的应用，包括低品位余热回收、低品位余热的长距离输送、楼宇吸收式换热等供热领域，也包括工业速冷过程等其他领域的应用。

1.4 本书的框架

本书针对上述问题，在各个方面都开展了一定的工作，主要框架如图 1.2 所示。

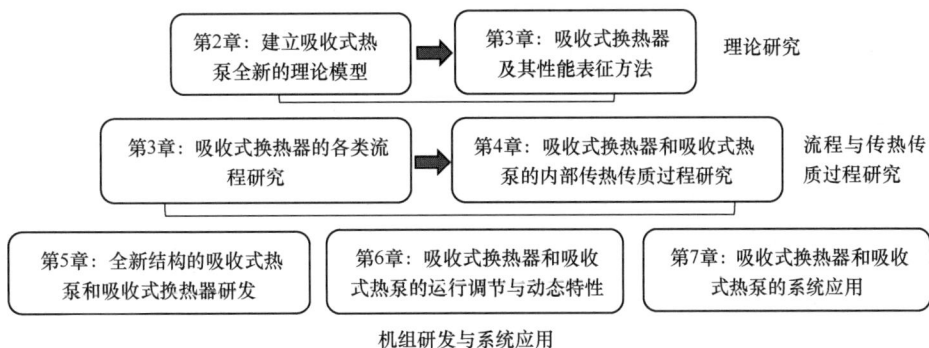

图 1.2 研究内容框架

本章参考文献

[1] FU L，LI Y. ZHANG S G, et al. A district heating system based on absorption heat exchange with CHP systems[J]. Frontiers of Energy and Power Engineering in China，2010，4(1)：77-83.

[2] LI Y，FU L，ZHANG S G，et al. A new type of district heating method with co-generation based on absorption heat exchange (co-ah cycle)[J]. Energy Conversion and Management，2011，52(2)：1200-1207.

[3] ZHU K，XIA J J，XIE X Y，et al. Total heat recovery of gas boiler by absorption heat pump and direct contact heat exchanger[J]. Applied Thermal Engineering，2014，71：213-218.

[4] 付林，江亿，吴彦廷，等. 一种电力调峰热电联产余热回收装置及其运行方法：201410071808.9 [P].2014-2-28.

[5] 付林，江亿，张世钢. 基于Co-ah循环的热电联产集中供热方法[J]. 清华大学学报（自然科学版），2008，48(9)：1377-1380.

[6] MANOLE D M，LAGE J L. Thermodynamic optimization method of a triple effect absorption system with wasted heat recovery[J]. International Journal of Heat and Mass Transfer，1995，38(4)：655-663.

[7] 李杰，俞刚，马鑫. 导热油型太阳能双效溴化锂吸收式热泵动态性能分析[J]. 建筑节能，2015(1)：30-33.

[8] 薛岑，由世俊，张欢，等. 利用蒸汽双效溴化锂吸收式热泵回收热电厂余热的研究[J]. 暖通空调，2014(1)：101-104.

[9] 付林，张世钢，任佐民，等. 能够大幅度提高提升余热温度、紧凑型吸收式热泵装置[P]. 中国 200810117049.X.

[10] 李华玉. 一种复合吸收式热泵[P]. 中国 200710114861.2.

[11] VENTAS R，LECUONA A，ZACARIAS A，et al. Ammonia-lithium nitrate absorption chiller with an integrated low-pressure compression booster cycle for low driving temperatures[J]. Applied Thermal Engineering，2010，30(11)：1351-1359.

[12] 吴伟，石文星，王宝龙，等. 不同增压方式对空气源吸收式热泵性能影响的模拟分析[J]. 化工学报，2013，07：2360-2368.

[13] HU T，XIE X Y，JIANG Y. Simulation research on a variable-lift absorption cycle and its application in waste heat recovery of combined heat and power system[J]. Energy，2017，140：912-921.

[14] 张晓灵. 吸收式蓄能与释能的动态特性及其性能改善方法[D]. 北京：清华大学，2014.

[15] N'TSOUKPOE K E，LE PIERRES N，LUO L. Experimentation of a LiBr－H$_2$O absorption process for long-term solar thermal storage：prototype design and first results[J]. Energy，2013，53：179-198.

[16] XIE X Y，JIANG Y. Absorption heat exchangers for long-distance heat transportation[J]. Energy，2017，141：2242-2250.

[17] XIE X Y，JIANG Y. Temperature efficiency analysis of absorption heat exchangers[J]. Refrigeration Science and Technology，2015，0：1661-1668.

[18] 国家市场监督管理总局，国家标准化管理委员会. 吸收式换热器：GB/T 39286—2020[S]. 北京：中国标准出版社，2020.

[19] WANG S，XIE X Y，JIANG Y. Optimization design of the large temperature lift/drop multi-stage vertical absorption temperature transformer based on the entransy dissipation method[J]. Energy，2014，68：712-721.

[20] 才华，谢晓云，江亿. 多级大温差吸收式换热器的设计方法研究与末寒季性能实测[J]. 区域供热，2019，1：1-7.

[21] 董磊. 集中供热庭院管网能耗现状与节能措施研究[D]. 北京：清华大学，2014.

[22] 江亿，谢晓云，朱超逸. 实现楼宇热力站的立式吸收式换热器技术[J]. 区域供热，2015(4)：38-44.

[23] García-Hernando N, Almendros-Ibáñez J A, Ruiz G, et al. On the pressure drop in Plate Heat Exchangers used as desorbers in absorption chillers[J]. Energy Conversion and Management, 2011, 52 (2): 1520-1525.

[24] ZHI C Y, XIE X Y, JIANG Y. A multi-section vertical absorption heat exchanger for district heating systems[J]. International Journal of Refrigeration, 2016, 71: 69-84.

[25] 程卓明, 李美玲, 崔晓钰, 等. 基于全板翅换热器溴化锂吸收式制冷机结构与性能研究[J]. 制冷学报, 2003, 24(1): 28-31.

[26] FIAMENSBECK M, SUMMERER F, RIESCH P, et al. A cost effective absorption chiller with plate heat exchangers using water and hydroxides[J]. Applied thermal engineering, 1998, 18(6): 413-425.

[27] CEREZO J, BEST R, BOUROUIS M, et al. Comparison of numerical and experimental performance criteria of an ammonia-water bubble absorber using plate heat exchangers[J]. International Journal of Heat and Mass Transfer, 2010, 53(17): 3379-3386.

[28] DETERMAN M D, GARIMELLA S. Design, fabrication, and experimental demonstration of a microscale monolithic modular absorption heat pump[J]. Applied Thermal Engineering, 2012, 47: 119-125.

[29] 高田秋一. 吸收式制冷机[M]. 北京: 机械工业出版社, 1987.

[30] GUO P J, SUI J, HAN W, et al. Energy and exergy analyses on the off-design performance of an absorption heat transformer[J]. Applied Thermal Engineering, 2012, 48: 506-514.

[31] Adnan Sözen. Effect of irreversibilities on performance of an absorption heat transformer used to increase solar pond's temperature[J]. Renewable Energy, 2003, 29: 501-515.

[32] DJALLEL ZEBBAR, SAHRAOUI KHERRIS, SOUHILA ZEBBAR, et al. Thermodynamic optimization of an absorption heat transformer. International journal of refrigeration, 2012, 35: 1393-1401.

[33] MASARU ISHIAD, JUN JI, Graphical exergy study on single stage absorption heat transformer [J]. Appl. Therm. Eng. 1999, 19: 1191-1206.

[34] 过增元. 对流换热的物理机制及其控制: 速度场与热流场的协同[J]. 科学通报, 2000, 45(19): 2118-2122.

[35] 过增元, 魏澎, 程新广. 换热器强化的场协同原则[J]. 科学通报, 2003, 48(22): 2324-2327.

[36] 何雅玲, 陶文铨. 强化单相对流换热的基本机制[J]. 机械工程学报, 2009, 45(3): 27-38.

[37] 姜传胜. 溴化锂水平管吸收器降膜吸收传热传质规律研究[D]. 青岛: 中国石油大学, 2007.

[38] 薄守石, 马学虎, 陈嘉宾, 等. 场协同原理强化管外降膜吸收传热特性实验研究[J]. 大连理工大学学报, 2008, 48(1): 18-21.

[39] 过增元, 梁新刚, 朱宏晔. 㶲——描述物体热量传递能力的物理量[J]. 自然科学进展, 2006, 16 (10): 1288-1296.

[40] 程新广. 㶲及其在传热优化中的应用[D]. 北京: 清华大学, 2004.

[41] 江亿, 谢晓云, 刘晓华. 湿空气热湿转换的热学原理[J]. 暖通空调, 2011, 41(3): 51-64.

[42] KILLION J D, GARIMELLA S. A review of experimental investigation of absorption of water vapor in liquid films falling over horizontal tubes. HVAC&R Research, 2003, 9(2): 111-136.

[43] Gutiérrez-Urueta G, Rodríguez P, Venegas M, et al. Experimental performances of a LiBr-water absorption facility equipped with adiabatic absorber[J]. International Journal of Refrigeration, 2011, 34: 1749-1759.

[44] 江亿, 谢晓云, 付林, 等. 一种能够实现大温差的吸收机新型单元结构: 201010191072.0 [P]. 2010106.

[45] ROQUES J F. Falling film evaporation on a single tube and on a tube bundle[J]. Falling Film Evap-

oration on A Single Tube & on A Tube Bundle，2004.

[46] SHI C，WANG Y，HU H，et al. Mathematical Simulation of Lithium Bromide Solution Laminar Falling Film Evaporation in Vertical Tube[J]. Journal of Thermal Science，2010，19(3)：239-244.

[47] 王安琪. 壁面结构对降膜蒸发器内流动和传热性能的影响[D]. 大连：大连理工大学，2010.

[48] 柯欣，吴裕远，谷雅秀，等. 新型蒸发器在小型无泵热水型溴化锂制冷机中的应用[C]. 中国制冷学会 2005 年制冷空调学术年会论文集. 2005.

[49] ISLAM M R，WIJEYSUNDERA N E，HO J C. Heat and mass transfer effectiveness and correlations for counter-flow absorbers[J]. International journal of heat and mass transfer，2006，49(21)：4171-4182.

[50] MORKOKA I，KIYOTA M，OUSAKA A，et al. Analysis of steam absorption by a subcooled droplet of aqueous solution of LiBr[J]. Jsme International Journal，1992，35：458-464.

[51] 郑姝影. 吸收式热泵发生器内传热传质研究[D]. 北京：清华大学，2021.

[52] MITROVIC J. Influence of tube spacing and flow rate on heat transfer form a horizontal tube to a falling liquid film [J]. International Heat Trans far Conference，1986，8：17-22.

[53] JI G，WU J，CHEN Y，et al. Asymmetric distribution of falling film solution flowing on hydrophilic horizontal round tube [J]. International Journal of Refrigeration，2017，78：83-92.

[54] HU X，JACOBI A M. The intertube falling film：Part 2—Mode effects on sensible heat transfer to a falling liquid film [J]. Journal of Heat Transfer，1996，118(3)：626-633.

[55] RIBATSKI G，JACOBI A M. Falling-film evaporation on horizontal tubes—a critical review [J]. International Journal of Refrigeration，2005，28(5)：635-653.

[56] ARMBRUSTER R，MITROVIC J. Heat transfer in falling film on a horizontal tube[C]. Proceedings of the National Heat Transfer Conference，August 5-9，1995，Portland，Oregon.

[57] ARMBRUSTER R，MITROVIC J. Evaporative cooling of a falling water film on horizontal tubes [J]. Experimental Thermal & Fluid Science，1998，18(3)：183-194.

[58] 叶学民. 壁面薄膜流的热质传递和稳定性研究 [D]. 北京：华北电力大学，2002.

[59] P ADOMETI，U RENZ. Hydrodynamics of three-dimensional waves in laminar falling films[J]. International journal of multiphase flow，2000，26(7)：1183-1208.

[60] MIYARA A. Numerical analysis on flow dynamics and heat transfer of falling liquid films with interfacial waves[J]. Heat and Mass Trans，1999，35：298-306.

[61] MENDEZ M A，SCHEID B，BUCHLIN J M. Low Kapitza falling liquid films[J]. Chemical Engineering Science，2017，170：122-138.

[62] AIELLO G，CIOFALO M. Natural convection cooling of a hot vertical wall wet by a falling liquid film [J]. International Journal of Heat and Mass Transfer，2009，52(25)：5954-5961.

[63] LU Y，STEHMANN F，YUAN S，et al. Falling film on a vertical flat plate-Influence of liquid distribution and fluid properties on wetting behavior[J]. Applied Thermal Engineering，2017，123：1386-1395.

[64] GONDA A，LANCEREAU P，BANDELIER P，et al. Water falling film evaporation on a corrugated plate[J]. International Journal of Thermal Sciences，2014，81：29-37.

[65] MORTAZAVI M，ISFAHANI R N，BIGHAM S，et al. Absorption characteristics of falling film LiBr (lithium bromide) solution over a finned structure[J]. Energy，2015，87：270-278.

[66] ZADRAZIL I，MATAR O K，MARKIDES C N. An experimental characterization of downwards gas-liquid annular flow by laser-induced fluorescence：Flow regimes and film statistics[J]. International Journal of Multiphase Flow，2014，60：87-102.

第 2 章　吸收式热泵的全新理论模型

吸收式热泵作为一类不同品位热量之间相互转换的装置，当其用于低品位工业余热回收、热电联产、空调制冷、化工等系统中时，如何评价吸收式热泵的外部性能，从而确定是否该用吸收式热泵以及应该在系统中什么位置采用吸收式热泵，成为吸收式热泵应用的首要前提。本章基于吸收式热泵内部真实发生的物理过程，提出了全新的理论模型，指出吸收式热泵实现热量变换的本质，用于指导吸收式热泵的设计、外部工况可行性分析以及外部工况实现难易程度的评价，为从全新的角度认识吸收式热泵进而应用吸收式热泵打下基础[1,2]。

2.1　目前已有理论模型

作为一类不同品位热量之间相互转换的装置，吸收式热泵在空调制冷、热电联产、工业余热回收、化工等多个领域中得到了广泛的应用[3-9]，自 20 世纪 80 年代至今一直是国内外研究的热点。大量的工程实践对吸收式热泵提出了系列问题，集中在吸收式热泵的工况可实现性、流程构建、性能评价、内部传热传质过程、工质等多个方面，这也成为吸收式热泵理论研究的重点。

而对吸收式热泵热量变换过程本质的认识，是吸收式热泵理论研究的基础。最初仅基于热力学第一定律考察吸收式热泵，定义 COP 作为吸收式热泵的性能系数，当以制冷为目的或者以制热为目的采用第一类吸收式热泵时，COP_1 的定义为：

$$COP_1 = Q_e/Q_g \tag{2-1}$$

式中，Q_e 为输入到蒸发器的热量，也就是制冷量，Q_g 为输入到发生器的热量，也就是驱动热量。对于以提升输出热量的温度为目的的第二类热泵，COP_2 的定义为：

$$COP_2 = Q_a/(Q_g + Q_e) \tag{2-2}$$

式中，Q_a 为从吸收器输出的热量，也就是第二类热泵输出的热量。

这两种 COP 的高低都仅反映了吸收式热泵输出热量或冷量与输入热量的比值，而无法反映输入输出热量品位的变化，无法描述吸收式热泵的性能随热源/冷源品位的变化。

为此很多学者将吸收式热泵等效为热机-热泵联合模型[10-12]，在发生器热源与冷凝器热汇之间设置一等效热机，在蒸发器热源和吸收器热汇之间设置一等效热泵。发生器高温热量传递到相对低温的冷凝器的同时，利用这一温差驱动等效热机做功；所产生的功又用来驱动连接蒸发器和吸收器之间的热泵，从而把热量从相对温度较低的蒸发器提升并释放至相对温度较高的吸收器[11,12]。无论第一还是第二类吸收式热泵，这一热机-热泵等效模型，都能有效地反映其外部参数，发生器、冷凝器、蒸发器、吸收器的四股热源热汇投入或释放的不同品位的热量，与吸收式热泵实现热量变换的效果相似，因此从外部特性看，可以作为吸收式热泵的等效模型。从此出发，进一步对实际的各类吸收式热泵，定义了热力学完善度[13]，用来反映实际的吸收式热泵接近理想的可逆热机-可逆热泵工况的程度，从而从外部性能上可以准确反映各类吸收式热泵热量品位的变化。

然而，与热机-热泵等效模型不同，实际的吸收式热泵其内部过程的真实现象是热量从发生器传递到冷凝器，在热量品位降低的同时，溶液被浓缩。对于理想溶液，假设溶液流量无限大，且溶液-溶液板式换热器面积无限大时，其中发生器投入的热量可以近似等于冷凝器排出的热量；同理，对于蒸发-吸收过程，在浓溶液的作用下，热量自低温的蒸发器提升至较高温度的吸收器，其中吸收器吸收的热量也可以近似等于蒸发器投入的热量。这就和理想的热机-热泵等效模型有了本质的区别：对于热机-热泵等效模型，与功等量的热量从热机系统进入热泵系统，而实际的吸收式热泵内部，发生-冷凝与蒸发-吸收这两个过程之间可以没有热量的传递（当二者之间的溶液-溶液换热器换热能力足够大时），用来联系发生-冷凝过程与蒸发-吸收过程的是溶液的浓缩和稀释。并且，热机-热泵等效模型，其理想 COP 可以远大于 1，而真实的吸收式热泵工作过程，蒸发器制冷量与发生器输入热量之间通过制冷剂的流量相约束，对于单级的吸收式热泵，其理想 COP 等于 1。可见，真实的吸收式热泵工作过程与热机-热泵等效模型实质是两类并不完全相同的过程，以热机-热泵等效模型来分析吸收式热泵，尤其当过程从理想状态变为有限面积、有限流量、存在不可逆损失的实际过程时，会遇到一系列问题。

但是，最关键的是，热机-热泵等效模型其外部源侧的品位的自由度是 4，也就是说，外部任意工况都能实现。而真实的吸收式热泵，其外部源侧的品位的自由度是 3（见后述分析），并不是任意的四器的源侧品位变换都能实现，需要判断外部工况的可行性，而这用热机-热泵等效模型是无法完成的。

为了研究分析吸收式热泵内部的不可逆损失，很多研究者采用㶲效率方法分析[14]，用 $ECOP$（输出能量的㶲与输入能量的㶲的比值）来评价吸收式热泵的整体性能[15]。并且进一步用㶲损失来考察吸收式热泵内各个部件单元的不可逆损失，从而试图找到㶲损失最大的环节以对吸收式热泵进行改进和优化[16,17]。然而㶲分析必须有参考温度状态，取不同的参考点会导致吸收式热泵具有不同的㶲效率，也会使得吸收式热泵内部各环节之间的㶲损失比例大不相同。Adnan Sözen[15] 对第二类吸收式热泵的分析中，将㶲的参考温度取在 20℃，其分析结果指出吸收器的㶲损失最大，占到总损失的 70%。而 Jun Sui[14] 等人对第二类吸收式热泵的㶲分析，将参考点取在 25℃，给出在大部分工况下，冷凝器的㶲损失占据了较大比例，且随着热水进口温度的降低，溶液-溶液换热器的㶲损失占总损失的比例也迅速增加，成为最主要的部分的结论。一些学者的进一步研究表明㶲损失最大的环节不一定是薄弱环节，因为在有限的传热传质面积下，㶲损失在吸收式热泵内部各个环节的分布就应该是不均匀的[14,15]。这样一来，就无法有效地利用㶲分析方法去对吸收式热泵内部环节进行有效分析和优化。㶲损失实质描述的是热功转换过程的损失，而实际吸收式热泵内部发生的是溶液分离、溶液稀释、传热、传质过程同时存在且互相耦合的过程，㶲损失把上述所有过程的损失统一在热功转换的体系下来表示，这就很难看清楚分离/稀释与传热/传质过程的区别与相互关系，很难再进一步对吸收式热泵内部的各过程形成深入认识。

可见，目前吸收式热泵的理想模型，即热机-热泵等效模型实质仅是从外部性能上和吸收式热泵相似的一类模型，但从内部过程来看，热机-热泵等效过程与吸收式热泵的热量变换过程实质是两类不同的过程。那么，能否从吸收式热泵内部过程出发，建立起一个区别于热机-热泵等效模型的理想吸收式热泵模型，从而分析从理想吸收式热泵到实际吸收式热泵这一过程中，各环节出现的损失；从实际吸收式热泵过程如何一步步接近理想过程，从而真正深入到吸收式热泵内部各过程看问题，而不是仅仅停留在外部性能。本研究即基于此尝试建立这样一个新的理想吸收式热泵的模型。首先讨论采用理想溶液时，当吸收式热泵满足部分可逆性条件时的理想模型。进一步给出真实溶液下的吸收式热泵模型，并进一步对实际的吸收式热泵进行深入讨论。

2.2 理想溶液下吸收式热泵的理论模型

2.2.1 理想溶液和溶液的温度与表面蒸汽饱和温度关系图

所谓理想溶液，即认为溶液的性质可以由构成该溶液两种工质各自的性质按照其摩尔浓度加权平均得到，其每一组分的基本性质满足式（2-3）所示的拉乌尔定律[16]；并且构成溶液的两种工质混合或分离时无混合热吸收或释放；若构成理想溶液的两种工质的沸点相差极大，可以认为溶液周边仅存在单一工质的蒸汽而另一工质不蒸发，将液态的不蒸发组分称为溶质，液态的蒸发组分称为溶剂。对于这类理想溶液，根据拉乌尔定律，温度为 T、溶剂摩尔浓度为 x 时，其表面蒸汽分压力 $p_{s,w}(x,T)$ 为：

$$p_{s,w}(x,T) = x p_w(T) \tag{2-3}$$

式中，$p_w(T)$ 是溶剂在温度 T 时的饱和压力。

由于认为两种工质混合时不存在混合热，因此理想溶液的焓就可以由构成溶液的两种工质在此状态下各自的焓按照其摩尔组分加权求和得到：

$$h_s = x_1 h_1 + x_2 h_2 \tag{2-4}$$

式中，x_1、x_2 分别为两种工质的摩尔浓度，$x_1 + x_2 = 1$；h_s、h_1、h_2 分别为溶液与两种工质的焓。

可以用克拉贝龙方程（2-5）表示溶剂的饱和蒸汽压 p 与溶剂温度 T 的关系[18]：

$$\ln p = A - \frac{B}{T} \tag{2-5}$$

其中 A、B 均为根据溶剂的性质得到的常数。

这样，温度为 T，溶剂的摩尔浓度为 x 的理想溶液的表面溶剂蒸汽分压力 $p_{s,w}(x, T)$ 为：

$$p_{s,w}(x,T) = x \cdot \exp(A - B/T) \tag{2-6}$$

由于认为理想溶液的另一个组分（溶质）不蒸发，其蒸汽分压力为零。这样真空下理想溶液表面饱和蒸汽压力就是式（2-6）给出的溶剂蒸汽压力 $p_{s,w}$。由式（2-3）、式（2-5）可以进一步得到溶剂的摩尔浓度为 x 的理想溶液的溶液温度 T 与溶液表面溶剂蒸汽对应的饱和温度 $T_x(x,T)$ 之间的关系为：

$$T_x(x,T) = \frac{1}{1/T - \ln(x)/B} \tag{2-7}$$

由此取纵坐标为溶液温度 T，横坐标为溶液表面溶剂饱和蒸汽分压力所对应的饱和温度 T_x，图 2.1 给出不同浓度的理想溶液的溶液温度与对应的溶液表面溶剂蒸汽饱和温度

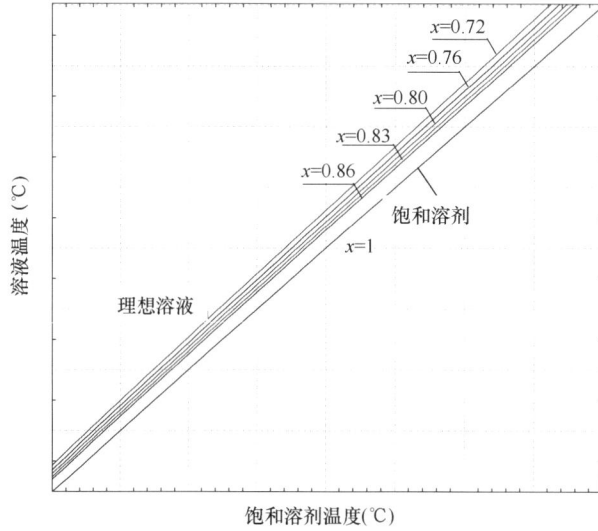

图 2.1 理想溶液的温度与表面蒸汽压力对应的饱和溶剂温度之间的关系

之间的关系：溶液温度—浓度性质图。对于纯溶剂，也就是溶剂的摩尔浓度为 1 时，此关系就是图中的对角线。随着溶剂的摩尔浓度的减少，同样的溶剂蒸汽饱和温度 T_x 对应的溶液温度提高，但二者的关系如图所示，仍然接近直线。这样，吸收式热泵中各个环节的溶液状态都可以用这一溶液性质图上的点来描述，从而就可以通过溶液的 $T\text{-}T_x$ 图上的过程线来分析吸收式热泵的实际过程。

2.2.2 理想溶液单级单效吸收式热泵理想过程分析

2.2.2.1 吸收式热泵提升系数的提出

图 2.2 给出第一类吸收式热泵流程的基本结构。如果是第二类吸收式热泵，蒸发器的压力高于冷凝器的压力，实际可以把蒸发器-吸收器放在发生-冷凝器上部，这样冷凝器与蒸发器之间仍可采用 U 形管隔压；此外，对于第一类吸收式热泵，需在吸收器的溶液出口设置溶液泵，实现溶液从低压的吸收器泵入高压的发生器，而对于第二类吸收式热泵，则在发生器溶液的出口设置溶液泵；其他部分完全相同。溶液在发生器中从外部热源吸收热量 Q_g 而发生出溶剂蒸汽，溶液变浓，浓溶液被送入吸收器喷淋；蒸汽从发生器进入冷凝器，在冷凝器把热量 Q_c 释放至外部冷源从而凝结成纯溶剂；纯溶剂进入蒸发器，从外部热源吸收热量 Q_e 蒸发成溶剂蒸汽；溶剂蒸汽流入吸收器被喷淋的浓溶液吸收，这一过程释放出的热量 Q_a 被吸收器的冷源带走；在发生器与吸收器之间还设置溶液-溶液换热器，实现发生器出口溶液与吸收器出口溶液之间的热回收。

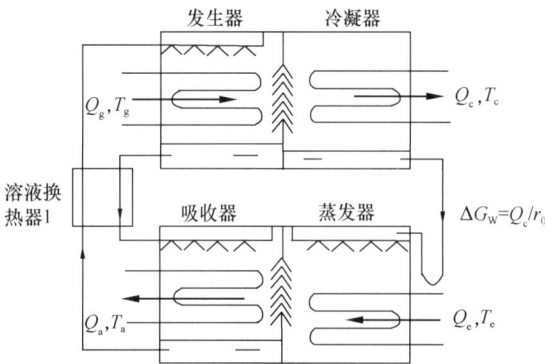

图 2.2 理想的单级单效吸收式热泵流程结构

无论是第一类还是第二类吸收式热泵，都是同样的流程，只是第一类热泵的冷凝温度与压力高于蒸发温度和压力，从而实现把蒸发器中的低温热量提升至温度相对较高的吸收器中释放；而第二类热泵的冷凝温度与压力低于蒸发温度和压力，从而把温度较高的蒸发器中的热量提升至温度更高的吸收器中释放。

这里讨论理想吸收式热泵性能，也就是做如下假设：

1）吸收式热泵内部所用的溶液为理想溶液；

2）吸收式热泵内部各传热、传质环节的面积无限大，传热是在无温差的条件下进行，传质是在无浓度差或无压差的条件下进行；

3）溶剂蒸汽流动无压降；

4）溶液循环流量足够大，从而使得发生器、吸收器中的溶液浓度几乎相等；

5）不考虑发生器、吸收器中液膜厚度导致的液膜内部的扩散过程。

从如上假设出发，采用理想溶液的单级单效吸收式制冷机中溶液的循环过程可以用图2.3中的过程描述。

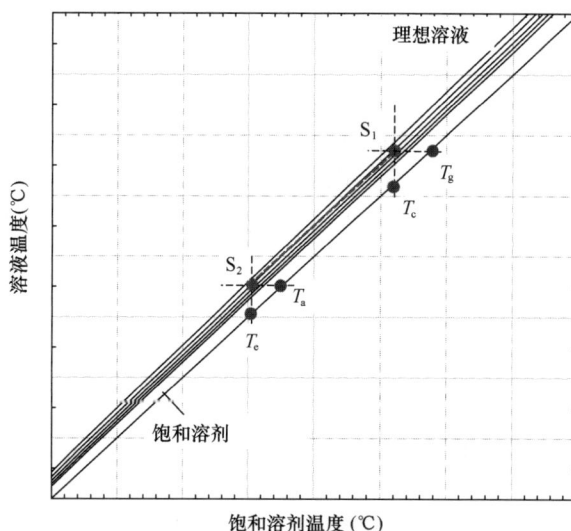

图2.3 单级单效吸收式热泵溶液循环过程（制冷过程）

S_1点为发生器中溶液状态，其对应的溶液温度为T_g，溶液表面溶剂蒸汽饱和温度为T_c，认为发生器到冷凝器之间的蒸汽通道无压降，所以冷凝器表面的冷凝温度也是T_c。S_2点为吸收器中的溶液状态，其对应的溶液温度为T_a，溶液表面溶剂蒸汽饱和温度为T_e，同样认为蒸发器与吸收器之间的蒸汽通道无压降，于是蒸发器表面的蒸发温度也是T_e。根据前面的假设，发生器与吸收器之间的溶液循环流量足够大，从而使得发生器和吸收器中的溶液浓度几乎相等，皆为x，于是，溶液就在S_1、S_2两个状态点之间循环。发生器流出的温度为T_g状态为S_1的溶液经过溶液—溶液换热器与从吸收器流出的温度为T_a的溶液逆流换热，温度降为T_a，成为状态S_2进入吸收器；从吸收器流出的温度为T_a，状态为S_2的溶液则通过溶液—溶液换热器的逆流换热，温度升至极接近T_g（因为换热器中两侧溶液流量不严格相等），状态极接近S_1，进入发生器。在发生器中，状态S_1的溶液吸收热量Q_g，蒸发出溶剂蒸汽，进入冷凝器等温地释放出热量Q_c，溶剂蒸汽冷凝为纯溶剂。根据前面的假设，溶剂蒸汽流动过程没有压降，在冷凝器的放热过程没有温差，这样，冷凝温度就是发生器中溶液的表面溶剂蒸汽对应的饱和温度 T_c。由于进入发生器的溶液状态与流出发生器的溶液状态几乎相同，所以发生器与吸收器之间几乎无热量交换。这样，经过发生器投入到溶液中的热量 Q_g 绝大部分在冷凝器中释放。冷凝器中冷凝的纯溶剂进入蒸发器，从蒸发器获得热量 Q_e，从而蒸发为蒸汽。这些蒸汽进入吸收器被吸收器中状态为 S_2 的溶液吸收，放出热量 Q_a。吸收过程溶液表面溶剂蒸汽对应的饱和温度为 T_e，而蒸汽从蒸发器流到吸收器的过程没有压降，蒸发器中纯溶剂也就在 T_e 下蒸发。根据假设，溶液循环流量足够大，S_1、S_2 点的溶液浓度 x 相同。这样，由式（2-7）可以得到：

$$\frac{\ln(x)}{B} = \frac{T_c - T_g}{T_c T_g} = \frac{T_e - T_a}{T_e T_a} \tag{2-8}$$

因为 x 小于 1，$\ln(x)$ 是负值，所以上式又可写作：

$$\frac{T_g - T_c}{T_g T_c} = \frac{T_a - T_e}{T_a T_e} \tag{2-9}$$

定义吸收式热泵的提升系数为 ϕ：

$$\phi = \frac{T_a - T_e}{T_g - T_c} \tag{2-10}$$

可以认为吸收式热泵的目的就是为了把热量从处于相对较低温度 T_e 的蒸发器提升到相对较高温度 T_a 的吸收器，温差 $T_a - T_e$ 可以称为吸收式热泵的温升收益，也称提升温差，而其付出的则是热量从处于相对较高温度 T_g 的发生器传到处于相对较低温度 T_c 的冷凝器，温差 $T_g - T_c$ 可以称为吸收式热泵的驱动温差。定义 ϕ 为吸收式热泵的提升系数，其含义就表示获得的提升温差 $T_a - T_e$ 与付出的驱动温差 $T_g - T_c$ 之比。ϕ 越大，吸收式热泵提升温度的能力越大。

可以得到单级单效的吸收式热泵的温度提升系数 ϕ 为：

$$\phi = \frac{T_a - T_e}{T_g - T_c} = \frac{T_a T_e}{T_g T_c} \tag{2-11}$$

式（2-11）给出使用理想溶液且满足前面诸条假设条件下单效单级吸收式热泵的温度提升性能。在理想条件下 ϕ 又是由四大部件中的四个溶液温度 T_a、T_e、T_g、T_c 所决定。

上述分析是从第一类吸收式热泵或吸收式制冷机出发所得到，对于第二类热泵，其工作原理完全相同，只是四大部件的溶液温度的高低关系有所不同。按照同样方法，可以得到完全相同的结果。

对于第一类吸收式热泵，由于发生器温度高于吸收器温度，冷凝器温度高于蒸发器温度，所以理想状态下的温度提升系数 ϕ 小于 1，也就是付出的驱动温差总是大于获得的提升温差。而对于第二类吸收式热泵，由于吸收器温度高于发生器温度，蒸发器温度高于冷凝器温度，所以理想状况下的温度提升系数 ϕ 大于 1，小的驱动温差付出可以获得较大的温度提升结果。

2.2.2.2　单级吸收式热泵理想过程四器的热量关系

下面讨论四个主要部件之间热量传递的关系，由此得到 COP 的范围。图 2.4 给出单效单级吸收式热泵 4 个主要部件之间的热量平衡关系。

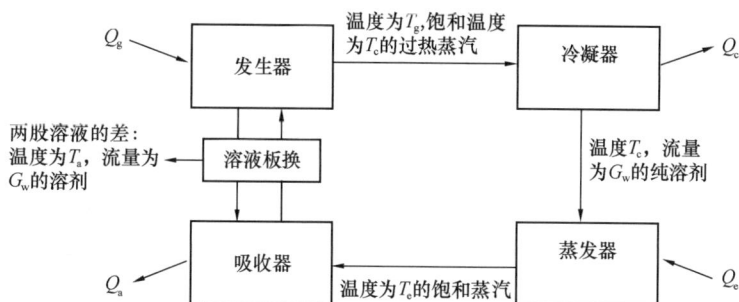

图 2.4　单效单级吸收式热泵四个主要部件的热量平衡关系

从图 2.4 出发，当溶液—溶液热交换器面积足够大，溶液循环量足够大时，可以得到如下的进入和流出吸收式热泵四大主要部件的热量：

进入发生器的热量

$$Q_{g} = G_{w}\big[h(T_{g}, T_{c}) - T_{a}c_{pw}\big] \tag{2-12}$$

吸收器释放的热量

$$Q_{a} = G_{w}\big[h(T_{e}, T_{e}) - T_{a}c_{pw}\big] \tag{2-13}$$

冷凝器释放的热量

$$Q_{c} = G_{w}\big[h(T_{g}, T_{c}) - T_{c}c_{pw}\big] \tag{2-14}$$

进入蒸发器的热量

$$Q_{e} = G_{w}\big[h(T_{e}, T_{e}) - T_{c}c_{pw}\big] \tag{2-15}$$

式中，$h(T_1, T_2)$ 为温度 T_1、饱和温度为 T_2 的溶剂蒸汽以热力学温度为参照点的焓，例如 $h(T_g, T_c)$ 就是温度为 T_g，蒸汽饱和压力对应的饱和温度为 T_c 的过热溶剂蒸汽的焓，$h(T_e, T_e)$ 就是温度为 T_e 的饱和溶剂蒸汽的焓。c_{pw} 为溶剂的定压比热，G_w 是冷凝器冷凝出的纯溶剂的质量循环流量。由于从吸收器流出的溶液质量流量比进入吸收器的溶液质量流量多 G_w，当溶液-溶液热交换器面积足够大时，进入吸收器和从吸收器流出的溶液温度相同，因此进入发生器（此时将发生器和溶液-溶液板式换热器看成一个整体）的流量为 G_w 的溶剂所具有的温度应该是 T_a。

式（2-12）～式（2-15）中，发生器、蒸发器为热源，其热量 Q 的定义为从外部热源流入的热量。所以根据热平衡，外界热源进入这两器的热量分别等于从这两器流出的溶剂蒸汽的热量与进入这两器的液态溶剂的显热之差。冷凝器、吸收器为热汇，其热量 Q 的定义是流出到外部热汇的热量。所以根据热平衡，流到外界热汇的热量分别等于流入到这两器的溶剂蒸汽的热量与从这两器流出的液态溶剂的显热之差。

定义第一类吸收式热泵的性能系数 COP_1 为制冷工况下的性能系数：

$$COP_1 = \frac{Q_e}{Q_g} = \frac{h(T_e, T_e) - c_{pw}T_c}{h(T_g, T_c) - c_{pw}T_a} \tag{2-16}$$

第一类吸收式热泵的冷凝温度总是高于蒸发温度，所以 $h(T_g, T_c)$ 总是大于 $h(T_e,$

T_e），当 $T_a \leqslant T_c$ 时，$h(T_g, T_c) - c_{pw}T_a$ 总是大于 $h(T_e, T_e) - c_{pw}T_c$，所以 COP_1 总是小于 1。

对于第二类热泵，根据使用要求得到其 COP_2 为：

$$COP_2 = \frac{Q_a}{Q_g + Q_e} = \frac{h(T_e, T_e) - c_{pw}T_a}{h(T_g, T_c) + h(T_e, T_e) - c_{pw}(T_a + T_c)} \tag{2-17}$$

由于在第二类热泵时，$T_c < T_e$，因此 $h(T_g, T_c) > h(T_e, T_e)$；当 T_c 小于 T_a，且 $T_e \leqslant T_g$ 时，可以得到，$h(T_g, T_c) - c_{pw}T_c > h(T_e, T_e) - c_{pw}T_a$。于是，

$$COP_2 < 0.5 \tag{2-18}$$

式（2-11）和式（2-16）给出单效单级第一类吸收式热泵的理想性能，式（2-11）和式（2-17）给出单效单级第二类吸收式热泵的理想性能。它们都是由温度提升系数和 COP 两个值来表示。COP 给出吸收式热泵输入输出热量或冷量的关系，温度提升系数 ϕ 则给出热量的温度品位的变化，揭示了吸收式热泵通过降低一部分热量的温度作为驱动，获得另一部分热量温度提升的效果这一本质。

在温度 T_g 下当从外界向系统输入 Q_g，在温度 T_e 下输入 Q_e，在温度 T_c 下取出热量 Q_c，在温度 T_a 下取出热量 Q_a 时，系统总的熵增应大于零，因此有：

$$-\frac{Q_g}{T_g} - \frac{Q_e}{T_e} + \frac{Q_c}{T_c} + \frac{Q_a}{T_a} > 0 \tag{2-19}$$

由此可以得到

$$\frac{1}{T_g} - \frac{\varepsilon_{cg}}{T_c} < COP_1 \left(\frac{\varepsilon_{ae}}{T_a} - \frac{1}{T_e} \right) \tag{2-20}$$

其中，$\varepsilon_{ae} = \dfrac{h(T_e, T_e) - T_a c_{pw}}{h(T_e, T_e) - T_c c_{pw}}$，$\varepsilon_{cg} = \dfrac{h(T_g, T_c) - c_{pw}T_c}{h(T_g, T_c) - c_{pw}T_a}$

此时，T_a 如果等于 T_c，则 $\varepsilon_{ae} = 1$，$\varepsilon_{cg} = 1$，于是可得到：

$$\frac{1}{T_g} - \frac{1}{T_c} < COP_1 \left(\frac{1}{T_a} - \frac{1}{T_e} \right) \tag{2-21}$$

$$\frac{T_a T_e}{T_g T_c} > COP_1 \left(\frac{T_a - T_e}{T_g - T_c} \right) \tag{2-22}$$

上式是在 T_a 等于 T_c 的条件下得到，实际上可以证明，当 T_g 大于 T_a，且二者之差足够大时，无论 T_a 大于 T_c 还是 T_a 小于 T_c，上式均成立。

进一步根据温度提升系数的定义，上式还可以写为：

$$\frac{T_a T_e}{T_g T_c} > COP_1 \phi \tag{2-23}$$

式（2-23）给出在热力学第二定律条件下单级单效的第一类吸收式热泵性能的上限：其 COP_1 与温度提升系数之乘积不能超过 $(T_a T_e / T_g T_c)$。同时，前面从热量守恒推导出单级单效吸收式热泵的 COP_1 不能超过 1，从理想溶液的理想循环过程推导出单级单效的第一类吸收式热泵的温度提升系数 ϕ 也不能超过 $(T_a T_e / T_g T_c)$。

对于第二类吸收式热泵，从式（2-19）出发，通过类似的途径，同样可以得到当 T_e 小于或等于 T_g 时，$2COP_2 \phi$ 不会超过 $(T_a T_e / T_g T_c)$。

式（2-11）、式（2-16）、式（2-17）和式（2-23）是理想溶液在理想工况下单级单效

吸收式热泵可达到的性能。仍然采用理想溶液，但工作在实际工况（换热器换热能力有限，溶液循环流量有限等）时，与一般的热机和换热装置一样，其实际性能都要低于理想工况的结果。也就是实际的 COP 要低于式（2-16）、式（2-17）给出的 COP 值，实际的温度提升能力 ϕ 也低于式（2-11）给出的值。然而，如果采用真实溶液，由于构成溶液的两种物质之间相互作用的结果，式（2-11）、式（2-16）、式（2-17）需要根据实际溶液的活度系数进行修正。修正系数取决于实际溶液活度系数的性质，活度系数本质上是溶液中不同种分子间作用力与同种分子间作用力的比较。当构成溶液的溶剂与溶质之间分子作用力大于溶剂分子之间的作用力时（如采用溴化锂溶液），相同溶剂摩尔浓度的溶液，吸收式热泵的驱动温差和提升温差都会增加，而提升系数 ϕ 的修正取决于活度系数随温度的变化。当活度系数随温度增加而增加（如采用溴化锂溶液）时，此时第一类吸收式热泵提升系数 ϕ 的修正系数大于 1，即提升系数大于由实际溶液所确定的四器温度的两两乘积之比，而此时 COP_1 由于实际溶液的混合热会降低；而第二类吸收式热泵提升系数 ϕ 的修正系数小于 1，即提升系数小于由实际溶液所确定的四器温度的两两乘积之比，而此时 COP_2 会增加。反之，当构成真实溶液的溶质与溶剂之间的分子作用力小于溶剂分子之间的作用力时，其结果则完全相反。但是，无论哪种情况，式（2-23）的上限都不可能突破，因为它是由热力学第二定律得到的结果。这些问题的深入讨论见后续对实际溶液工况的讨论。

2.2.3 采用理想溶液的多效吸收式热泵的理想过程

提升系数 ϕ 给出了吸收式热泵的温度提升能力。驱动温差 $T_g - T_c$ 越大，提升温差 $T_a - T_e$ 也越大。然而有时具有较高的驱动温差，却不需要这样大的温度提升能力时，过量的驱动温差并不能简单地转换为 COP 的增加，从而造成驱动热量品位的浪费。为了充分利用这个大温差驱动能力，就可以采用双效甚至多效吸收式热泵来将驱动温差转换为对 COP 的增加。

以双效吸收式热泵为例。如图 2.5 所示。温度为 T_{g1} 的热量 Q_{g1}、进入高压发生器，发生出饱和温度为 T_{g2} 的高压蒸气，高压蒸气进入低压发生器作为低压发生器的热源，发生出饱和温度为 T_c 的低压蒸气，高压蒸气自身释放热量后变为冷凝液进入冷凝器，低压

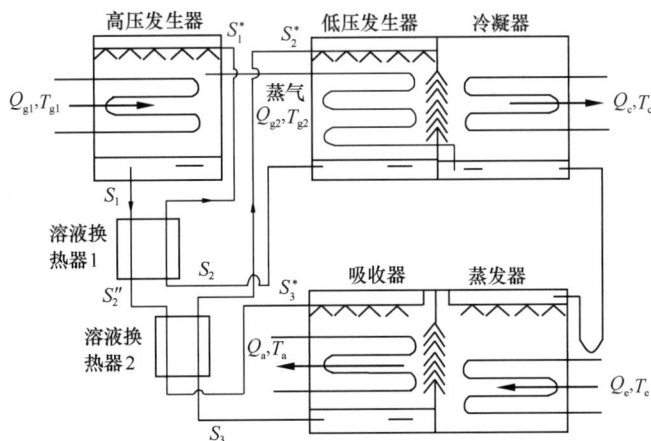

图 2.5 双效吸收式制冷机的流程

蒸气在冷凝器中冷凝成纯溶剂，释放出热量 Q_c。高压蒸气与低压蒸气冷凝后的溶剂均通过隔压装置 U 形管进入蒸发器，在蒸发器输入的 T_e 温度下的热量 Q_e 的作用下，两部分纯溶剂蒸发成溶剂蒸汽，溶剂蒸汽进入吸收器，被 T_a 温度下的溶液吸收，最终释放出热量 Q_a。吸收器出口的稀溶液 S_3 在溶液泵的作用下经过溶液换热器 2 被加热为 S_2^* 进入低压发生器喷淋，之后溶液被浓缩后变为 S_2 状态的溶液，经过溶液-溶液换热器 1 后被加热为 S_1^* 状态的溶液，进入高压发生器喷淋，最终制得浓溶液 S_1、S_1 状态的溶液经过溶液-溶液换热器 1 首先与低压发生器出口的溶液 S_2 进行热交换，S_1 状态的溶液被降温为 S_2''，之后进入溶液-溶液换热器 2 与吸收器出口的溶液 S_3 进行热交换，最终变为 S_3^*，进入吸收器喷淋，吸收蒸汽后吸收器出口溶液状态为 S_3，从而完成溶液的循环。

类比上述对单效吸收式热泵的分析，如果高压发生器、低压发生器、吸收器之间循环的溶液流量足够大，假设溶液的流量与浓度不发生变化，则图 2.5 中 S_1 状态与 S_1^* 状态，S_2 状态与 S_2^* 状态、S_3 状态与 S_3^* 状态分别近似重合；假设溶液-溶液换热器 1 与溶液-溶液换热器 2 的换热面积均为无限大，则有：

外界进入高压发生器的热量为：

$$Q_{g1} = G_{w1}\left[h(T_{g1}, T_{g2}) - t_{g2} c_{pw} \right] \tag{2-24}$$

G_{w1} 为高压发生器发生出的蒸汽流量，kg/s。

低压发生器的热平衡方程为：

$$\begin{aligned} Q_{g2} &= G_{w2}\left[h(T_{g2}, T_c) - t_a c_{pw} \right] + G_{w1} c_{pw}(t_{g2} - t_a) \\ &= G_{w1}\left[h(T_{g1}, T_{g2}) - t_{g2} c_{pw} \right] \end{aligned} \tag{2-25}$$

G_{w2} 为低压发生器发生出的蒸汽流量，kg/s。

从冷凝器流出的热量为：

$$Q_c = G_{w2}\left[h(T_{g2}, T_c) - t_c c_{pw} \right] \tag{2-26}$$

从外界进入蒸发器的热量为：

$$Q_e = (G_{w1} + G_{w2}) h(T_e, T_e) - c_{pw}(t_c G_{w2} + t_{g2} G_{w1}) \tag{2-27}$$

从吸收器释放出的热量为：

$$Q_a = (G_{w1} + G_{w2}) h(T_e, T_e) - c_{pw} t_a \tag{2-28}$$

由此得到两股液态溶剂流量之比 $k_w = G_{w2}/G_{w1}$：

$$k_w = \frac{G_{w2}}{G_{w1}} = \frac{h(T_{g1}, T_{g2}) - (2t_{g2} - t_a) c_{pw}}{h(t_{g2}, t_c) - t_a c_{pw}} \tag{2-29}$$

由此可以得到双效吸收式热泵的制冷 COP_1 为：

$$COP_1 = \frac{Q_e}{Q_{g1}} = \frac{Q_e}{Q_c} \frac{Q_c}{Q_{g2}} \frac{Q_{g2}}{Q_{g1}} = \varepsilon_{ec} \varepsilon_{cg2} \varepsilon_{g2-1} \tag{2-30}$$

$$\varepsilon_{ec} = \frac{Q_e}{Q_c} = \frac{G_{w1} + G_{w2}}{G_{w2}} \frac{h(T_e, T_e) - c_{pw}(t_c G_{w2} + t_{g2} G_{w1})/(G_{w1} + G_{w2})}{h(T_{g2}, T_c) - t_c c_{pw}} \tag{2-31}$$

$$\varepsilon_{cg2} = \frac{Q_c}{Q_{g2}} = \frac{G_{w2}\left[h(T_{g2}, T_c) - t_c c_{pw} \right]}{G_{w1}\left[h(T_{g1}, T_{g2}) - t_{g2} c_{pw} \right]} \tag{2-32}$$

在 $T_a = T_c$ 时，$\varepsilon_{cg2} = 1$，只有在 T_a 大于 T_c 时，ε_{cg2} 才可能略大于 1。

$$\varepsilon_{g2-1} = \frac{Q_{g2}}{Q_{g1}} = 1 \tag{2-33}$$

合并上面各项，可以证明得到：对于双效的吸收式热泵，当 $T_{g2} > T_a$ 时，其制冷工

况的 COP_1 为：

$$COP_1 < 2 \tag{2-34}$$

对于 n 效吸收式热泵，可同样得到其 COP_1 的上限：

$$COP_1 < n \tag{2-35}$$

这里的小于 2 和小于 n 指的是 COP_1 的上限。

那么，当发生过程变为双效或多效时，热量的品位提升系数如何变化呢？下面仍然以 $T\text{-}T_{sat}$ 图为工具进行分析。当四大过程源侧皆为恒温热源时，类比上述单效单级吸收式热泵的分析方法，图 2.6 给出了双效单级吸收式热泵的理想过程在 $T\text{-}T_{sat}$ 图上的表示。

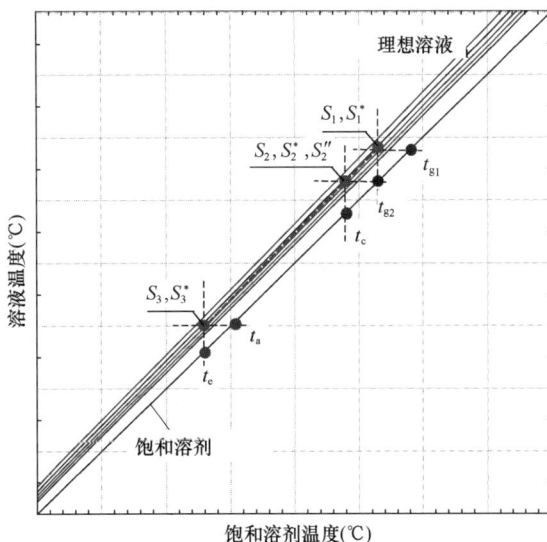

图 2.6 双效吸收式热泵在 $T\text{-}T_{sat}$ 图上的表示

根据图 2.6 所示的多效吸收式热泵的各大部件热源/冷源温度水平的关系，类比前述对于单效吸收式热泵的推导，对于理想过程，不难得到：

$$\frac{T_{g1} - T_{g2}}{T_{g1} - T_c} = \frac{T_{g1} T_{g2}}{T_{g1} T_c} \tag{2-36}$$

$$\frac{T_{g1} - T_{g2}}{T_a - T_e} = \frac{T_{g1} T_{g2}}{T_a T_e} \tag{2-37}$$

联立式（2-36）、式（2-37）不难得到多效吸收式热泵的理想提升系数：

$$\phi = \frac{T_a - T_e}{T_g - T_c} = \frac{1}{n} \cdot \frac{T_a \cdot T_e}{T_g \cdot T_c} \tag{2-38}$$

其中 n 为发生过程的效数。

对比式（2-35）与式（2-38）不难发现，对于多效的吸收式热泵，其制冷的 COP_1 根据效数成倍的增加，而提升系数随着效数的增加成反比的减小。多效的吸收式热泵，获得了较高的 COP_1，但是却以品位的提升能力与效数成反比地降低为代价。

把式（2-35）与式（2-38）相乘，可以得到：

$$\frac{T_a T_e}{T_g T_c} > COP_1 \phi \tag{2-39}$$

与从熵增出发得到的单效吸收式热泵性能上限式（2-23）完全相同。这表明，多效吸收式热泵只是温度提升系数和 COP_1 之间可以互相转换，当需要较大的 COP_1，而不需要很高的温度提升系数时，可以通过双效甚至多效流程，降低其温度提升能力，而同倍比地提高其 COP_1。

2.2.4　多级吸收式热泵的理想性能分析

当发生器与冷凝器间温差过大，可以提供的温升能力高于需要时，通过双效流程可以把这一温差转换为 COP_1。反之，当可以提供的驱动温差不足以满足温升要求时，又可以通过双级流程，提高温升能力而降低 COP_1。图 2.7 给出了恒温热源下双级吸收流程的原理。

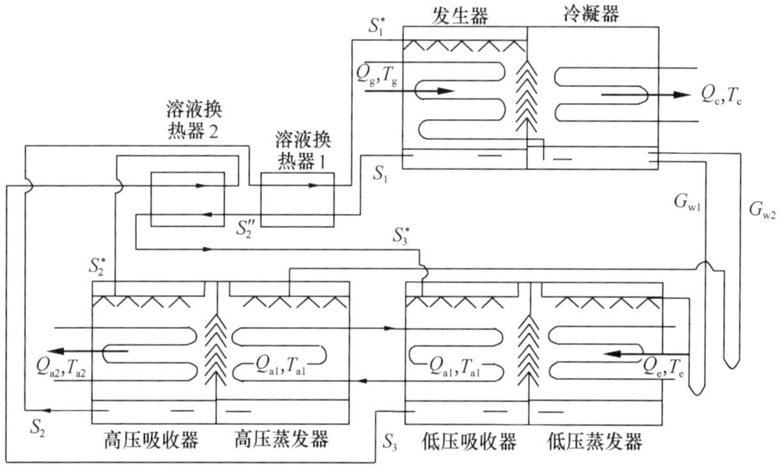

图 2.7　双级吸收的吸收式热泵工作原理图

由图 2.7 所示，其中发生过程和冷凝过程与单效单级的吸收式热泵工作原理完全相同，而对于蒸发-吸收过程，则分为两级。如图 2.7 所示，自冷凝过程冷凝出的纯溶剂分为两部分，一部分液态溶剂通过隔压装置流入低压蒸发器，在蒸发器输入的温度为 T_e 的热量 Q_e 的作用下，溶剂吸收热量 Q_e 蒸发成冷剂蒸汽，蒸汽在低压吸收器中被喷淋的溶液吸收，吸收过程放出温度为 T_{a1} 的热量 Q_{a1}，同时将热量 Q_{a1} 释放给低压吸收器内部盘管中的循环流体，循环流体将热量 Q_{a1} 带入高压蒸发器。在高压蒸发器中，自冷凝器流出的另外一部分冷剂液通过隔压装置流入高压蒸发器喷淋，吸收循环流体带入的热量 Q_{a1} 而蒸发，蒸发出的冷剂蒸汽流入高压吸收器被喷淋的溶液吸收，放出温度为 T_{a2} 的热量 Q_{a2}，最终作为吸收式热泵输出的热量。其中溶液的循环过程如下：发生器出口的 S_1 状态的浓溶液首先经过溶液-溶液换热器 1 被高压吸收器出口的溶液降温至 S_2'' 状态，经过溶液-溶液换热器 2 被低压吸收器出口的溶液降温至 S_3^* 状态，S_3^* 状态的溶液在低压吸收器中喷淋，吸收冷剂蒸汽后变为 S_3 状态，S_3 状态的溶液进入溶液-溶液换热器 2 冷却溶液-溶液换热器 1 出口的溶液，变为 S_2^* 状态进入高压吸收器喷淋，喷淋溶液吸收冷剂蒸汽后变为 S_2 状态，进入溶液-溶液换热器 1 冷却发生器出口的溶液，之后变为 S_1^* 状态后进入发生器喷淋，溶液发生出冷剂蒸汽后最终变为 S_1 状态后从发生器流出，从而完成溶液的循环。

将双级吸收的吸收式热泵过程表示在 T-T_{sat} 图上，如图 2.8 所示。

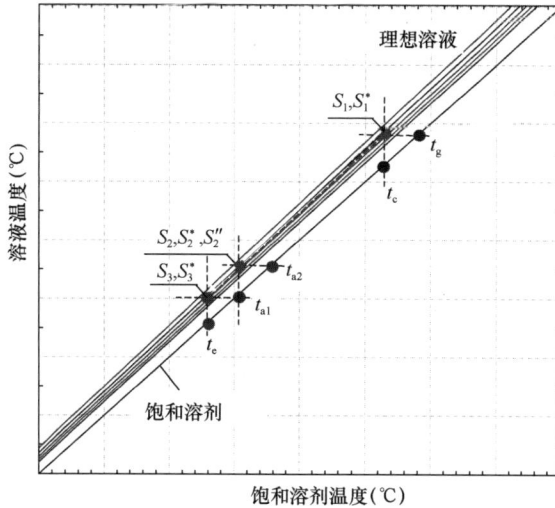

图 2.8 双级吸收式热泵理想过程

由图 2.8，同样假设在发生器、高压吸收器、低压吸收器之间循环的溶液流量足够大，则在这三大部件之间循环的溶液流量、浓度近似不变，则有 S_1 状态与 S_1^* 状态，S_2 状态与 S_2^* 状态与 S_2'' 状态、S_3 状态与 S_3^* 状态分别近似重合。

按照前面的思路，可同样写出为：

外界进入发生器的热量为：

$$Q_g = (G_{w1} + G_{w2})\lfloor h(T_g, T_c) - t_{a2} c_{pw} \rfloor \tag{2-40}$$

从冷凝器流出的热量为：

$$Q_c = (G_{w1} + G_{w2})\lfloor h(T_g, T_c) - t_c c_{pw} \rfloor \tag{2-41}$$

从外界进入低压蒸发器的热量为：

$$Q_e = G_{w1}\lfloor h(T_e, T_e) - t_c c_{pw} \rfloor \tag{2-42}$$

低压吸收器的热平衡方程为：

$$Q_{a1} = G_{w1}\lfloor h(T_e, T_e) - t_{a1} c_{pw} \rfloor = G_{w2}\lfloor h(T_{a1}, T_{a1}) - t_c c_{pw} \rfloor \tag{2-43}$$

从高压吸收器释放出的热量为：

$$Q_{a2} = G_{w2}\lfloor h(T_{a1}, T_{a1}) - t_{a2} c_{pw} \rfloor + G_{w1} c_{pw}(t_{a1} - t_{a2}) \tag{2-44}$$

根据低压吸收器的热平衡可以解出两份冷凝溶剂间的关系：

$$\frac{G_{w2}}{G_{w1}} = \frac{h(T_e, T_e) - t_{a1} c_{pw}}{h(T_{a1}, T_{a1}) - t_c c_{pw}} \tag{2-45}$$

这样，双级吸收式热泵的 COP_1 为：

$$COP_1 = \frac{Q_e}{Q_g} = \frac{G_{w1}\lfloor h(T_c, T_e) - t_c c_{pw} \rfloor}{(G_{w1} + G_{w2})\lfloor h(T_g, T_c) - t_{a2} c_{pw} \rfloor}$$

$$COP_1 = \frac{G_{w2}\left[h(T_{a1},T_{a1})-t_c c_{pw}\right]\dfrac{\left[h(T_e,T_e)-t_c c_{pw}\right]}{\left[h(T_e,T_e)-t_{a1} c_{pw}\right]}}{(G_{w1}+G_{w2})\left[h(T_g,T_c)-t_{a2} c_{pw}\right]} \tag{2-46}$$

可以证明，当 $T_g > T_{a1}$ 且二者之差足够大时，$COP_1 < 0.5$。

可见，对于双级吸收式热泵，实质是把热量从蒸发器所处的蒸发温度分两级提升到吸收器温度。每一次温度提升的幅度缩小，要求的驱动温差也就减小，由此，通过两倍的热量付出，用较小的驱动温差实现了较大的温度提升。同理，可以推出多级吸收的流程，在吸收器与蒸发器之间每提升一级，发生器付出的热量就需要按照级数成倍增加。当理想情况，溶液-溶液换热器 2 与溶液-溶液换热器 1 的换热面积无限大时，溶液-溶液换热过程没有损失。此时对于级数为 m 的多级吸收的吸收式热泵，其 COP_1 的上限如式（2-47）所示：

$$COP_1 < \frac{1}{m} \tag{2-47}$$

同理，不难推导得到，对于多级吸收的吸收式热泵，恒温热源下其理想的品位提升系数如式（2-48）所示：

$$\phi = \frac{T_a - T_e}{T_g - T_c} = m\frac{T_a T_e}{T_g T_c} \tag{2-48}$$

其中 m 为蒸发-吸收过程之间的级数。

综合 COP_1 和温度提升系数，可以得到，对于多级吸收式热泵，同样存在

$$COP_1\phi = \frac{Q_e}{Q_g}\frac{T_a - T_e}{T_g - T_c} < \frac{T_a T_e}{T_g T_c} \tag{2-49}$$

无论单级、多级、单效、多效，上式均成立。

通过以上对单级单效、多效、多级的第一类吸收式热泵的理想过程的分析可见，吸收式热泵理想过程的基本性能可由两个参数来表示：品位提升系数和 COP。对于单级单效的第一类吸收式热泵，品位提升系数是发生-冷凝侧和蒸发-吸收侧热力学温度乘积的函数，理想的 COP_1 为 1。对于多效单级的第一类吸收式热泵的理想过程，品位提升系数会随效数成反比的减小，而理想的 COP_1 会随效数成正比的增加；对于多级第一类吸收式热泵的理想过程，品位提升系数会随级数成正比的增加，而理想的 COP_1 会随级数成反比的减小。

2.2.5　理想溶液理论模型小结

本节从吸收式热泵内部流程出发，建立了采用理想溶液时的吸收式热泵理想模型。在此基础上给出了用温度提升系数 ϕ 和 COP 两个参数表示的吸收式热泵性能参数：

（1）温度提升系数 ϕ 揭示了吸收式热泵的本质：以发生器的高温热量转移到冷凝器的低温热量为代价，从蒸发器提取热量，提升其温度，再在吸收器释放。温度提升系数 ϕ 定量地给出蒸发器-吸收器获得的温升与发生器-冷凝器付出的温降之比。这是反映吸收式热泵的最本质性质。实际的吸收式热泵的温度提升系数是由四个主要环节所处的温度水平所决定。T_g、T_c、T_a 和 T_e 确定了温度提升系数可以实现的上限。同时它还与机器内部各

传热传质环节造成的不可逆损失有关，各种不可逆损失越大，实际从外部看的温度提升效果就与这个上限差得越远。通过改变流程，可以使温度提升系数成倍地增大或减小，但同时要同等比例地增大或减少投入的热量。

（2）提升系数模型揭示了吸收式热泵四器的品位的自由度是 3，四个器的品位满足提升系数模型所给的约束关系。因此，利用提升系数模型可以判断外部工况的可行性。而热机-热泵等效模型，四器品位的自由度是 4，任意外部工况都可实现，这就和吸收式热泵有了本质区别，无法利用热机-热泵等效模型判断可行性，进而开展系列理论分析。

（3）COP 则是给出吸收式热泵热量的输入输出关系，由此可以和压缩式热泵的性能进行比较。本节分析表明：在理想条件下，单级单效的吸收式热泵制冷工况的 COP_1 上限是 1。双效、n 效的吸收式热泵可以使其 COP_1 上限提高到 2 乃至 n，但其温度提升系数的上限也将降低到原来的 $1/2$ 和 $1/n$。双级吸收式热泵可以使温度提升系数的上限提高到 2 倍，但同时也使其 COP_1 降低到 $1/2$。

（4）压缩式热泵的理想 COP（可逆过程下，也就是卡诺循环下）可以随着冷凝温度与蒸发温度的变化而连续变化，按照等效为"热机-热泵"模型的吸收式热泵等效模型也会给出这样连续变化的规律，但从吸收式热泵的真实流程出发，其制冷 COP_1 不会这样随外界四个热源热汇温度的变化而连续变化，而只能在 1 附近小范围变化（对单效单级机来说），或通过改变流程成倍数的增加或减少。这也是吸收式热泵与压缩式热泵性能的主要差别之一。

（5）COP_1 和温度提升系数 ϕ 的乘积给出吸收式热泵的综合性能。它的上限由 T_aT_e/T_gT_c 决定，并随其变化而连续变化。$COP_1\phi/(T_aT_e/T_gT_c)$ 可以作为吸收式热泵的热力学完善度，可以表示吸收式热泵的实际性能接近理想可逆循环的程度，它可以作为全面评价吸收式热泵性能的综合指标。

（6）实际的吸收式热泵中循环的溶液并非理想溶液。构成溶液的两种工质混合时，由于构成工质的不同种分子间的作用力与同种分子间的作用力不同，其溶液的表面蒸汽压力也就与单组分时不同，在浓缩和稀释过程中也将有混合热进出。这就导致采用真实溶液时吸收式热泵的性能有所不同。但其温度提升的基本原理不变，$COP_1\phi$ 的综合性能受 T_aT_e/T_gT_c 决定的热力学性质不变。下面将对此进行更深入的讨论。

2.3　实际溶液下吸收式热泵的理论模型

上面讨论了理想溶液下吸收式热泵的理想过程模型，指出无论是第一类还是第二类吸收式热泵，其性能都可以用温度提升系数 ϕ 和 COP 给出。同时，从热力学第二定律出发，还推导出吸收式热泵可以实现的 ϕCOP 数值的上限。理想溶液随着浓度的变化没有混合热的释放或吸收。这样可以得到上述非常简洁的结果，并便于做各种分析。然而自然界存在的真实溶液并不具有理想溶液性质，这就需要分析研究采用了真实溶液后吸收式热泵性能与采用理想溶液时的差异。本节以溴化锂—水工质对为例，讨论在这种真实溶液下吸收式热泵的性能。

2.3.1　真实溶液的性能

对于作为真实溶液的溴化锂水溶液，由于水分子和溴化锂分子的相互作用，其表面水蒸气分压力已经不再简单地与水的摩尔浓度及同温度下的水的饱和压力成正比，而是还与此状态下水的活度系数有关[18]：

$$p_{w,s}(x_{w,m},T) = \gamma(x_{w,m},T)x_{w,m}p_w(T) \tag{2-50}$$

式中，$p_{w,s}$ 为溶液表面的水蒸气分压力，γ 为此状态的水的活度系数，$x_{w,m}$ 为溶液中水的摩尔浓度，$p_w(T)$ 为温度 T 下水表面的饱和水蒸气压力。

图 2.9 给出在溴化锂吸收式热泵的工作范围内不同水的摩尔浓度状态下水的活度系数的变化。可以看出，由于水分子和溴化锂分子相互作用的结果，在此范围内水的活度系数都小于 1，也就是说溴化锂溶液的表面水蒸气分压力总是低于同样摩尔浓度的理想溶液的表面水蒸气分压力。

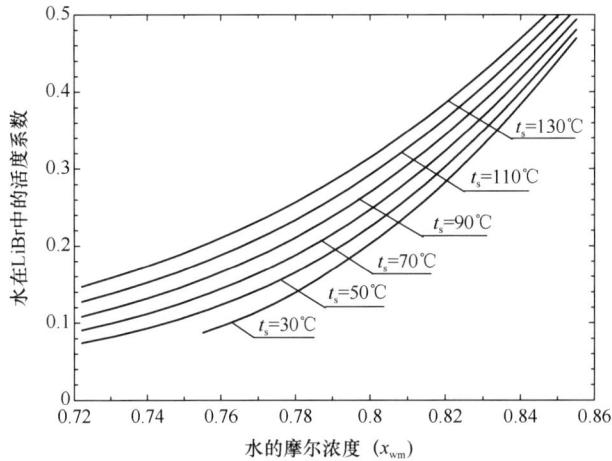

图 2.9　水在 LiBr 中的活度系数随温度和浓度的变化

溴化锂溶液在等温条件下浓度变化时，由于水和溴化锂分子之间的相互作用力，还要释放或吸收混合热[18]。图 2.10 给出在不同的温度和浓度下，向溶液中混入单位质量的纯水时所释放的混合热，混合热为正值表示是热量释放。

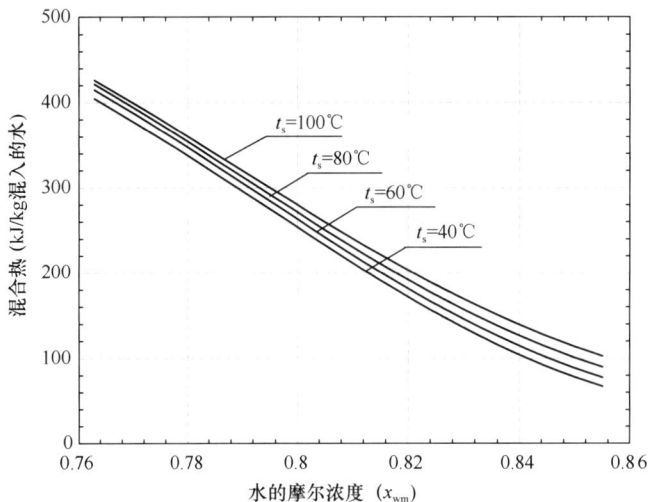

图 2.10　不同温度不同水的摩尔浓度下溴化锂溶液的混合热

从图中看出，混合热随温度变化而变化不大，而随溶液的浓度变化显著变化。水在标准状态下的汽化潜热为 2500kJ/kg，所以在常用的工作范围内，向溶液中加入水时释放的混合热大约为同等数量水的汽化潜热的 4%～16%，溴化锂浓度越高（水的摩尔浓度越低）混合热越大。

2.3.2　真实溶液无限大溶液流量时的理想模型

当发生器与吸收器之间循环的溴化锂溶液流量无限大时，可以认为发生器与吸收器中的溴化锂溶液浓度相同，其水的摩尔浓度都是 $x_{w,m}$。由式（2-50），引用克拉贝龙方程[18]，作为饱和水蒸气压力与温度的关系，可以得到：

$$A - \frac{B}{T_{w,g}(x_{w,m}, T_g)} = \ln[\gamma(x_{w,m}, T_g)x_{w,m}] + A - \frac{B}{T_g} \tag{2-51}$$

$$A - \frac{B}{T_{w,a}(x_{w,m}, T_a)} = \ln[\gamma(x_{w,m}, T_a)x_{w,m}] + A - \frac{B}{T_a} \tag{2-52}$$

式中，$T_{w,g}$、$T_{w,a}$ 分别是发生器和吸收器中对应于溶液表面水蒸气分压力的水的饱和温度。A、B 为克拉贝龙方程中的常数。合并式（2-51）和式（2-52），可以得到：

$$\frac{T_a - T_{w,a}(x_{w,m}, T_a)}{T_g - T_{w,g}(x_{w,m}, T_g)} = \frac{\ln[\gamma(x_{w,m}, T_a)x_{w,m}]}{\ln[\gamma(x_{w,m}, T_g)x_{w,m}]} \frac{T_a T_{w,a}(x_{w,m}, T_a)}{T_g T_{w,g}(x_{w,m}, T_g)} \tag{2-53}$$

由于吸收器中的溶液的表面水蒸气分压力一定略低于蒸发器中水的蒸发压力，发生器中溶液的表面水蒸气分压力一定略高于冷凝器中水的冷凝压力，若不考虑上述发生-冷凝和蒸发-吸收之间的水蒸气压差，由式（2-53）可以得到：

$$\phi = \frac{T_a - T_e}{T_g - T_c} = \frac{\ln[\gamma(x_{w,m}, T_a)x_{w,m}]}{\ln[\gamma(x_{w,m}, T_g)x_{w,m}]} \frac{T_a T_e}{T_g T_c} = k_r \frac{T_a T_e}{T_g T_c} \tag{2-54}$$

式中，k_r 为由于是真实溶液导致的由溶液性质所决定的系数。由式可看出它主要是由于溶液在两器中的温度不同而不同，并且还与溶液浓度有关。

由式（2-54）可见，采用真实溶液的吸收式热泵的提升系数模型，与采用理想溶液的提升系数模型形式相同，只不过对于真实溶液，需要对理想模型做出修正。这可以表明利用提升系数模型揭示了吸收式热泵热量变换的本质：付出驱动温差，获得提升温差，提升温差与驱动温差之比与相应两两热力学温度乘积之比成正比。通过理想溶液模型得到了热量变换品位提升的基本关系，实际溶液的循环是在基本关系上做出修正。

进一步分析还可以发现，k_r 主要由两器中溶液的温差和溶液浓度决定。图 2.11 给出不同的溴化锂溶液的水摩尔浓度下，k_r 随两器温差的变化。

由图 2.11 可以看出，与理想溶液相比，采用了真实溶液后对于第一类吸收式热泵（$T_g > T_a$），温度提升系数 ϕ 加大；对于第二类吸收式热泵（$T_g < T_a$），温度提升系数 ϕ 减小。主要的原因是真实溶液溴化锂分子与水分子之间的作用力比水分子与水分子之间的作用力大，活度系数小于 1，溶液温度和溶液饱和压力对应的饱和水温之差变大。而由图 2.9 所示，随着溶液温度的降低和溶液中水的摩尔浓度的降低，溶液的活度系数减小。因此，对于第一类吸收式热泵，由于吸收器溶液温度低于发生器溶液温度，分子间作用力对

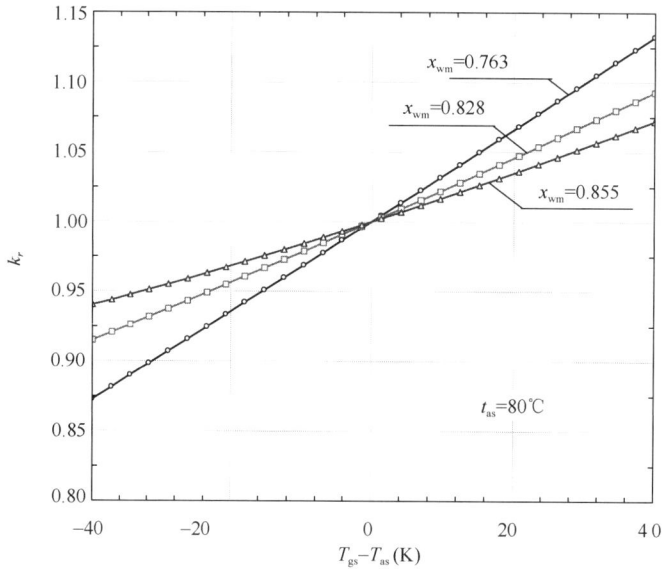

图 2.11　不同溴化锂浓度下，k_r 随发生器与吸收器的溶液温差的变化

吸收器溶液性质的影响更加明显，导致提升的温差变大，因此温度提升系数 ϕ 加大；并且随着吸收器溶液温度的降低，温度提升系数 ϕ 增加得更加明显，表现为 k_r 随吸收器溶液温度的降低而升高，如图 2.13 所示；温度提升系数 ϕ 随溶液中水的摩尔浓度的降低而升高，如图 2.11 所示。而对于第二类热泵，由于吸收器溶液温度高于发生器溶液温度，分子间作用力对发生器溶液性质的影响更加明显，导致驱动温差变大，因此温度提升系数 ϕ 减小；并且随着吸收器溶液温度的升高，温度提升系数降低的更加明显，表现为 k_r 随吸收器溶液温度的升高而降低，如图 2.16 所示；k_r 随溶液中水的摩尔浓度的降低而降低，如图 2.11 所示。

真实溶液浓度变化时释放混合热，增加了系统的不可逆性，为什么温度提升能力在第一类热泵时反而提高了呢？这是因为吸收式热泵的性能由综合温度提升能力与 COP 两个参数构成。下面分析真实溶液时第一类热泵的 COP_1 的变化。

上一节给出 COP_1 为：

$$COP_1 = \frac{Q_e}{Q_g} \tag{2-55}$$

由于真实溶液的混合热的作用，COP_1 成为：

$$COP_1 = \frac{Q_e}{Q_g} = \frac{h(T_e, T_e) - t_c c_{pw}}{h(T_g, T_c) + h_{EE}(x_{w,m}, T_a) - t_a c_{pw}} \tag{2-56}$$

式中，$h(T_1, T_2)$ 为温度为 T_1，饱和温度为 T_2，以热力学温度为温标计算的水蒸气的焓；与理想溶液时相比，式（2-56）分母增加了一项混合热 h_{EE}，混合放热时 h_{EE} 的符号为正，这就使 COP_1 变小。

图 2.12 给出发生器溶液温度为 120℃时，不同吸收器溶液温度在不同浓度下的采用真实 LiBr 溶液的 COP_1，图中还给出此时对应的蒸发器中冷剂水的蒸发温度。可以看出，

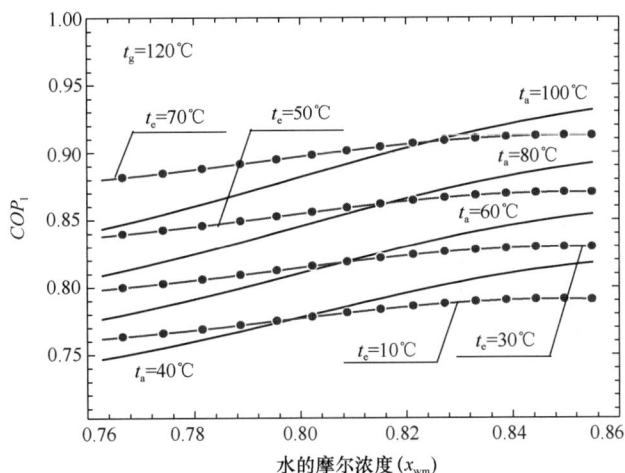

图 2.12　采用真实 LiBr 溶液的第一类吸收式热泵的 COP_1

COP_1 随吸收器中溶液的温度升高而加大，随溶液中溶质浓度加大而减小。在任何时候，COP_1 都小于 1，也就是说，采用真实溶液的吸收式热泵的 COP_1 永远小于理想溶液下吸收式热泵的 COP_1。

上一节证明，对于理想溶液，第一类吸收式热泵存在以下关系：

$$\frac{T_a T_e}{T_g T_c} > COP_1 \phi \tag{2-57}$$

对于真实溶液，从熵增原理出发，也应该遵循同样的上限。由此就要求

$$k_r COP_1 < 1 \tag{2-58}$$

也就是说，采用真实溶液可以使得第一类吸收式热泵的温度提升系数高于 $\dfrac{T_a T_e}{T_g T_c}$ 所决定的上限，但一定会导致 COP_1 减小。二者综合，不会超过式（2-58）得到的上限。图 2.13 给出与图 2.12 同样工况的第一类吸收式热泵的 k_r 的变化，图 2.14 给出采用溴化锂溶液时 $k_r COP_1$ 随溶液浓度和温度的变化。可以看到其值总是小于 1。从图 2.11、图 2.14 还可以看出，采用了真实溶液，尽管温度提升系数加大，但必然使 COP_1 减小。

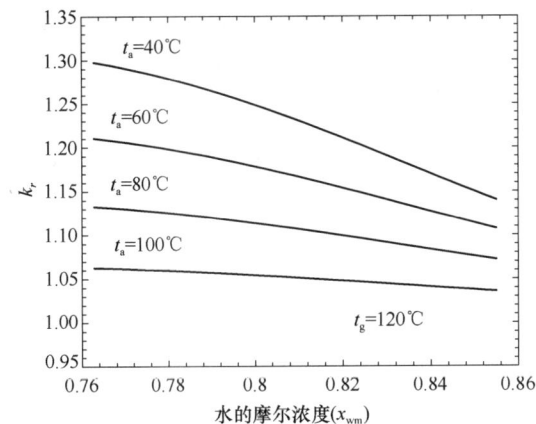

图 2.13　真实 LiBr 溶液的第一类
吸收式热泵的 k_r

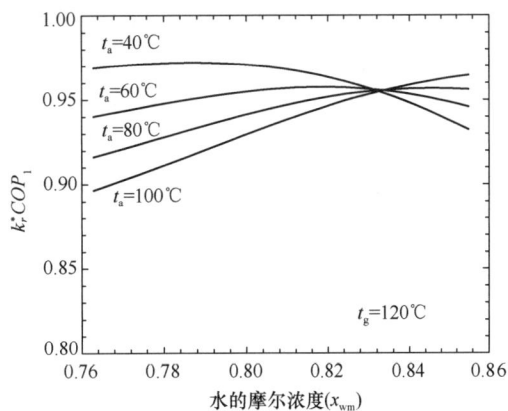

图 2.14　采用真实溴化锂溶液的第一类
热泵的 $k_r COP_1$

对于第二类热泵，其 COP_2 为

$$COP_2 = \frac{Q_a}{Q_g + Q_e} = \frac{1}{\varepsilon_{ga} + \varepsilon_{ea}} \qquad (2\text{-}59)$$

其中，$\varepsilon_{ga} = \dfrac{h(T_g, T_c) + h_{EE} - t_a c_{pw}}{h(T_e, T_e) + h_{EE} - t_a c_{pw}}$，当 $T_e > T_c$，$T_e \geqslant T_g$ 时，$\varepsilon_{ga} > 1$；当 $T_e > T_c$，$T_e <$ T_g 时，且 T_g 与 T_e 之间的温差较大时，$\varepsilon_{ga} < 1$；$\varepsilon_{ea} = \dfrac{h(T_e, T_e) - t_c c_{pw}}{h(T_e, T_e) + h_{EE} - t_a c_{pw}}$，当 $T_a > T_c$，且二者的差别较大时，$\varepsilon_{ea} > 1$，当 $T_a > T_c$，且二者的差别较小时，$\varepsilon_{ea} < 1$。

这样，可以得到对于第二类热泵，采用真实溶液时，当 T_g 接近于 T_e 时，溶液越浓，即 T_g 与 T_c 之差越大，其 COP_2 会越大，能够大于 0.5。图 2.15 以溴化锂溶液为例给出 COP_2 随吸收器溶液温度和溶液浓度的变化，并且按照第二类吸收式热泵的常规工况，假设 $T_g = T_e$。图 2.16 给出了与图 2.15 同样工况下 k_r 的变化。可见，伴随 COP_2 的增加，k_r 减小。

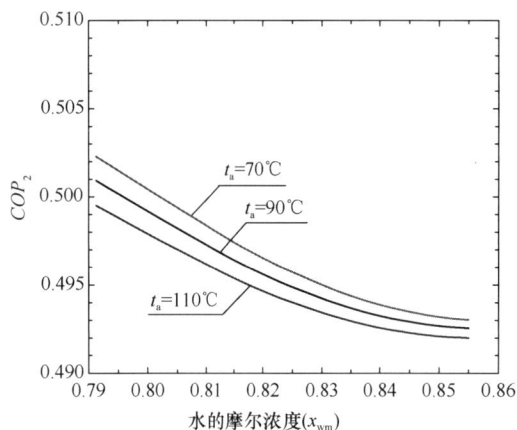

图 2.15 采用真实溴化锂溶液的第二类 吸收式热泵的 COP_2

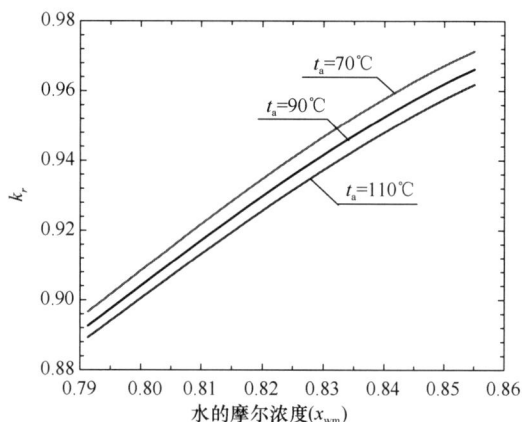

图 2.16 采用真实溴化锂溶液的第二类 吸收式热泵的 k_r

这表明，对于采用真实溶液的第二类热泵，温度提升能力减弱，但 COP_2 加大。并且，如图 2.15 和图 2.16 所示，同样吸收器溶液温度下，随着溶液中水的摩尔浓度的增加，第二类热泵的 COP_2 降低，但是 k_r 升高，温度提升能力增加；同样的溶液浓度下，随着吸收器温度的升高，第二类热泵的 COP_2 降低，k_r 也降低，温度提升能力降低。物性参数还是表明，下式（2-60）总是成立。图 2.17 给出采用溴化锂溶液在常见的工作范围内的 $\phi COP_2/(T_a T_e / T_g T_c)$，即 $k_r COP_2$ 的变化。

$$\phi COP_2 < 0.5 \frac{T_a T_e}{T_g T_c} \qquad (2\text{-}60)$$

2.3.3 真实溶液有限溶液流量时的理想模型

实际的溶液循环量有限，这样发生器和吸收器中的溶液浓度都会发生变化，而不是维持在一个不变的浓度下。如图 2.18 所示，伴随溶液浓度的变化，如果溶液表面水蒸气分压力不变，则溶液温度也会随之变化。

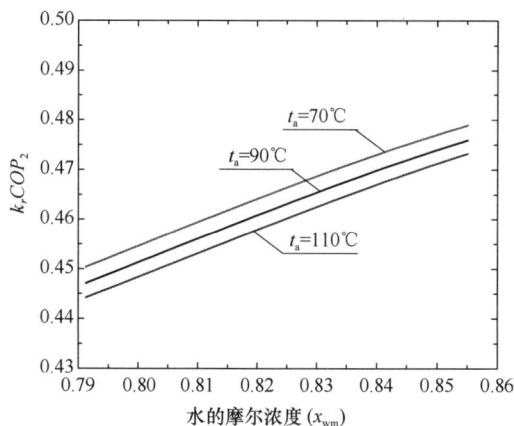

图 2.17 采用真实溴化锂溶液的第二类
吸收式热泵的 k_rCOP_2

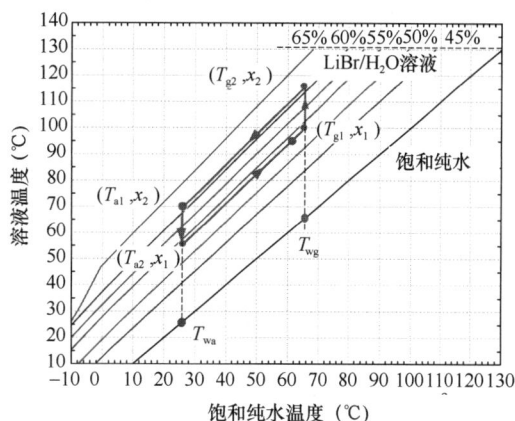

图 2.18 真实溶液有限溶液流量时的溶液循环

当溶液浓度在发生器从 x_1 升高到 x_2 时，发生器中的溶液温度会从 T_{g1} 升至 T_{g2}。吸收器中的溶液浓度从 x_2 下降到 x_1 时，温度会从 T_{a1} 降低到 T_{a2}。对应于此，溶液表面水蒸气的饱和温度分别为 $T_{w,g}$、$T_{w,a}$。此时 x_1 和 x_2 代表溶液中溶质的质量浓度。由于在一个空间内只能有一个水蒸气压力，所以也只能有一个对应的水蒸气饱和温度。此时外部热源热汇为了向溶液提供热量或取出热量，热源温度必须高于溶液温度，热汇温度必须低于溶液温度。这样，就可以根据要求的最低热源温度和最高热汇温度来定义吸收式热泵的温度提升系数 ϕ，此时不考虑发生器到冷凝器的水蒸气流动压力损失，也不考虑水蒸气自蒸发器流入吸收器的压力损失，以及吸收器空间的水蒸气压力与溶液表面饱和蒸汽压之差：

$$\phi = \frac{T_{a2} - T_e}{T_{g2} - T_c} = \frac{T_{a2} - T_{w,a}(x_1, T_{a2})}{T_{g2} - T_{w,g}(x_2, T_{g2})} \tag{2-61}$$

由于发生器进口溶液浓度与吸收器出口溶液浓度相等，发生器出口溶液浓度与吸收器进口溶液浓度相等，可以推导得到：

$$\frac{T_{a2} - T_{wa}}{T_{g1} - T_{wg}} = \frac{\ln[\gamma(x_1, T_{a2})x_{1,w,m}]}{\ln[\gamma(x_1, T_{g1})x_{1,w,m}]} \frac{T_{a2} T_{w,a}}{T_{g1} T_{w,g}} \tag{2-62}$$

$$\frac{T_{a1} - T_{wa}}{T_{g2} - T_{wg}} = \frac{\ln[\gamma(x_2, T_{a1})x_{2,w,m}]}{\ln[\gamma(x_2, T_{g2})x_{2,w,m}]} \frac{T_{a1} T_{w,a}}{T_{g2} T_{w,g}} \tag{2-63}$$

由发生器进、出口溶液状态与其对应的饱和温度的关系：

$$A - \frac{B}{T_{wg}} = \ln[\gamma(x_1, T_{g1})x_{1,w,m}] + A - \frac{B}{T_{g1}} \tag{2-64}$$

$$A - \frac{B}{T_{wg}} = \ln[\gamma(x_2, T_{g2})x_{2,w,m}] + A - \frac{B}{T_{g2}} \tag{2-65}$$

吸收器进、出口溶液状态与其对应的饱和温度的关系：

$$A - \frac{B}{T_{wa}} = \ln[\gamma(x_2, T_{a1})x_{2,w,m}] + A - \frac{B}{T_{a1}} \tag{2-66}$$

$$A - \frac{B}{T_{wa}} = \ln[\gamma(x_1, T_{a2})x_{1,w,m}] + A - \frac{B}{T_{a2}} \tag{2-67}$$

联系式（2-62）～式（2-67），不难得到：

$$\frac{T_{a2} - T_{wa}}{T_{g2} - T_{wg}} = \frac{\ln[\gamma(x_1, T_{a2})x_{1,w,m}]}{\ln[\gamma(x_2, T_{g2})x_{2,w,m}]} \frac{T_{a2} T_{w,a}}{T_{g2} T_{w,g}} \tag{2-68}$$

采用与前面同样的推导过程，可以得到：

$$\phi = \frac{T_{a2} - T_e}{T_{g2} - T_c} = \frac{\ln[\gamma(x_1, T_{a2})x_{1,w,m}]}{\ln[\gamma(x_2, T_{g2})x_{2,w,m}]} \frac{T_{a2} T_e}{T_{g2} T_c} = k_r \frac{T_{a2} T_e}{T_{g2} T_c} \tag{2-69}$$

其中 k_r 仍为真实溶液的性能系数，由 x_1、x_2、T_{a2}、T_{g2} 决定。

由式（2-69）可见，真实溶液且溶液流量有限的情况，以 T-T 图上循环的两个角点定义吸收式热泵的提升系数，仍然满足理想溶液提升系数理论模型的形式，仅需要给出由溶液性质决定的修正系数，表征实际溶液实际工况对理想模型形式的修正。修正系数的形式与真实溶液、溶液流量无限大的修正系数形式一致，均为对应驱动温差的溶液状态的活度系数与水的摩尔浓度的乘积的 ln 值与对应提升温差的溶液状态的活度系数与水的摩尔浓度乘积的 ln 值之比。这再次验证了提升系数模型揭示的是吸收式热泵热量变换的本质。

与无限大溶液循环量相比，可以得到溶液浓度变化（也就是放气范围）对温度提升系数的影响 α_{kr}：

$$\alpha_{kr} = \frac{k_r(x_2, x_1, T_{a_2}, T_{g2})}{k_r(x, x, T_{a_2}, T_{g1})} = \frac{k_r(x_1 + \Delta x, x_1, T_{a_2}, T_{g2})}{k_r(x, x, T_{a_2}, T_{g1})} \tag{2-70}$$

图 2.19 给出在常见工况范围内，k_r 随放气范围的变化。可以看到，随着溶液循环流

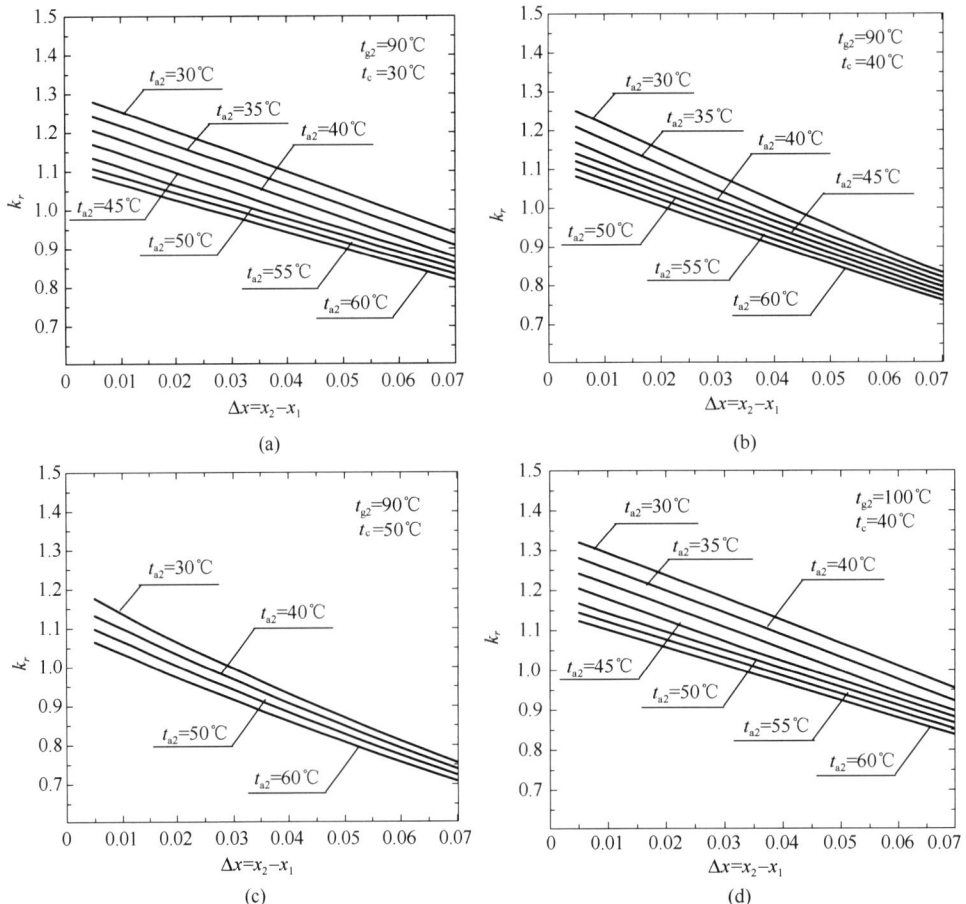

(a)

(b)

(c)

(d)

图 2.19　第一类吸收式热泵常见工况范围 k_r 随放气范围的变化（一）

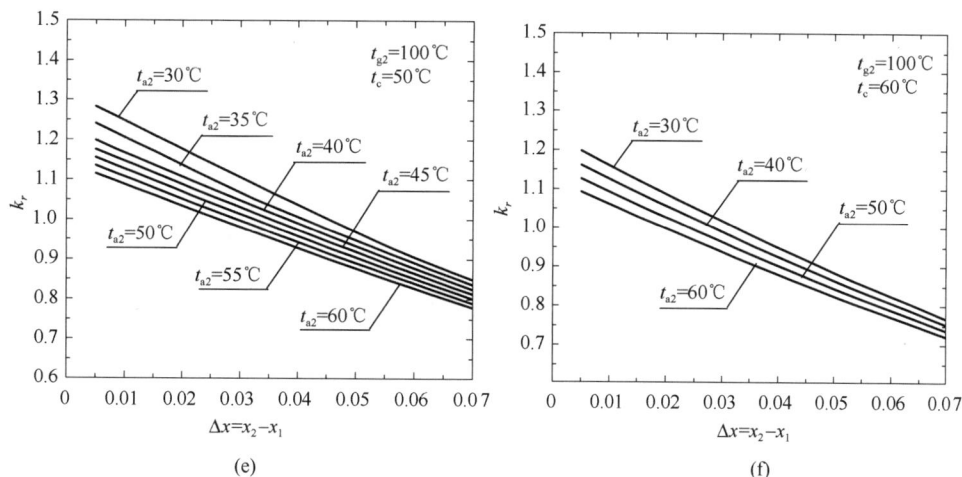

图 2.19　第一类吸收式热泵常见工况范围 k_r 随放气范围的变化（二）

量的降低，放气范围的加大，温度提升能力降低。图 2.20 给出了与图 2.19 相应的工况下 α_{kr} 随放气范围的变化。可见，有限的溶液循环量降低了吸收式热泵的温度提升能力。

由图 2.19 可见，随着放气范围的增加，k_r 降低。当给定 T_{g2}、T_c，同样的放气范围下，k_r 随 T_{a2} 的升高而降低；当给定 T_{g2}、T_{a2}，随着冷凝温度的升高，k_r 随放气范围增加而降低的速度增加，即放气范围对 k_r 的影响随冷凝温度而变得更加显著；当给定 T_c、T_{a2}，随着发生器溶液最高温度 T_{g2} 的增加，同样的放气范围，k_r 增加，并且 k_r 随放气范围增加而降低的速度变缓，即放气范围对 k_r 的影响变小。这主要是由于真实溶液分子间的作用力既受溶液温度的影响，又受溶液浓度的影响，溶液温度越高，分子间作用力越弱，溶液中水的摩尔浓度越高，分子间作用力越弱。由图 2.19，当给定了 T_{g2}、T_c，即给定了发生器中较高的溶液浓度（溶质浓度）x_2，随着放气范围的增加，系统中较低的溶液浓度（溶质浓度）x_1 降低，分子间作用力减弱，提升温差变小，因此 k_r 降低。而随着发生器溶液温度 T_{g2} 的增加，分子间的作用力变弱，而 T_c 不变时，溶液中水的摩尔浓度降低，分子间作用力变强，综合作用最终溶液中水的摩尔浓度降低起主导作用，因此 k_r 增加，而此时 k_r 随放气范围变化的速度，由于溶液整体的水的摩尔浓度降低了。由图 2.19（a），在较低的水的摩尔浓度下，即便溶液温度升高，溶液的活度系数随溶液中水的摩尔浓度升高而升高的速度变缓，即在溶液中较低的水的摩尔浓度下，分子间的作用力的变化随溶液中水的摩尔浓度的升高而减弱的速度变缓，因此 k_r 随放气范围变化的速度变缓。

图 2.20 给出了与图 2.19 相同工况下，第一类吸收式热泵，有限流量下的 k_r 与无限流量的 k_r 之比 α_{kr} 随放气范围、T_c、T_{g2} 的变化。由图 2.20 可见，α_{kr} 总小于 1，说明有限的溶液流量使得吸收式热泵的温度提升能力降低，并且，放气范围越大，α_{kr} 越小。当给定 T_c 和 T_e 时，冷凝温度 T_c 越高，α_{kr} 越小，且随放气范围增加降低速度越大；当给定 T_c 和 T_e 时，发生器最高溶液温度 T_{g2} 越高，α_{kr} 越大，此时发生器溶液温度 T_{g2} 越高，说明溶液越浓，即在内部循环的溶液浓度越高，有限流量对 k_r 的影响变小，此时说明溶液越浓，真实溶液中分子间作用力对 k_r 的影响成为最主要的矛盾，放气范围对 k_r 的影响相比低溶液浓度时不那么显著。

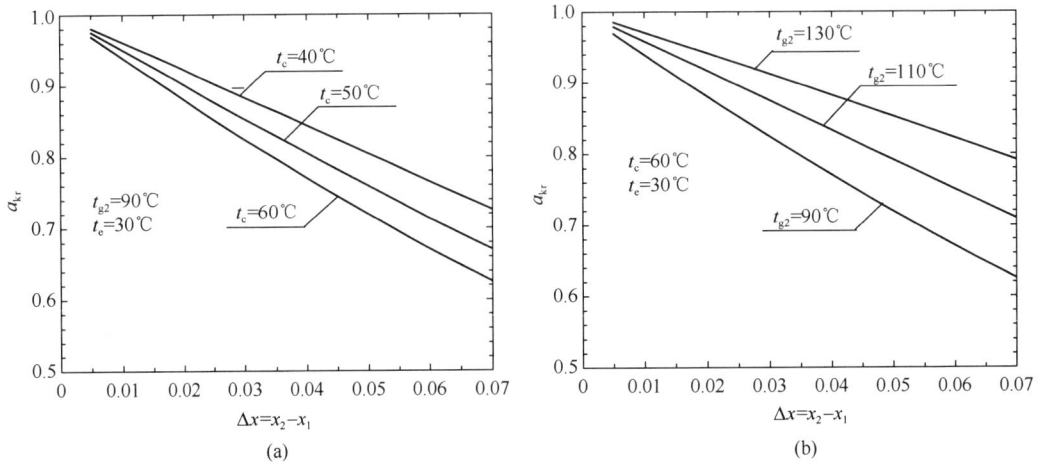

图 2.20　第一类吸收式热泵 α_{kr} 随放气范围的变化

根据图 2.19 和图 2.20 就可以得到真实溶液有限溶液流量下吸收式热泵的温度提升性能，从而不需要计算吸收式热泵内部溶液的循环，即可以简便地得到吸收式热泵可以实现的外部参数范围（如下一小节案例所述），从而判断外部参数可行性以及实现的难易程度。

下面再来讨论 COP_1 的变化。此时仍然是：

$$COP_1 = \frac{Q_e}{Q_g} \tag{2-71}$$

此时发生器输入的热量除需承担发生出水蒸气的焓之外，还需付出给溶液用来使溶液焓值变化，这部分付出给溶液的热量除需考虑发生器进、出口溶液的流量之差，混合热之外，还要考虑溶液显热的变化。经过推导，不难得到发生器需输入的热量为

$$Q_g = G_w \left[h(T_g, T_c) + \frac{x_2 - \Delta x}{\Delta x} c_{ps}(T_{a1} - T_{a2}) + h_{EE}(x_2, T_{a2}) - T_{a2} c_{pw} \right] \tag{2-72}$$

其中 G_w 为发生出的冷剂蒸汽的流量；T_g 可近似等于发生器进、出口溶液的平均温度（$T_{g1} + T_{g2}$）/2。从而 COP_1 可写成

$$COP_1 = \frac{Q_e}{Q_g} = \frac{h(T_e, T_e) - T_c c_{pw}}{h(T_g, T_c) + \frac{x_2 - \Delta x}{\Delta x} c_{ps}(T_{a_1} - T_{a_2}) + h_{EE}(x_2, T_{a_2}) - T_{a_2} c_{pw}} \tag{2-73}$$

和无限大流量的真实溶液模型相比，当溶液流量变为有限后，发生器需要多付出由于溶液温度升高导致的显热的增加，这部分热量为

$$Q_{s,g} = G_w \frac{x_2 - \Delta x}{\Delta x} c_{ps}(T_{a1} - T_{a2}) \tag{2-74}$$

其中：

$$T_{a1} - T_{a2} = \frac{B T_{wa}^2 \{\ln[\gamma(x_1, T_{a2}) x_{1,w,m}] - \ln[\gamma(x_2, T_{a1}) x_{2,w,m}]\}}{\{T_{wa} \ln[\gamma(x_2, T_{a1}) x_{2,w,m}] + B\}\{T_{wa} \ln[\gamma(x_1, T_{a2}) x_{1,w,m}] + B\}} \tag{2-75}$$

由于溶液的活度系数主要受溶液浓度影响，若给定 x_1，随着放气范围 Δx 的增加，x_2 增加，$x_{2,w,m}$ 减小，$\ln[\gamma(x_2, T_{a1}) x_{2,w,m}]$ 减小，$T_{a1} - T_{a2}$ 增加；但是 $T_{a1} - T_{a2}$ 增加的幅度比 $(x_2 - \Delta x)/\Delta x$ 减小的幅度要小，使得 $Q_{s,g}$ 随着 Δx 的增加而有一定程度的降低。由此当溶液流量有限时，随着放气范围的增加，发生器需要输入的热量减小，COP_1 升高，但升高

幅度不大。从而得到结论为 COP_1 受放气范围的影响较小，随着放气范围变化，COP_1 变化较小。但和无限大流量相比，由于增加了溶液显热项 $Q_{s,g}$，对于第一类热泵它总是大于零，从而导致有限流量时 COP_1 总比无限大流量时小。图 2.21 给出了与图 2.19 相同的工况下，COP_1 的变化。取 β_{COP} 为有限溶液流量与无限溶液流量时的 COP_1 之比，图 2.22 给出不同放气范围时 β_{COP} 的变化，可见 β_{COP} 总小于 1。

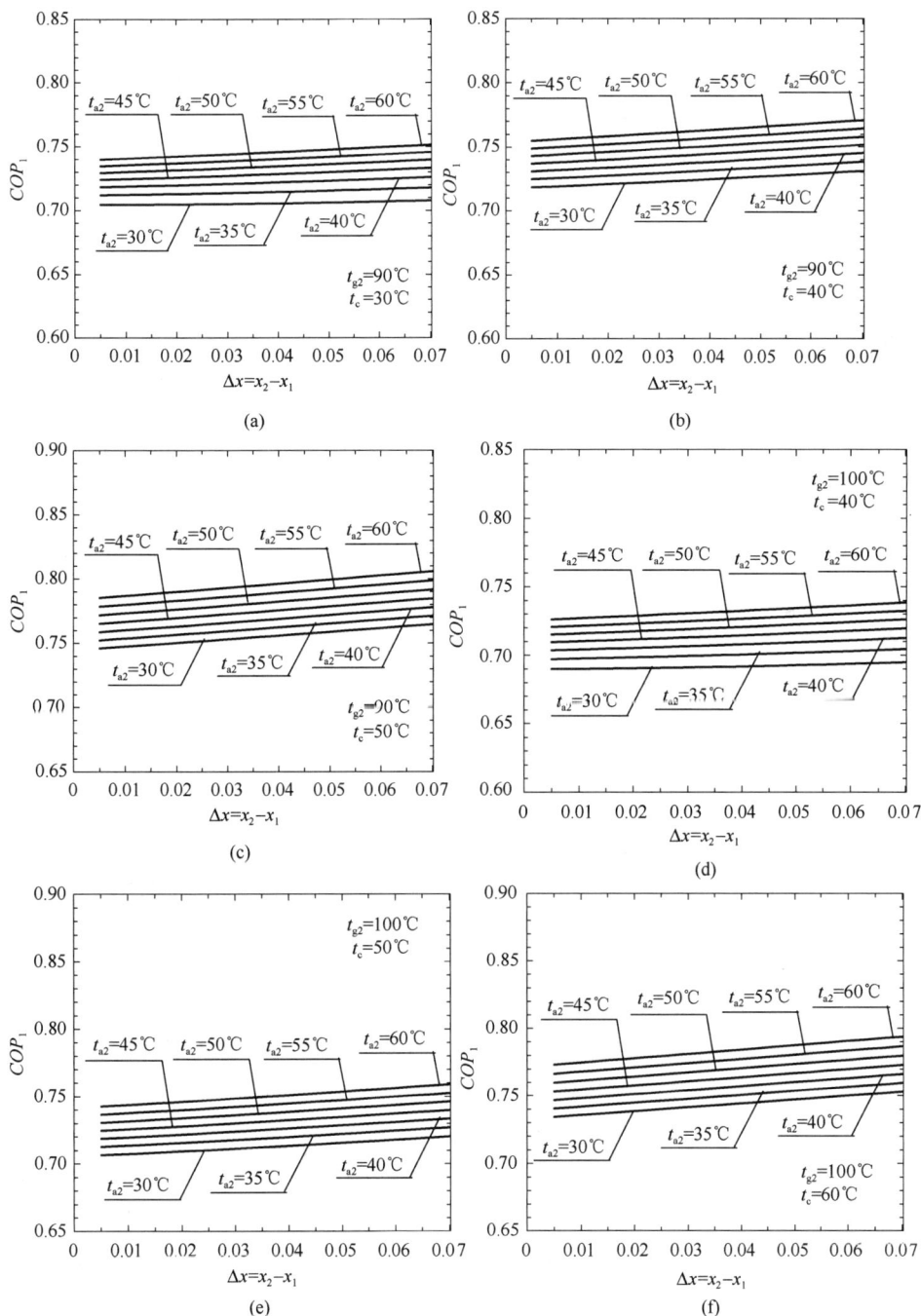

图 2.21 第一类吸收式热泵 COP_1 随放气范围的变化

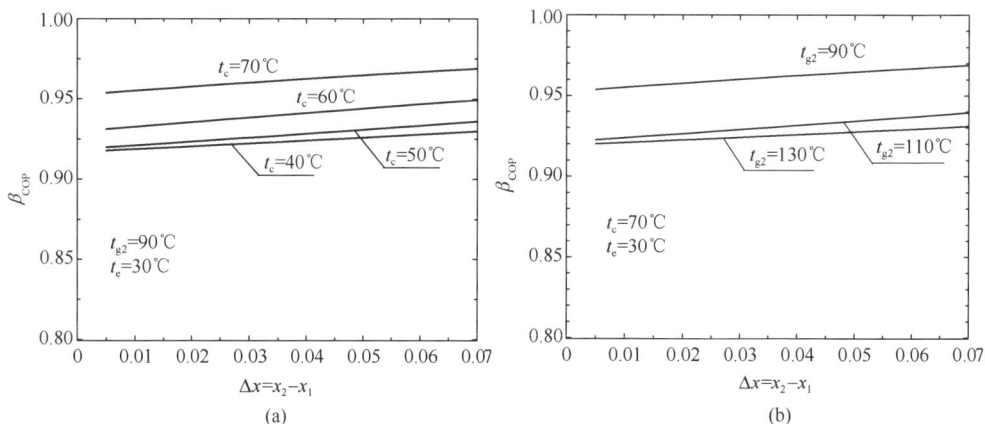

图 2.22 第一类吸收式热泵 β_{COP} 随放气范围的变化

2.3.4 几个典型工况的分析

以上给出了真实溶液下吸收式热泵的理论模型,下面讨论两个具体的案例,分别是一般的吸收式制冷机和吸收式换热器,看如何应用上述理论模型得到具体案例中吸收式热泵的基本性能。

2.3.4.1 吸收式制冷机

已知吸收式制冷机发生器的驱动热源为 95℃ 的热水,冷却水为 35~40℃,若是单效单级吸收式制冷机,分析冷水出水温度及其影响因素。

1)假设各换热器的最小换热端差为 5K。由此冷凝温度为 45℃,发生器溶液最高温度 t_{g2} 为 90℃。若吸收器和冷凝器是并联关系,则吸收器溶液出口温度 t_{a2} 为 40℃,溶液的放气范围为 5%,则由图 2.19(进行线性插值)可以查得 k_r 为 0.88,由式(2-69)可以算出 t_e 为 9.5℃,考虑蒸发器和冷水的换热端差为 5K,则此时制出冷水的出口温度为 14.5℃。由图 2.21 可以查得此时吸收式制冷机的理论 COP 为 0.75。

2)在 1)工况的基础上,若将放气范围减小到 3%,则由图 2.19 可以查得 k_r 接近 1,此时可以算出 t_e 为 5.8℃,考虑蒸发器和冷水的换热端差为 5K,则此时制出冷水的出口温度为 10.8℃。由图 2.21 可以查得此时吸收式制冷机的理论 COP 仍为 0.75,几乎不变。

3)在 1)工况的基础上,若将放气范围增加到 7%,此时 k_r 减小到 0.77,此时可以算出 t_e 为 13℃,考虑蒸发器和冷水的换热端差为 5K,则此时制出冷水的出口温度为 18℃。由图 2.21 可以查得此时吸收式制冷机的理论 COP 仍为 0.76,变化较小。

4)在 1)工况的基础上,若各器的最小换热端差减小为 3K,则发生器溶液最高温度 t_{g2} 为 92℃,冷凝温度为 43℃,吸收器溶液出口温度 t_{a2} 为 38℃。若溶液放气范围仍为 5%,则可以查得 k_r 约为 0.92,则此时由式(2-69)可以算出 t_e 为 4.1℃,考虑蒸发器和冷水的换热端差为 3K,则此时制出冷水的出口温度为 7.1℃。COP 为 0.74,变化不大。

5)在 4)工况的基础上,若将冷凝器和吸收器的冷却水串联,若冷却水先经过吸收器,后经过冷凝器,则冷凝温度和吸收器溶液出口温度与工况 4)相同,如果不考虑流量变化对换热端差的影响,则此时蒸发温度和理想 COP 不变。若冷却水先经过冷凝器,后进入吸收器，则发生器 t_{g2} 为 92℃，冷凝温度降为 40℃，吸收器出口溶液温度 t_{a2} 升高为 40℃，放气范围仍为 5%，则此时 k_r 约为 0.93，可以算出 t_e 为 3.2℃，考虑蒸发器和冷水的换热端差为 3K，则此时制出冷水的出口温度为 6.2℃；同时 COP 降低为 0.73。

由以上对吸收式制冷机的案例分析可以看出，首先，利用提升系数和 COP 模型，不需要对吸收式制冷机内部溶液过程进行计算，即可以大致给出吸收式制冷机的外部参数（蒸发温度、冷水出水温度等）和 COP；并且可以分析放气范围、各器的换热温差对吸收式制冷机性能的影响。由以上分析可以看出，吸收式制冷机的放气范围增加，提升性能降低，相应的蒸发温度升高，冷水出水温度升高，上述案例放气范围每增加 1%，蒸发温度提高 1.8℃左右。吸收式制冷机的冷却水在冷凝器和吸收器之间的串并联关系，若保证换热端差不变，则冷却水先经过吸收器后经过冷凝器的效果与冷却水在吸收器和冷凝器并联的提升效果相当，但是冷却水先经过冷凝器后经过吸收器的串联方式，其提升性能要优于前两种方式，此时蒸发温度降低了 0.9℃，但是此时 COP 也有所降低（整体变化不大），因此实际过程冷却水先经过冷凝器后经过吸收器的方式也是一种可选择的流程。

2.3.4.2　第一类吸收式换热器

图 2.23 为第一类吸收式换热器的基本原理，其由吸收式热泵和板式换热器所组成，一次网进水（温度为 $t_{h,in}$）首先进入吸收式热泵的发生器，之后发生器的出水进入水-水板式换热器，向水-水板式换热器的二次网换热，之后水-水板式换热器的一次网出水降低温度后进入吸收式热泵的蒸发器，经过蒸发器降温之后最终变为一次网出水（温度为 $t_{h,o}$）回到热网中。二次网进水（温度为 $t_{r,in}$）分为两部分，一部分进入水-水板式换热器被加热，另外一部分进入吸收式热泵，通过吸收器和冷凝器被加热，两部分二次网出水混合后（温度为 $t_{r,o}$）送入用户末端。其中进入吸收式热泵内部的二次网进水在冷凝器和吸收器之间可以是并联方式也可以是串联方式，图 2.23 示意的是并联方式。在实际工程中，希望在给定一次网进水温度和二次侧水温时，一次网的出水温度 $t_{h,o}$ 尽可能低。

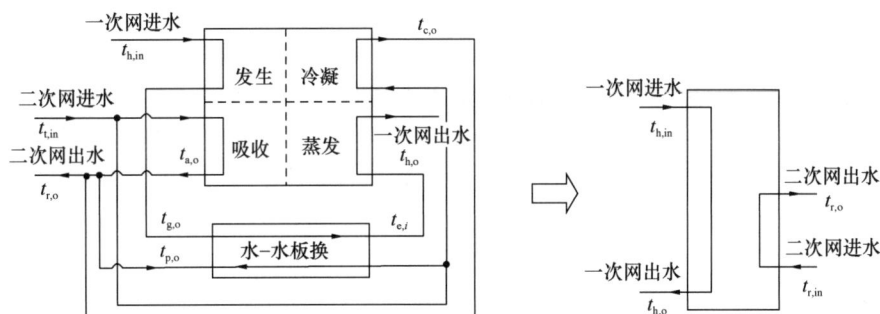

图 2.23　第一类吸收式换热器原理图

已知一次网热水进口温度 $t_{h,in}$ 为 95℃，要求的二次网进口水温 $t_{r,in}$ 为 40℃，出口水温 $t_{r,o}$ 为 50℃。设计第一类吸收式换热器，其中吸收式热泵为单段结构，分析一次网出口温度能够降低到的温度和影响因素。

1）假设各器最小换热端差为 5K，则发生器溶液出口温度 t_{g2} 为 90℃，冷凝温度 t_c 为 55℃，吸收器溶液出口温度 t_{a2} 为 45℃。若放气范围为 5%，则由图 2.19 可以查得 k_r 约为

0.81，则由式（2-69）可以求出 t_e 为 22.7℃，考虑 5K 换热温差，则蒸发器一次网出水温度 $t_{h,o}$ 为 27.7℃。此时由图 2.21 可查得 COP 为 0.8。由于充分利用第一类吸收式换热器中间的板式换热器换热，因此可假设其最小换热端差为 1K，因此一次网经过中间板式换热器后的出水温度 $t_{e,in}$ 为 41℃，根据 COP，可以得到发生器一次网出水温度 $t_{g,o}$ 为 78.4℃。此时对于第一类吸收式换热器，由于 COP 的高低限制了一次网在发生器中的出水温度，而发生器中由于热水和溶液之间的热交换，溶液的放气范围限制了溶液的温升，由于在发生器中，热水的出口温度不能低于溶液的入口温度，因此需要考虑放气范围对溶液温差的限制，进而间接地对发生器的一次网出水温度的限制。由图 2.18，5% 的浓差对应的溶液温差为 10K，发生器溶液入口温度约为 80℃，一次网的出水温度不能低于 80℃，因此上述试算的工况 1) 是不能成立的。而由于 COP 随工况变化范围不大，为保证工况成立，比较有效的方法是增加溶液的放气范围，如工况 2)。

2) 在工况 1) 的基础上，将放气范围增加到 7%，则可以查得 k_r 约为 0.7，则由式（2-69）可求出 t_e 为 25.5℃，考虑 5K 换热温差，则蒸发器一次网出水温度 $t_{h,o}$ 为 30.5℃。此时 COP 为 0.8。假设水－水板式换热器的最小换热端差为 1K，一次网经过板式换热器后出水温度 $t_{e,in}$ 为 41℃，根据 COP，可以得到发生器一次网出水温度 $t_{g,o}$ 为 81.9℃。由于 7% 的放气范围对应的溶液温差约为 13K，因此该工况可以成立。但是一次网出水温度 $t_{h,o}$ 过高，为降低 $t_{h,o}$，可以尝试减小各器的换热温差，如工况 3)。

3) 在工况 1) 的基础上，将各器的换热端差减小到 3K，则发生器溶液出口温度 t_{g2} 为 92℃，冷凝温度 t_c 为 53℃，吸收器溶液出口温度 t_{a2} 为 43℃。若放气范围为 7%，则由图 2.19 查得 k_r 为 0.73，则由式（2-69）可以求出 t_e 为 20.8℃，考虑 3K 的换热端差，则蒸发器一次网出水温度 $t_{h,o}$ 为 23.8℃。此时 COP 为 0.78。假设水－水板式换热器的最小换热端差为 1K，一次网经过板式换热器后出水 $t_{e,in}$ 为 41℃，则根据 COP，可以得到发生器一次网出水温度 $t_{g,o}$ 为 72.9℃。但是由于 7% 的放气范围对应的溶液温差约为 13K，发生器溶液出口温度 77℃，该工况是无法成立的。此时只有再次增加放气范围，将放气范围增加到 10%，此时 k_r 减小到 0.59，由式（2-69）求出 t_e 为 24.8℃，考虑 3K 换热温差，则蒸发器一次网出水温度 $t_{h,o}$ 为 27.8℃。此时 COP 为 0.79。根据 COP，可以求得发生器一次网出水温度 $t_{g,o}$ 为 76.8℃，可以满足比发生器溶液入口温度高的要求。

4) 为降低 $t_{h,o}$，我们还可以尝试提高板式换热器的二次网出水温度，降低冷凝器和吸收器的二次网出水温度，若冷凝器出水温度 $t_{c,o}$ 降低 3K，为 47℃，假设各器换热端差为 3K，则发生器溶液出口温度 t_{g2} 为 92℃，冷凝温度 t_c 为 50℃，吸收器溶液出口温度 t_{a2} 为 43℃。若放气范围仍为 10%，则由图 2.19 查得 k_r 为 0.61，则由式（2-69）可以求出 t_e 为 22.8℃，考虑 3K 的换热端差，则蒸发器一次网出水温度 $t_{h,o}$ 为 25.8℃，比工况 3) 降低 2K。此时 COP 为 0.78。假设水-水板式换热器的最小换热端差为 1K，一次网经过板式换热器后出水 $t_{e,in}$ 为 41℃，则根据 COP，可以得到发生器一次网出水温度 $t_{g,o}$ 为 75.5℃。也能满足比发生器溶液入口温度高的要求，但是此时发生器中溶液和热水之间换热的温差变小，发生器的换热面积需要相应的增加。

由以上的分析可以看出，对于第一类吸收式换热器，由于多了一个限制条件，即发生器和蒸发器中的热水为一股流体，流量相等，这样根据 COP 就限定了蒸发器的一次网热水温差和发生器一次网热水温差之间的关系。而发生器内部为溶液和热水的换热，溶液的放气范围限制了溶液的温差，从而放气范围间接地限制了发生器中一次网热水的出水温度。放气范围越小，吸收式热泵的提升性能越高，在 COP 不变的情况下，要求发生器一次网热水出水温度越低，但放气范围越小，溶液温差越小，发生器一次网热水的出水温度要求越高，二者是矛盾的，从而要使得工况能够实现，对于单段吸收式换热器，仅能增加溶液的放气范围，由上述工况所示，溶液的放气范围已增加到 7%、10% 时，工况才可以实现，而较高的放气范围必然降低吸收式换热器的温度提升性能，从而使得单段吸收式换热器的一次网出水温度的降低受限。此时提高吸收式换热器温度提升性能的一种有效的方法，就是实现多段结构，即发生-冷凝过程和吸收-蒸发过程均分为多段[19-21]，这样从单一冷凝压力和单一蒸发压力变为多个冷凝压力和蒸发压力，形成压力梯度。由此，在一定的放气范围内，可以增加发生器溶液的温差，从而在一定程度上解开溶液放气范围对一次网出水温度降低的限制，从而可以实现更高的性能提升。并且，最主要的是，由于实现了冷凝压力梯度和蒸发压力梯度，降低了各段最低的冷凝温度，从而提高了热量提升的驱动温差，从而在外部热源和冷源输入参数不变的情况下，有可能输出更低温度的一次网出水。进而，从外部热源/冷源与内部溶液和冷剂水的传热来看，由于实现了分段的冷凝和蒸发，较大幅度地减少了冷凝过程和蒸发过程的三角形换热损失，从而可以减小冷凝和蒸发过程的换热面积。这种全新的多段吸收式换热器的新结构已经研发出来，并在实际工程中应用。

2.3.5 真实溶液理论模型小结

建立了真实溶液下吸收式热泵的理想过程模型。分别讨论了真实溶液无限大溶液流量和真实溶液有限流量下，吸收式热泵的品位提升性能和 COP。主要结论如下：

（1）对于真实溶液，溶液流量无限大时的工况，和理想溶液相比，影响品位提升性能的因素主要是溶液的两个性质，一是真实溶液表面蒸汽压与理想溶液表面蒸汽压的偏离，用活度系数来衡量；二是溶液的混合热。其中活度系数主要影响吸收式热泵的品位提升系数，混合热主要影响吸收式热泵的 COP。其中品位提升系数相比理想溶液过程的偏离，可以用系数 k_r 表示，k_r 为吸收过程和发生过程溶液的活度系数之比。对于第一类吸收式热泵 $k_r > 1$，即真实溶液下的品位提升性能相比理想溶液理想过程相对提高，但 COP 降低，但总满足 $\phi COP_1 < T_a T_e / T_g T_c$。对于第二类吸收式热泵 $k_r < 1$，即真实溶液下的品位提升性能相比理想溶液理想过程相对降低，但 COP 提高，但也总满足 $\phi COP_2 < 0.5 T_a T_e / T_g T_c$。

（2）对于真实溶液，溶液流量有限的工况，和真实溶液，溶液流量无限大的工况相比，对品位提升性能的影响因素还包括溶液放气范围。对于第一类吸收式热泵，通过发生器溶液最高温度状态和吸收器的溶液最低温度状态定义了真实溶液有限流量下吸收式热泵的品位提升系数，相比理想溶液理想过程的偏离，也可以用一个系数 k_r 表示，此时 k_r 为吸收过程最低温度的溶液状态和发生过程最高温度的溶液状态下活度系数之比。该系数小于真实溶液的溶液流量无限大时的系数 k_r，并且溶液的放气范围越大，k_r 越小，吸收式热泵的品位提升性能越差。讨论了真实溶液的溶液流量有限时吸收式热泵的 COP，此时 COP 低于真实溶液的溶液流量无限大时的 COP。并且，此时放气范围对 COP 的影响不大。由于真实溶液的溶液流量有限时吸收式热泵的 k_r 和

COP 均低于真实溶液的溶液流量无限大时的工况，因此对于真实溶液的溶液流量有限时仍然满足 $\phi COP_1 < T_a T_e / T_g T_c$（第一类吸收式热泵）。这里仅讨论了真实溶液的溶液流量有限时第一类吸收式热泵的性能，第二类吸收式热泵仍然会得到 $\phi COP_2 < 0.5 T_a T_e / T_g T_c$，在后续研究中会深入讨论。

（3）利用本文提出的真实溶液下吸收式热泵的理想过程模型，分析了两个具体的案例：吸收式制冷机和第一类吸收式换热器。根据给出的热源温度、冷却水温度（吸收式制冷机）、要求的供热的二次网温度（第一类吸收式换热器），可以查出品位提升系数，根据品位提升系数，可以得到吸收式制冷机可以制得的冷水温度，第一类吸收式换热器一次网的出水温度，以及 COP。并且能够判断溶液的放气范围、各换热器的换热温差、流程的部分结构参数对品位提升性能和 COP 的影响。这些分析过程均不用计算吸收式热泵内部复杂的溶液循环过程，而是根据文中的理想过程模型直接判断。可见，通过该模型，给出了吸收式热泵外部参数性能的一种简便分析方法。

2.4 吸收式热泵外部参数可行性的判断方法

利用本章提出的吸收式热泵的提升系数模型和 T-T 图工具，可以用来判断吸收式热泵外部参数的可行性，具体的方法如下所述。

2.4.1 利用提升系数模型判断吸收式热泵外部工况可行性

具体的方法是，根据吸收式热泵的外部水侧给出的参数，首先选择用来判断可行性的吸收式热泵的理论模型。当吸收器和发生器的外部水侧进出口温差较大时，应采用实际溶液流量有限的模型判断；当吸收器和发生器的外部水侧进出口温差较小时，可采用实际溶液流量无限大的模型判断。其次，根据过程的最小换热端差，通过各器的外部水侧与内部溶液/冷剂水之间的传热关系，得到吸收式热泵内部溶液和冷剂水的温度参数。若确定采用实际溶液流量无限大的模型，根据式（2-54）来计算提升系数，若确定采用实际溶液流量有限的模型，根据式（2-69）来计算提升系数。进而，通过式（2-54）或式（2-69）分别计算提升系数的左侧和右侧，分别记为 $\phi_{左}$ 和 $\phi_{右}$。

若得到：$\phi_{左} < \phi_{右}$，则所给出的外部工况可以实现，但是内部各器的换热端差可以调整到比最小换热端差大的水平，最终使得 $\phi_{左} = \phi_{右}$。

若得到：$\phi_{左} > \phi_{右}$，则在所给出的最小换热端差下，外部工况无法实现，此时或者进一步降低最小端差，重复做上述判断，若最小换热端差降低到非常低的水平，仍然无法实现，说明所给出的外部工况根本无法实现。

整个过程如以下案例所示，请判断图 2.24 中所示的吸收式热泵的外部工况是否可以实现。

已知各换热过程最小换热端温差 $\Delta t_{min} = 5\text{K}$，由于外部水侧温差不大，以实际溶液流量无限大的模型来判断，得到各设备相关的温度如下：

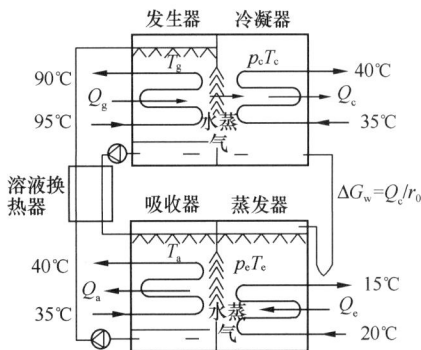

图 2.24　判断吸收式热泵外部工况是否可实现的案例

发生器溶液温度：$t_g = t_{gw,o} - \Delta t_{min} = 85℃$

冷凝温度：$t_c = t_{cw,o} + \Delta t_{min} = 45℃$

吸收器溶液温度：$t_a = t_{aw,o} + \Delta t_{min} = 45℃$

蒸发温度：$t_e = t_{ew,o} - \Delta t_{min} = 10℃$

根据式（2-54），得到：

$$k_r = 1.1$$

$$\phi_{左边} = \frac{45 - 10}{85 - 45} = 0.875$$

$$\phi_{右边} = 1.1 \times \frac{(45 + 273.15)(10 + 273.15)}{(85 + 273.15)(45 + 273.15)} = 0.869$$

$$\phi_{左边} > \phi_{右边}$$

此时在所给的最小换热端差下，该外部工况无法实现。

若此时调整 $t_{ew,in} = 25℃$，$t_{ew,o} = 20℃$，则 $\phi_{左边} < \phi_{右边}$，工况成立，此时可以将最小换热端差调整到 $\Delta t_{min} = 5.6K$，最终使得 $\phi_{左边} = \phi_{右边}$。

2.4.2 利用 *T-T* 图判断吸收式热泵外部工况可行性

除上述利用提升系数模型判断吸收式热泵外部工况可行性之外，还可以利用 *T-T* 图判断外部工况的可行性，具体步骤为：第一步与 2.4.1 相同，先判断设计溶液流量无限大的循环还是溶液流量有限的循环。之后根据各器外部参数与内部溶液和冷剂水的换热关系在 *T-T* 图中画出循环，若在 *T-T* 图中能画出循环，如图 2.25 所示（流量有限的循环），并且满足各器的最小换热端差大于等于所要求的最小换热端差，则说明该外部工况可以实现。

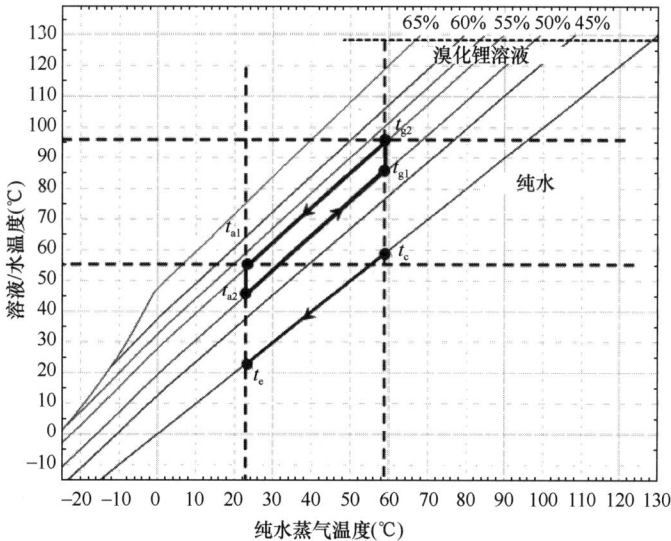

图 2.25 利用 *T-T* 图画出吸收式热泵的循环

值得注意的是，上述两种判断外部工况是否可以实现的方法，仅在判断外部的温度工况，当涉及外部的热量关系时，需要根据内部循环的设计，如上图 2.25，根据式（2-56）

（溶液流量无限大循环）或式（2-73）（溶液流量有限的循环）所确定的 COP，计算所设计的内部循环对应的 COP，要求内部计算得到的 COP 与外部工况给出的 COP 一致，整个包括外部温度参数和热量参数的工况才能判断出是否可实现，这一点需要特别注意。

2.5 本章小结

通过本章的分析，从理想溶液流量无限大的理想过程到真实溶液实际溶液流量有限的过程，提出了吸收式热泵的提升系数模型，给出了从理想到实际过程提升系数的解析解，相应给出了吸收式热泵内部各器以 COP 表征的热量的量的关系，如表 2.1 所示。通过提升系数模型，使我们对吸收式热泵的热量变换过程形成了清晰的认识：其内部实质上是由热量变换和热量传递两类过程所构成，其中热量变换的性能可由提出的品位提升系数和 COP 所表征，品位提升系数表示了热量变换过程中的品位变换特性，COP 表示出了热量变换过程中热量的量的关系；热量变换过程实质发生在吸收式热泵内部循环的工质（溶液、冷剂水）中。热量传递过程是在热量变换过程的基础上发生的内部工质和外部热源/冷源之间的传热过程，热量传递过程的分析完全遵循不同的规律，这将在后续研究中深入分析。这就像压缩式制冷循环，热功转换实质发生在制冷剂侧，而在热功转换的基础上发生了制冷剂和外部冷源（比如却水）、热源（比如冷冻水等）的传递过程。如此，通过新建立的吸收式热泵的理论模型，可从全新的角度对吸收式热泵形成深入的认识。

吸收式热泵的全新理论模型（提升系数模型与 COP）   表 2.1

理想→实际	提升系数 ϕ	COP_1（以第一类吸收式热泵为例）
理想溶液 溶液流量 无限大	$$\phi = \frac{T_a - T_e}{T_g - T_c} = \frac{T_a T_e}{T_g T_c}$$	$$COP_1 = \frac{Q_e}{Q_g} = \frac{h(T_e, T_e) - c_{pw} t_c}{h(T_g, T_c) - c_{pw} t_a}$$
实际溶液 溶液流量 无限大	$$\phi = \frac{T_a - T_e}{T_g - T_c} = k_r \frac{T_a T_e}{T_g T_c}$$ 其中 $k_r = k(T_a, x_{wm})/k(T_g, x_{wm})$ $k(T, x_{wm})$ 为溶液物性函数： $k(T, x_{wm}) = \ln(\gamma(T, x_{wm}) x_{wm})$ $\gamma(T, x_{wm})$ 为活度系数，x_{wm} 为水的摩尔浓度	$$COP_1 = \frac{Q_e}{Q_g} = \frac{h(T_e, T_e) - c_{pw} T_c}{h(T_g, T_c) - c_{pw} T_a + h_{EE}(T_a, x_{wm})}$$ $h(T_1, T_2)$ 为水蒸气焓值，T_1 为水蒸气温度，T_2 为水蒸气饱和温度，$h_{EE}(T, x)$ 为溶液的混合热
实际溶液 溶液流量 有限	$$\phi = \frac{T_{a2} - T_e}{T_{g2} - T_c} = k_{rf} \frac{T_{a2} T_e}{T_{g2} T_c}$$ 其中 $k_{rf} = k(T_{a2}, x_{wm,a2})/k(T_{g2}, x_{wm,g2})$，$(T_{a2}, x_{wm,a2})$ 为吸收器中较低温溶液状态，$(T_{g2}, x_{wm,g2})$ 为发生器中较高温溶液状态	$$COP_1 = \frac{Q_e}{Q_g}$$ $$= \frac{h(T_e, T_e) - c_{pw} T_c}{h(T_{gm}, T_c) - c_{pw} T_{a2} + h_{EE}(T_{a2}, x_{wm,a2}) + \frac{x_{a2}}{\Delta x} c_{ps}(T_{a1} - T_{a2})}$$ 其中 T_{gm} 为发生器溶液平均温度，Δx 为溶液放气范围，c_{ps} 为溶液比热，x_{a2} 为溶质质量分数

本章参考文献

［1］ 谢晓云，江亿．理想溶液时吸收式热泵的理想过程模型［J］．制冷学报，2015，36(1)：1-12.

［2］ 谢晓云，江亿．真实溶液下吸收式热泵的理想过程模型［J］．制冷学报，2015，36(1)：13-23.

［3］ 付林，江亿，张世钢，等．基于Co-ah循环的热电联产集中供热方法［J］．清华大学学报，2008，48(9)：1377-1380.

［4］ 张世钢，付林，李世一，等．赤峰市基于吸收式换热的热电联产集中供热示范工程［J］．暖通空调，2010，40(11)：71-75.

［5］ FELIX ZIEGLER. Recent development and Future Prospects of absorption heat pump systems［J］. Int. J. Therm. Sci. 1999，38：191-208.

［6］ 王长庆．开发溴化锂吸收式制冷机回收工业余热［J］．能源技术，1994.1：56-60.

［7］ 张长江．溴化锂吸收式技术在余热利用领域中的应用［J］．上海电力，2009，4：269-273.

［8］ 樊静琳，解长旺．溴化锂吸收式热泵技术在油田污水余热采暖中的应用［J］．节能与环保，2005，6：39-41.

［9］ VINCENZO TUFANO. Heat recovery in distillation by means of absorption heat pumps and heat transformers［J］. Applied Thermal Engineering，1997，17：171-178.

［10］ 高田秋一．吸收式制冷机［M］．北京：机械工业出版社，1987.

［11］ 陈金灿．广义三热源的制冷联合系统［J］．真空与低温，1990，2：16-22.

［12］ 王剑锋，胡熊飞，刘楚芸，等．理想吸收式循环的性能系数［J］．制冷，1991，2：51-52.

［13］ 吴承英，刘凤歧．衡量溴化锂制冷机性能的几种方法［J］．制冷，1981，1：51-54.

［14］ GOU P J, SUI J, HAN W, et al. Energy and exergy analyses on the off-design performance of an absorption heat transformer［J］. Applied Thermal Engineering，2012，48：506-514.

［15］ Adnan Sözen. Effect of irreversibilities on performance of an absorption heat transformer used to increase solar pond's temperature［J］. Renewable Energy，2003，29：501-515.

［16］ DJALLEL ZEBBAR, SAHRAOUI KHERRIS, SOUHILA ZEBBAR, et al. Thermodynamic optimization of an absorption heat transformer［J］. International journal of refrigeration，2012，35：1393-1401.

［17］ MASARU ISIDA, JUN JI. Graphical exergy study on single stage absorption heat transformer［J］. Appl. Therm. Eng. 1999，19：1191-1206.

［18］ 陈宏芳，杜建华．高等工程热力学［M］．北京：清华大学出版社，2003.

［19］ 江亿，谢晓云，付林，等．一种能够实现大温差的吸收机新型单元结构：201010191072.0［P］. 2013821.

［20］ 王升，谢晓云，江亿．多级立式大温差吸收式变温器性能分析［J］．制冷学报，2013.12，34(6)：5-11.

［21］ WANG, S., XIE, X., JIANG, Y. Optimization design of the large temperature difference multi-stage vertical absorption temperature transformer based on the entransy dissipation method［J］. Energy，2014，68：712-721.

第3章 吸收式换热器的原理与评价方法

3.1 吸收式换热器概念的提出

3.1.1 降低一次网回水温度的迫切需求

(1) 燃煤电厂热电联产

燃煤热电联产目前仍然是我国集中供热系统的主要热源之一。常规燃煤热电联产，主要是通过抽汽对一次网热水加热实现供热，而占总热量约30%的热量都经过凝汽器被排出，如图3.1所示。回收凝汽器余热成为缓解热源紧张、实现热电联产供热系统节能的主要方式。

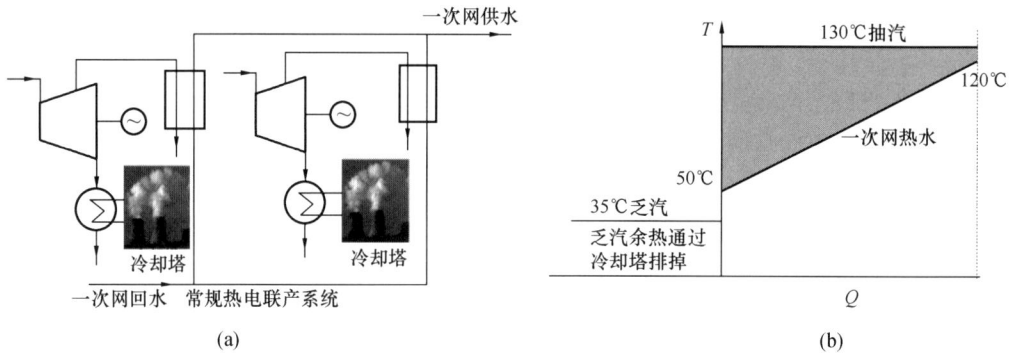

图3.1 常规燃煤热电联产过程

为回收凝汽器余热，目前常用的方式之一是利用凝汽器逐级加热一次网热水，再经过两级抽汽对一次网热水进一步加热，如图3.2（a）所示，该方式在 T-Q 图上的表示如图3.2（b）所示。由图3.2（b），利用两级背压、两级抽汽营造了一个梯级热源，实现对一次网热水的逐级加热。

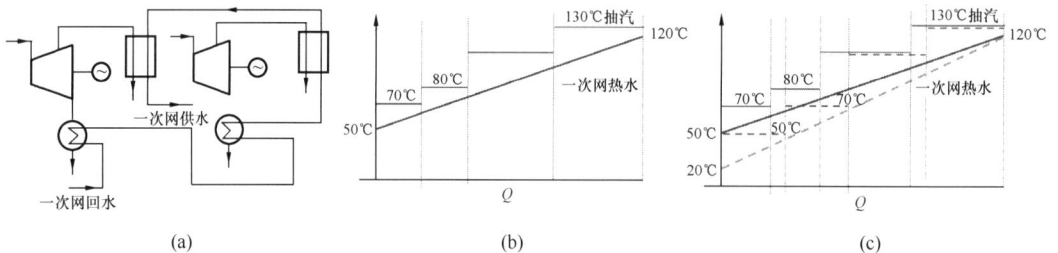

图3.2 多级背压、多级抽汽串联加热一次网水的热电联产过程

如图 3.2（b）所示，若一次网回水温度为常规的 50℃，则两级乏汽背压逐级升高，第一级背压对应的饱和温度为 70℃，第二级背压对应的饱和温度为 80℃，均处在较高的水平，较高压力抽汽对应的饱和温度约为 130℃。当部分负荷时，由于两级背压都较高，此时很可能面临不得不排放高参数乏汽导致系统效率降低的情况。此时若能降低一次网回水温度，如图 3.2（c）所示自 50℃降低到 20℃，此时不仅可以降低两级背压温度（如图 3.2（c）所示两级背压分别变为 50℃和 70℃），还能减少抽汽热量占总供热量的比例，从而使得在实现同样供热量的情况下，提高系统的发电量，提高系统的发电效率。因此降低一次网回水温度成为燃煤热电联产能够高效回收循环水余热的关键。

（2）燃气电厂热电联产

燃气电厂热电联产目前在一些城市也作为集中供热热源，燃气电厂也排放大量的余热，包括烟气余热和乏汽余热，这部分排放的余热占到总输入热量的 40% 以上。其中烟气的余热为余热锅炉 180℃的排烟降至 25℃的变温余热，如图 3.3（b）的实线所示，其中既包括烟气的显热也包括烟气的潜热。

为回收燃气电厂的低品位余热，可在燃气电厂设置吸收式热泵，如图 3.3（a）所示，利用蒸汽轮机的抽汽驱动吸收式热泵，回收余热锅炉的排烟热量。当热网的回水温度比较高时，如图 3.3（b）所示的 50℃图 3.3（b）的经过 50℃的线为高温回水的一次网热水的加热过程线），此时利用吸收式热泵很难同时全部回收蒸汽轮机的乏汽余热和余热锅炉的烟气余热，因为高温乏汽的热量有限。此时若将一次网回水温度自 50℃降低到 25℃，如图 3.3（b）的虚线所示，则可以利用低温的一次网回水直接回收蒸汽轮机的乏汽余热，同时利用高温抽汽和烟气驱动吸收式热泵可以比较容易回收全部的烟气潜热。

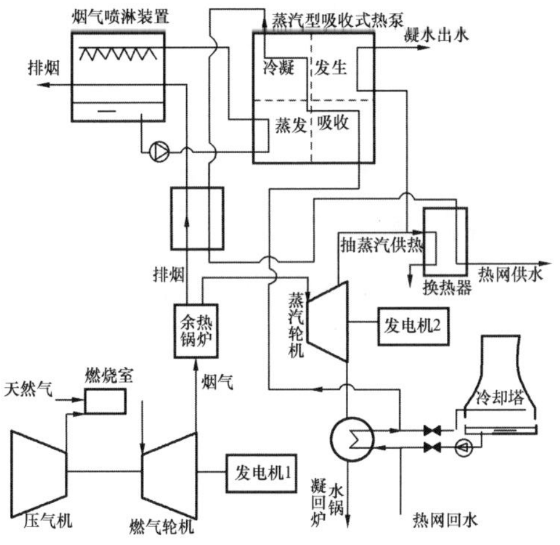

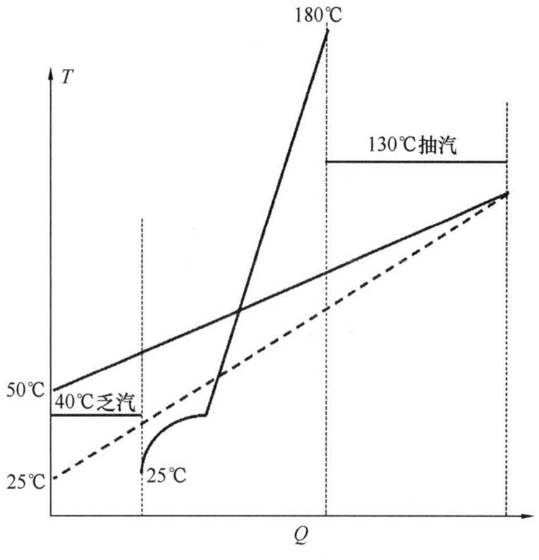

图 3.3　带余热回收的燃气热电联产过程
（a）带余热回收的燃气热电联产流程；（b）带余热回收的燃气热电联产 T-Q 图

（3）低品位工业余热回收

工业排放的余热也可以作为北方城镇建筑的供热热源，但是大部分工业余热的品位低

（30～80℃），且远离城市，若能回收大量的低品位工业余热，将大幅度缓解目前城镇热源短缺的现状。若能降低一次网回水温度至25℃，则可以直接回收30℃左右的低品位余热；同时增加一次网供回水温差，实现低品位工业余热的长距离输送。降低一次网回水温度也成为低品位工业余热回收的关键。

3.1.2 常规集中供热系统的不匹配换热现象

除了上述从热源角度，回收各类低品位余热，需要降低一次网回水温度外，从换热过程看，常规集中供热系统普遍存在着严重的不匹配换热现象。以热电厂集中供热系统为例，相应地各环节换热过程如图3.4（b）的 T-Q 图所示，在电厂蒸汽通过汽水换热器将热量传递给大温差（进出口温差）的一次网热水之后，一次网热水通过热网将热量长距离输送到末端热力站；在热力站，大温差的一次网热水通过换热器将热量传递给小温差的二次网热水，之后小温差的二次网热水通过末端散热装置将热量释放到室内。从图3.4（b）的 T-Q 图可见，在电厂处的汽一水换热过程和热力站处的一、二次网之间的换热过程均为严重的"三角形"不匹配换热过程，即换热过程两侧的换热端差相差悬殊的不匹配换热过程。对于该类不匹配换热过程，即便无限增加换热面积，仍然会存在较大的传热过程的㶲耗散，该㶲耗散是两侧流量相差悬殊所导致。为满足隔压和热量的长距离输送等要求，流量相差悬殊成为工程的限制条件，由此，在流量极不匹配的情况下，如何降低传热过程的㶲耗散成为常规供热系统节能的关键。

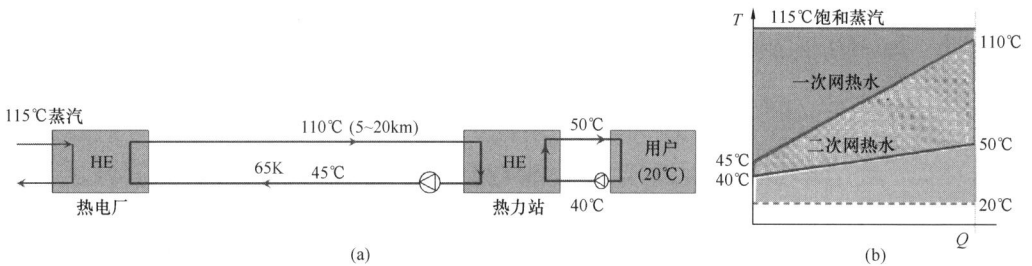

图 3.4　常规集中供热系统的不匹配换热现象
（a）系统流程；（b）换热过程的 T-Q 图表示

在上述回收各类低品位余热的需求下，从减少集中供热系统各换热环节的不匹配传热耗散的需求出发，吸收式换热的概念被提出，专门用来降低流量极不匹配而导致的传热过程的耗散。

3.2 吸收式换热器的原理

吸收式换热器是一种适用于两侧介质热容流率不同、由吸收式热泵与换热器集成一体，可实现稳定换热的换热器，可以实现两侧流量极不匹配的流体间的换热过程，使得被降温流体的出口温度低于冷源流体的进口温度，或者被加热流体的出口温度高于热源的进口温度。

3.2.1 两类吸收式换热器的流程

吸收式换热器分为两类：第一类吸收式换热器和第二类吸收式换热器。第一类吸收式换热器由付林、江亿等提出[1,2]，其原理如图 3.5 所示，可以实现小流量侧的热源出口温度低于大流量侧热汇的进口温度，在图 3.5（a）所示的工况下，热源侧出口温度 25℃，比热汇侧进口温度 40℃低 15K，图 3.5（b）为从外部看的 T-Q 图，可见，两股流体的温度变化曲线发生了交叉，在热源的低温段，出现了低温侧的热量抬升到高温侧的现象。图 3.6（a）给出了第一类吸收式换热器的原理，其实质上是第一类吸收式热泵与水-水换热器的组合，一次网水（热源侧热水）首先经过吸收式热泵的发生器，作为热源，将一部分热量通过冷凝器传递给一部分二次网水（热汇侧热水），之后发生器的一次网出水进入水-水板式换热器，将热量进一步释放给一部分二次网水，板式换热器出口的一次网水最终

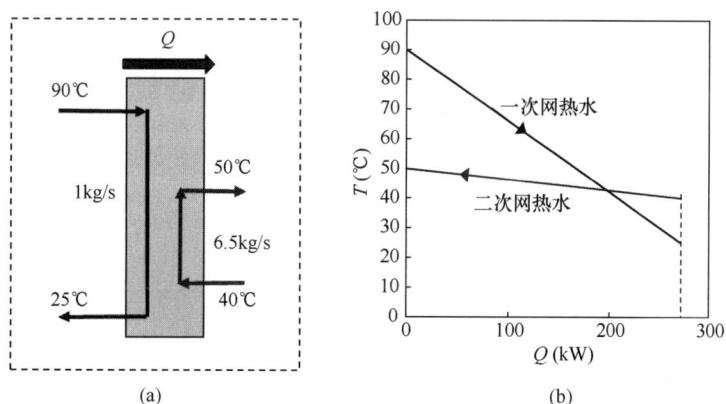

图 3.5 第一类吸收式换热器的原理

（a）外部换热性能；（b）从外部看的 T-Q 图

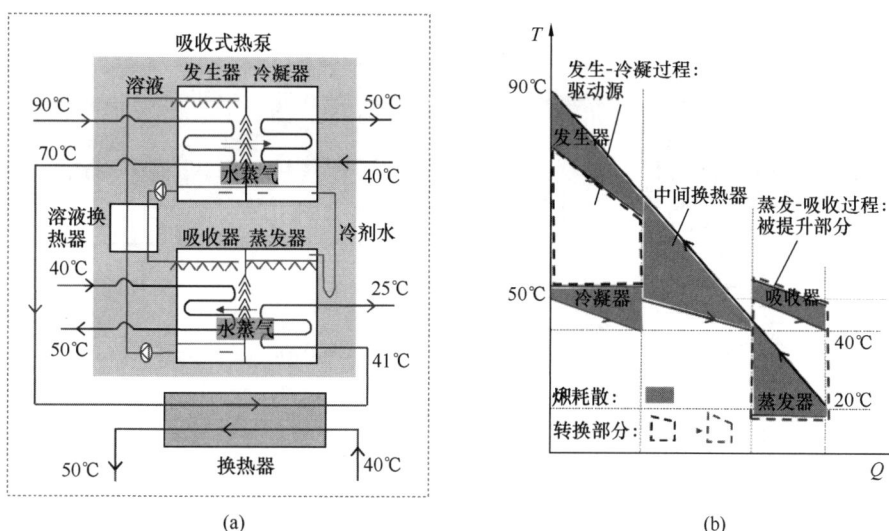

图 3.6 第一类吸收式换热器的内部原理

（a）内部流程；（b）T-Q 图表示内部过程

进入吸收式热泵的蒸发器进一步降温，其热量抬升品位后用于加热一部分二次网热水。最终实现一次网出水温度低于二次网水温。图 3.6（b）给出了各换热环节的换热情况，可见，采用吸收式换热器之后，过程内部的总㶲耗散大幅度减少。从而通过第一类吸收式换热器实现了热量从大的进出口温差变换为小的进出口温差，降温后的一次网热水可以回到热源处回收低品位余热，从而可以降低热源的品位，并且，一次网的输送温差增加，输配能力大幅度提升。

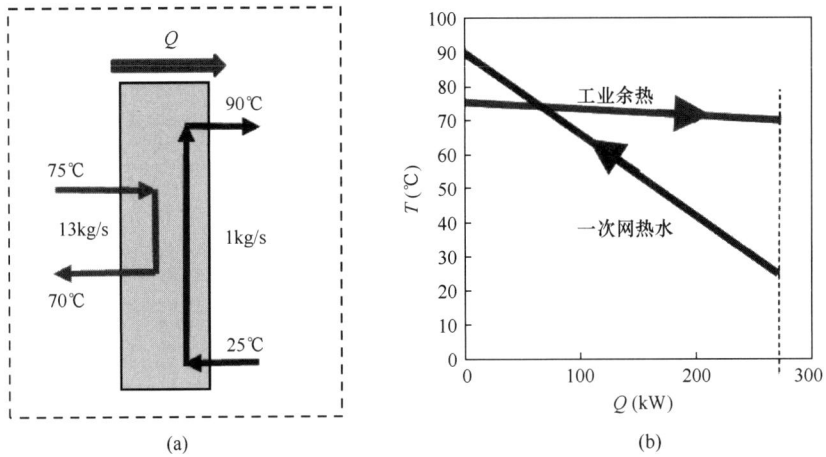

图 3.7　第二类吸收式换热器的原理

（a）外部换热性能；（b）从外部看的 T-Q 图

第二类吸收式换热器由江亿、谢晓云等提出[3]，其原理如图 3.7 和图 3.8 所示，可以实现小流量侧热汇的出口温度高于大流量侧热源的进口温度，如图 3.7（a）所示的工况

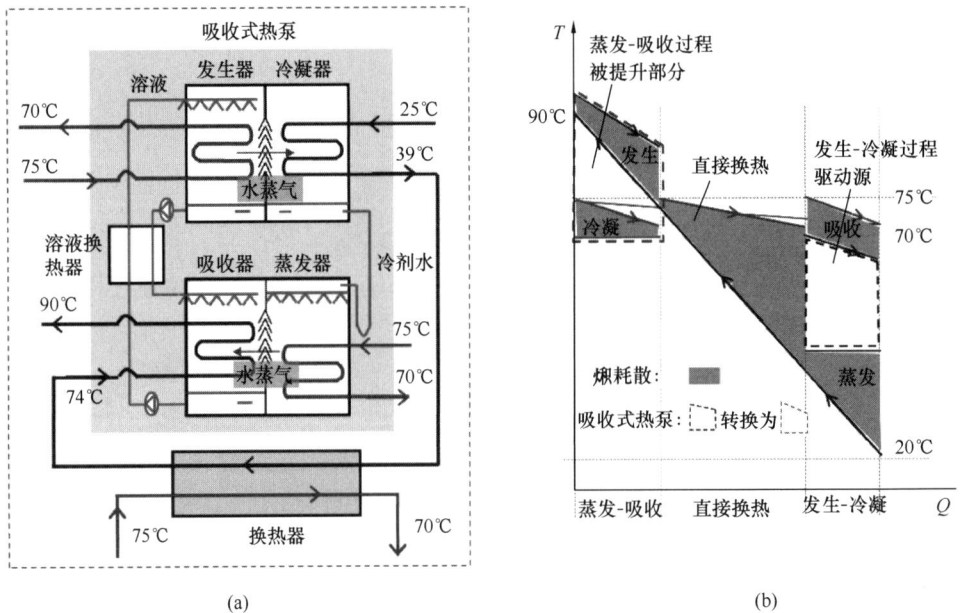

图 3.8　第二类吸收式换热器的内部原理

（a）内部流程；（b）T-Q 图表示内部过程

下，热汇侧出口温度 90℃，比热源侧进口温度 75℃高 15K，图 3.7（b）为从外部看的 T-Q 图，与第一类吸收式换热器类似，两股流体的温度变化曲线发生了交叉，在热汇侧的高温段，出现了低温侧的热量抬升到高温侧的现象。图 3.8（a）给出了第二类吸收式换热器的原理，其实质上是第二类吸收式热泵与水-水换热器的组合。热源分成三部分，一部分进入发生器，将热量通过冷凝过程释放给热汇侧进口热水，同时热源温度与热汇侧进口段温度之间形成驱动温差，制备出浓溶液；之后冷凝器出口的热汇侧热水进入水-水板式换热器被一部分热源加热，热汇侧热水进入吸收器，同时最后一部分低品位热源被送入蒸发器，在驱动温差的作用下，低品位热源抬升品位后将热量释放给溶液进而释放给热汇侧热水，热汇侧热水经过吸收器后输出系统最高温度的出水，从而使得热汇侧出水高于热源侧进水。图 3.8（b）同理给出了内部各换热环节的换热情况，可见，采用第二类吸收式换热器之后，过程内部的总㶲耗散也大幅度减少。从而通过第二类吸收式换热器抬升了低品位热源的品位，实现了热量从小进出口温差变换为大的进出口温差，从而支撑低品位余热的长距离输送。

3.2.2 吸收式换热器内部吸收式热泵的特征

由图 3.6 所示，第一类吸收式换热器的蒸发器侧源侧进出口温差为 16K，远大于常规吸收式制冷机/热泵的 5K 的水平；如图 3.8 所示，第二类吸收式换热器的冷凝器侧温差为 14K，也远大于常规吸收式制冷机/热泵的 5K 的水平。若仍沿用常规吸收式制冷机/热泵的单级蒸发器或者冷凝器，由于蒸发器和冷凝器为单一压力的腔体，当外部流体进出口温差较大时，整个换热过程会出现一侧端差小一侧端差大的"三角形"的换热，导致出现较大的不匹配换热损失，这就使得为了达到一定的一次网出水温度，整个装置需要较大的换热面积，或者外部参数要求根本无法实现。此时不能再沿用常规吸收式制冷机/热泵的流程结构，需要构建全新的吸收式换热器内部的吸收式热泵流程，以尽可能避免内部不匹配的换热过程。

除此之外，对于用于集中供热系统的吸收式换热器，如第一类吸收式换热器，由于需要应对初末寒期和严寒期的供热参数变化需求，吸收式换热器内部的吸收式热泵，其发生侧的外部一次网热水温度与冷凝侧的外部二次网热水温度之差在初末寒期和严寒期之间的变化能有 30～50K，这就使得整个供暖季吸收式热泵内部的溶液浓度变化范围远大于常规的吸收式制冷机/热泵，要求实际装置可以应对溶液浓度的大范围变化，实现溶液最浓时溶液侧不吸空，冷剂水侧不溢出，溶液最稀时冷剂水侧不吸空，溶液侧不溢出。吸收式热泵实际装置的工艺结构设计要做全新的改进，以保证整个供暖季装置的稳定运行。

同时，吸收式换热器内部的吸收式热泵工作在较大的驱动温差变动的工况下，还会存在供暖初期二次网进水温度过低导致一二次网之间温差过大，从而溶液过浓而出现结晶风险，以及浓度过高二次网温度过低时蒸发器可能出现的冻管现象，应对这些问题首先需要精心设计吸收式热泵内部各器的传热传质形式，如尽量避免浸没发生方式，采用降膜发生方式，从而避免溶液存留在发生器中，当外部一二次网温差大时出现结晶现象。同时需要对吸收式换热器的启停工况、各类极端工况进行充分的关注，研究其动态特性，清晰认识吸收式换热器在各种工况下可能出现的问题，从而在机组流程设计和工艺设计上进行改进。

综上所述，将吸收式换热器和常规吸收式制冷机/热泵的区别展示在表 3.1 中，需要从流程、内部传热传质结构、机组动态特性、机组结构和工艺等各方面开展深入的研究，从而保证吸收式换热的理念真正用于低品位工业余热回收的系统中，切实发挥作用。

吸收式换热器和常规吸收式制冷机/热泵的区别   表 3.1

项目	常规吸收式热泵 （吸收式制冷机）	吸收式换热器
源侧进出口温差	5K	10～20K
源测进口温度变化	＜5K	120～65℃ （30～55K）
源、汇之间温差变化	＜10K	30～40K 对应热水进水温度在 60～100℃ 之间变化
机组运行期间浓度变化	＜5%	10%～20%
流程特点	单级单段为主	需考虑分级或分段
罐体要求	较小的溶液罐和冷剂水罐体积	足够的溶液罐体积和冷剂水罐体积，以应对浓度变化
结构形式	卧式为主	需改变结构、减小占地面积
隔压形式	孔板为主、部分 U 形管	需适应较大的压差变化，U 形管为主

3.3 吸收式换热器效能的提出

3.3.1 吸收式换热器效能的定义

为了清晰的描述吸收式换热器的外部性能，从而指导实际工程中吸收式换热的应用，与常规换热器的换热效能相类比，定义了吸收式换热器效能[3,4]，如式（3-1）、式（3-2）所示，对于第一类和第二类吸收式换热器，均为小流量侧流体的进出口温差与两侧流体的进口温度之差的比值。对于第一类吸收式换热器，如式（3-1）所示，其吸收式换热器效能为热源侧的进出口温差与热源、热汇的两侧流体进口温度之差的比值；对于第二类吸收式换热器，如式（3-2）所示，其吸收式换热器效能为热汇侧的进出口温差与两侧流体的进口温度之差的比值。

$$\varepsilon_{\text{I}} = \frac{t_{1,\text{in}} - t_{1,\text{o}}}{t_{1,\text{in}} - t_{2,\text{in}}} \tag{3-1}$$

$$\varepsilon_{\text{II}} = \frac{t_{2,\text{o}} - t_{2,\text{in}}}{t_{1,\text{in}} - t_{2,\text{in}}} \tag{3-2}$$

式中，下标 I 代表第一类吸收式换热器，II 代表第二类吸收式换热器，下标 1 表示热源，2 表示热汇；下标 in 表示进口，o 表示出口。

通过吸收式换热器效能，可以求出吸收式换热器的总换热量，如式（3-3）所示。由此，用流量和效能两个参数就可以表示一个具体产品的性能：流量相当于设备容量、大小；效能相当于设备性能优劣。

$$Q = G_{\min} \times c_p \times \varepsilon \times (t_{1,\text{in}} - t_{2,\text{in}}) \quad (3\text{-}3)$$

式中，$G_{\min}$ 表示流量；c_p 表示定压比热。

利用吸收式换热器效能的模型，任意设备其性能由标准工况下的效能来描述，并用于不同产品间的性能比较。吸收式换热器效能由吸收机流程结构和各环节换热性能决定：内部过程越匹配，标况下的吸收式换热器效能越高，如图 3.9 所示，三级结构的吸收式换热器的效能高于单级结构。

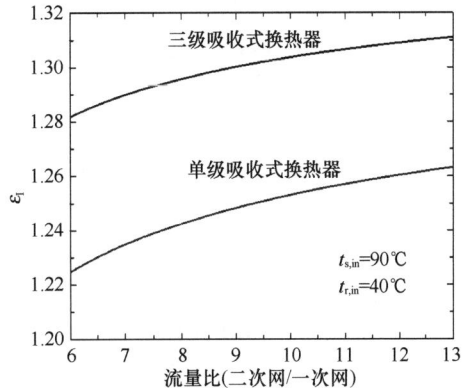

图 3.9　不同结构的吸收式换热器的效能对比

3.3.2　吸收式换热器效能的拟合公式

对于给定流程结构的吸收式换热器，其效能主要取决于两侧流量比和实际流量的大小，也受到两侧流体进口温度的影响。图 3.10～图 3.13 是以一个 1+3 结构的吸收式换热器（单段发生器-冷凝器，三段吸收器-蒸发器）为例，给出的吸收式换热器效能与质量流量比的倒数、流量小的一侧流体流量、两侧流体进口温度的关系。

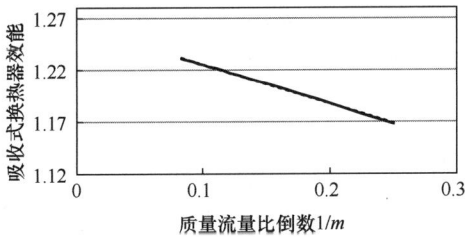

图 3.10　吸收式换热器效能与
质量流量比的倒数的关系

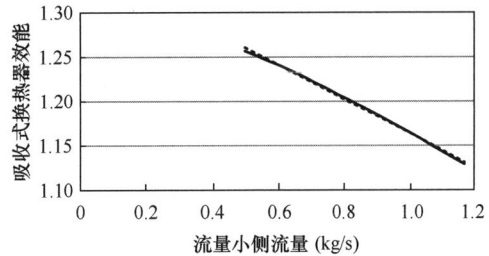

图 3.11　吸收式换热器效能与流量小的
一侧流体流量的关系

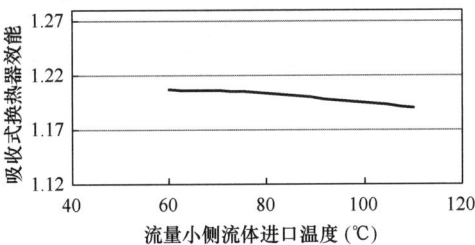

图 3.12　吸收式换热器效能与流量小的
一侧流体进口温度的关系

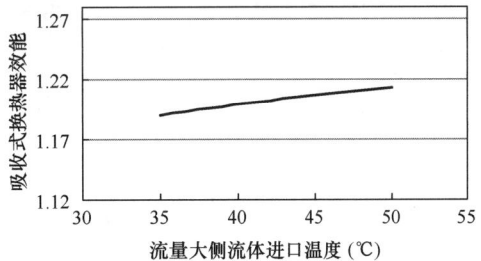

图 3.13　吸收式换热器效能与流量大的
一侧流体进口温度的关系

根据上述计算及拟合可以得到，在拟合的工况变化范围内，吸收式换热器效能与质量流量比、热源侧流量存在良好的线性关系，而受两侧流体进口温度变化影响相对较小。由此，可以将上述参数拟合整理成多项式的形式。利用计算模型计算多个变工况参数，并将计算结果进行多项式拟合，得到变工况下吸收式换热器效能与质量流量比及热源侧流体流量，以及两侧流体进口温度之间的公式（3-4）：

$$\varepsilon = \varepsilon^0 + a \cdot \left(\frac{m_0}{m} - 1\right) + b \cdot \left(\frac{G}{G_0} - 1\right) + k_s \cdot \frac{t_{1,\text{in}} - t_{1,\text{in}}^0}{t_{1,\text{in}}^0 - t_{2,\text{in}}^0} + k_r \cdot \frac{t_{2,\text{in}} - t_{2,\text{in}}^0}{t_{1,\text{in}}^0 - t_{2,\text{in}}^0} \tag{3-4}$$

式中，　　　　ε——变工况的吸收式换热器效能；

$\quad\quad\quad\quad\varepsilon^0$——名义工况的吸收式换热器效能；

$\quad\quad\quad\quad m$——变工况两侧质量流量比；

$\quad\quad\quad\quad m_0$——名义工况的质量流量比；

$\quad\quad\quad\quad G$——变工况流量小的一侧流量，kg/s；

$\quad\quad\quad\quad G_0$——名义工况的流量小的一侧流量，kg/s；

$\quad\quad\quad\quad t_{1,\text{in}}$——变工况流量大侧进口温度，℃；

$\quad\quad\quad\quad t_{2,\text{in}}$——变工况流量小的一侧进口温度，℃；

$\quad\quad\quad\quad t_{1,\text{in}}^0$——名义工况流量大侧进口温度，℃；

$\quad\quad\quad\quad t_{2,\text{in}}^0$——名义工况流量小的一侧进口温度，℃；

$a，b，k_r，k_s$——常数，对于热源为蒸汽的情况，质量流量比认为无穷大，无须计算 a 项。

因此，可以通过测量变工况参数，拟合得到公式中系数，从而计算变工况下的吸收式换热器效能。吸收式换热器效能可以表征吸收式换热器性能，是适用于工程应用的参数。

对于本例 1+3 结构的吸收式换热器（单段发生器－冷凝器，三段吸收器-蒸发器），其名义工况的各参数如表 3.2 所示。

某吸收式换热器的名义工况参数　　　　　　　　　　　　　　　表 3.2

吸收式换热器效能 ε^0	质量流量比 m^0	热源侧流量 G^0 （kg/s）	热源侧进口温度 $t_{1,\text{in}}$ （℃）	热汇侧进口温度 $t_{2,\text{in}}$ （℃）
1.199	5.867	0.83	90	40

对于本例中名义工况，式（3-4）变工况公式的各系数如下所示：

$$a = -0.063;\ b = -0.158; k_s = -0.021; k_r = 0.082。$$

对于每一个实际的吸收式换热器装置，都有式（3-4），从而可以全面地描述吸收式换热器的性能。

3.4　吸收式换热器的流程设计与内部参数优化

由上所述，由于吸收式换热器的热源侧或者热汇侧有较大的进出口温差，为了尽可能避免吸收式换热器内部各器可能出现的不匹配换热过程，减少不匹配换热损失，设计出多段、多级吸收式换热器，如图 3.14、图 3.15 所示。

立式多段吸收式换热器，其流程如图 3.14 所示，将发生-冷凝过程和蒸发－吸收过程通过隔板分为多个独立的腔体，相邻腔体间通过 U 形管实现隔压，每个腔体利用孔板实现溶液或冷剂水的布液。流程内部的换热过程如图 3.14（b）所示，通过这样的多段结构，实现了冷凝压力梯度和蒸发压力梯度，使得蒸发器或冷凝器在大的外部流体进出口温差下，内部换热过程更加匹配，减少换热过程的不匹配换热损失，从而可以在有限的换热面积下，获得尽可能低的一次网出水温度，提高装置的吸收式换热器效能[5,6]。

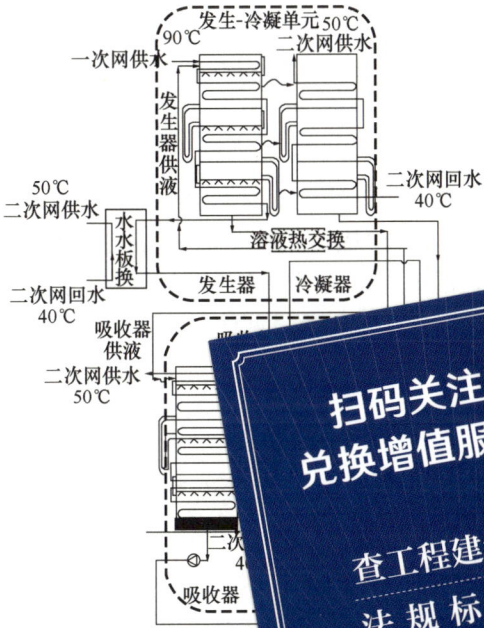

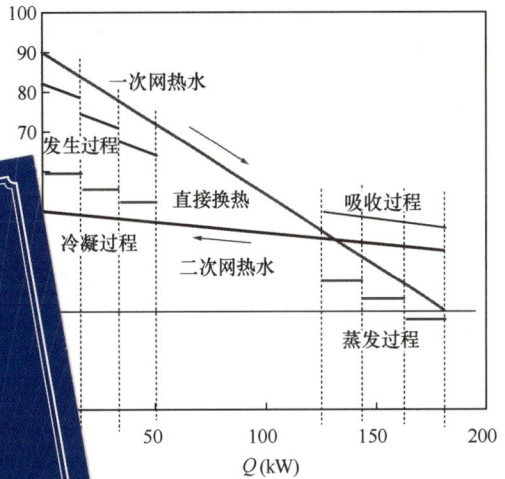

(b)

热器

Q 图

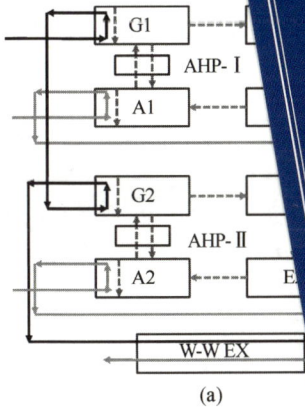

(a)

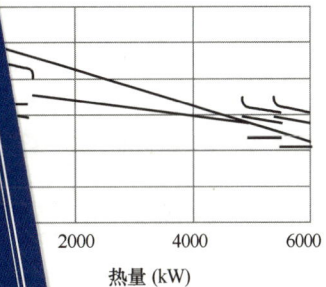

(b)

立式两级吸收式换热器[7]，其次经过第一级吸收式热泵的发生器、第二级吸收式热泵的吸收式热泵的蒸发器和第一级吸收式热泵的蒸发器，二次网与第一级吸收式热泵的吸收器和冷凝器串联，第二级吸收式热泵的吸收器和冷凝器串联，以及通过板式换热器；三股二次网出水混合后作为二次网的总供水送往末端用户。两级吸收式热泵，分别工作在不同的冷凝压力和蒸发压力下，也可形成冷凝压力梯度和蒸发压力梯度，从而应对蒸发器或冷凝器侧外部水侧大的进出口温差，减少换热过程的不匹配换热损失，从而尽可能降低一次网出水温度，提高装置的吸收式换热器效能。与立式多段吸收式换热器相比，立式多级吸收式换热器取消了多段发生器和多段吸收器之间溶液流量相等的约束，有可能使得流程中各器的换热性能更加匹配，从而获得更高的吸收式换热器效能，在给定的一次网进水温度下，一次网的出水温度更低。

　　由上文对于吸收式换热器性能的分析，吸收式换热器两侧流体流量比越大，吸收式换热器效能越高，如用于供热的第一类吸收式换热器，应将吸收式换热器尽可能放置于末端，以获得尽可能高的流量比。而对于长距离供热的工程，当用户末端没有条件安装吸收式换热器时，往往将吸收式换热器安装在城市入口，而由于城市管网输送能力有限，要求城市管网保持一定的供回水温差，从而保证城市管网的输热能力。这就使得安装在城市入口的吸收式换热器需要工作在较小的流量比下。为此，吸收式换热器的流程结构也应有所变化。图 3.16（a）给出了小流量比下串联式吸收式换热器的流程结构[8]，图 3.16（b）给出了其内部的换热过程，一次网在高压发生器、低压发生器、板式换热器、高压蒸发器、低压蒸发器之间串联；二次网分为两股，一股进入吸收式热泵内部，在低压吸收器、高压吸收器、低压冷凝器和高压冷凝器之间串联，另外一股进入板式换热器。利用此串联的吸收式换热器结构，实现蒸发压力梯度以应对外部流体进出口的大温差，尽可能同时兼顾发生器和吸收器外部流体与内部溶液之间的流量匹配，减少内部换热的不匹配损失，在小流量比下尽可能提高吸收式换热器的效能。

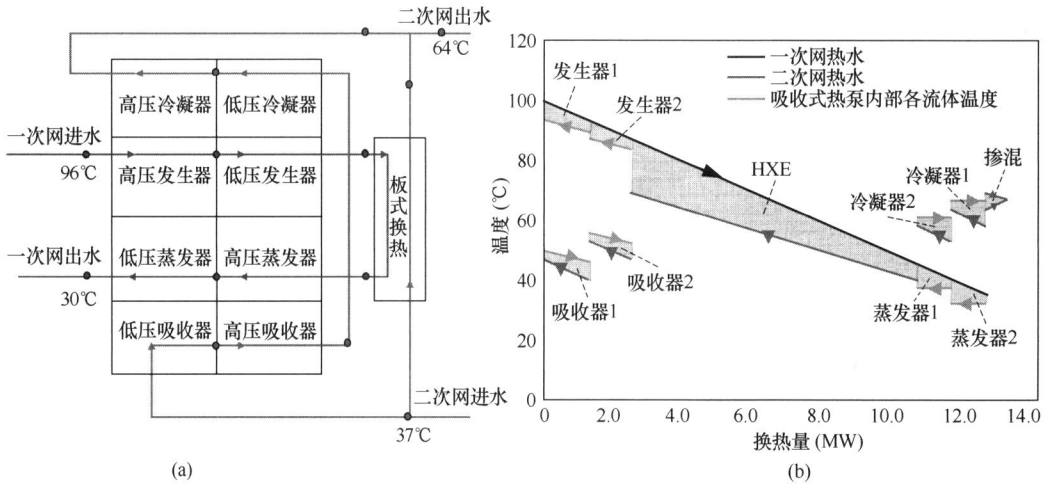

图 3.16　小流量比下串联的吸收式换热器
(a) 流程原理；(b) 流程 T-Q 图

　　在吸收式换热器的工程应用中，往往会遇到需要为不同分区供热的问题，小区不同楼栋的高、低区或者同一栋楼的高、中、低区。当供热规模较小，如楼宇式供热，装置安装空间有限，此时若能同一台机组同时负责不同分区的供热，将大大降低装置占地面积，使

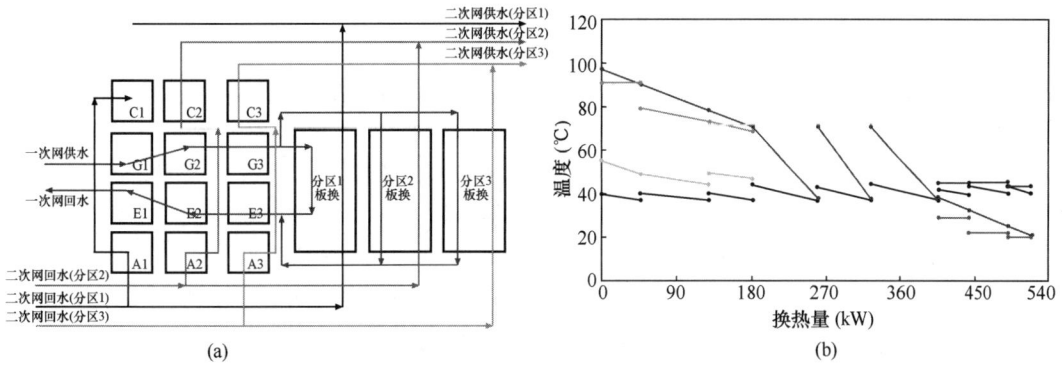

图 3.17 实现三分区对称型吸收式换热器

(a) 流程原理；(b) 流程 T-Q 图

其更容易在实际工程中被应用。由此，提出了实现三分区对称型的吸收式换热器，如图 3.17（a）所示，图 3.17（b）给出了其过程内部的 T-Q 图，整个流程核心的特点是，三个分区的二次网结构是对称的，每个区的二次网均为一级吸收式热泵和板式换热器并联的结构，一股二次网水在吸收式热泵内部的吸收器和冷凝器间串联，另外一股二次网水进入板式换热器，两股二次网出水混合后作为该区的二次网供水；一次网在三级吸收式热泵和板式换热器间实现串联。该流程既可以应对一次网侧大的进出口温差，又可以实现三个区二次网相对独立的调节[9]。根据各个区的设计负荷，确定一次网在各个区的板式换热器中分配的比例，该比例通过阀门调整后，整个供暖季一次网分配阀门不再进行调整。通过调整每个分区二次网流量的大小应对每个区实际负荷与设计负荷不符的情况，如入住率低的问题；通过调整总的一次网流量，同时调整三个分区的负荷随室外温度的变化。某个区二次网的调节对其他区的供热基本不产生影响。

3.5 实际吸收式换热器的性能水平

目前已经研发出的各类吸收式换热器，其性能水平如图 3.18、图 3.19 所示。其

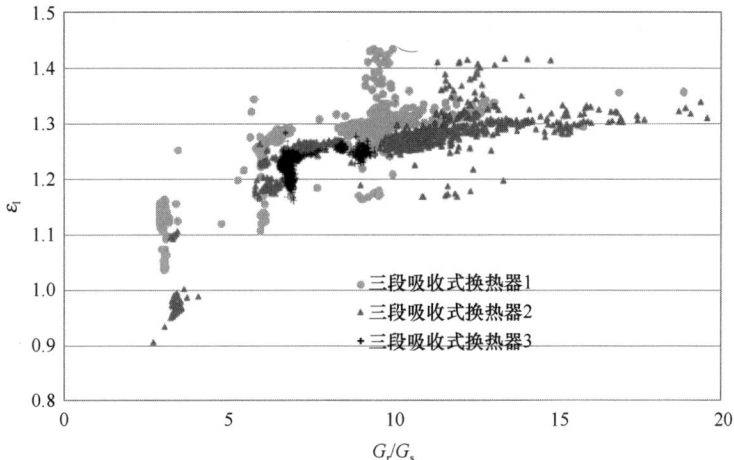

图 3.18 三台立式三段吸收式换热器的实测吸收式换热器效能

中图 3.18 为实测的小型立式多段吸收式换热器的性能[10]，由图 3.18 所示，三台立式三段吸收式换热器，其吸收式换热器效能均随二次网与一次网之间的流量比的增加而增加，当流量比在 5～20 之间变化时，吸收式换热器效能在1.1～1.4之间变化。

图 3.19 为大型立式两级吸收式换热器的实测性能[11]，图中给出了 1MW、2MW、3MW、6MW、8MW 等 5 台机组在不同的流量比下的实测吸收式换热器效能，图 3.20 给出了各机组相应实测的负荷率，图 3.21 给出了各机组实测的流量比的范围。由图 3.19 可见，大型立式两级吸收式换热器在实际负荷率在 20%～50% 的工况下、机组流量比在 5～20 的情况下，其实测吸收式换热器的效能在 1.2～1.4 之间变化，两侧流量比越大，吸收式换热器效能越高。同样流量比下，较大容量机组的吸收式换热器效能高于较小容量的机组，这主要和机组内部各器的换热面积大小有关，该实测案例大容量机组单位容量的机组换热面积更大，此外，容量越小，机组的真空性能越难保障，从吸收式换热器效能来看，小容量机组较难做到大容量机组的水平。

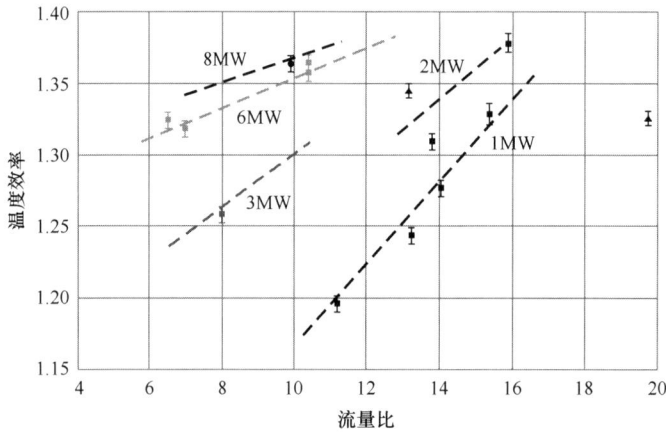

图 3.19 大型立式两级吸收式换热器的实测吸收式换热器效能

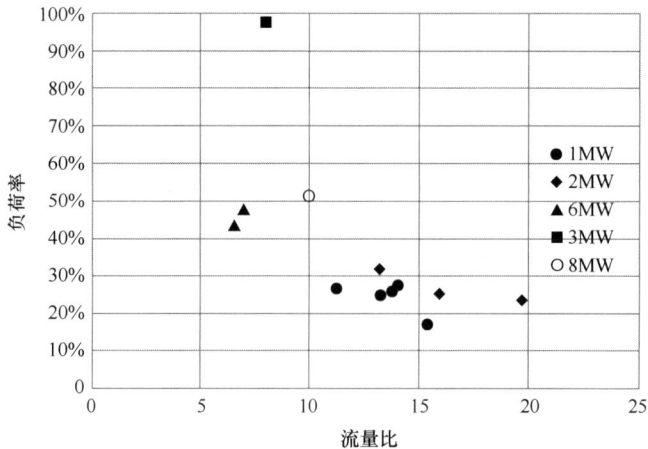

图 3.20 大型立式两级吸收式换热器的实测负荷率分布

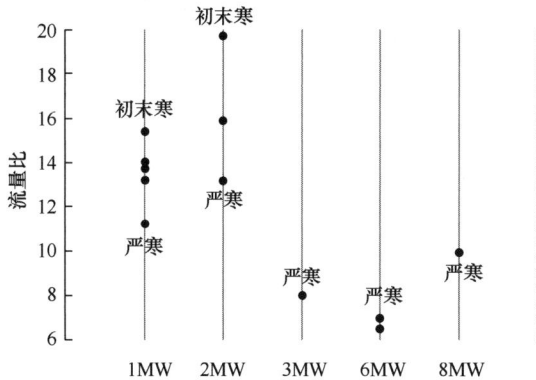

图 3.21 大型立式两级吸收式换热器的实测流量比分布

3.6 吸收式换热器的应用条件

由上述对吸收式换热器效能的分析可知，吸收式换热器两侧流体流量比（大流量与小流量之比）越低，吸收式换热器效能越低，这说明吸收式换热器尤其适用于两侧流体流量比大的不匹配换热的工况。

当两侧流体流量极不匹配时，常规换热器的换热过程如图 3.22 所示，图 3.22 同时给出了换热过程的 T-Q 图，当两侧流体流量极不匹配时，常规换热过程一侧换热端差小、一侧换热端差大，整个换热过程为不匹配的"三角形"换热过程。利用 T-Q 图上两股流体包罗的面积来表示换热过程的不可逆损失，即㶲耗散[12]，如式（3-5）所示。

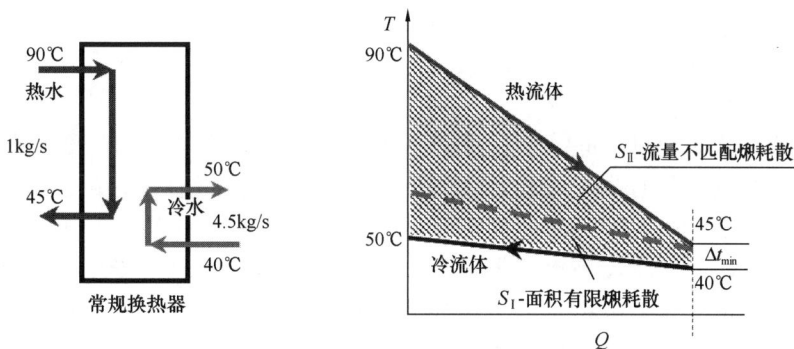

图 3.22 常规换热器换热过程，当两侧流体流量极不匹配时

$$\Delta J_{\text{loss}} = \int_0^Q \Delta T \mathrm{d}Q \tag{3-5}$$

由图 3.22 所示，可以将整个换热过程的㶲耗散分为两部分，一部分是换热面积有限所导致，即最小换热端差与换热量的乘积，为 T-Q 图中的平行四边形，即 S_{I} 所示，另一

部分是两侧流体的流量不匹配所导致，即 T-Q 图中上部的三角形面积，即 S_{II} 所示。比较 S_I 和 S_{II} 的大小，可以判断导致换热过程不可逆损失的主导因素，是换热面积有限还是换热过程两侧流体的流量不匹配。当两侧流体之间的最小换热端差 Δt_{min} 较小，且两侧流量比较大时，即 S_{II} 大于 S_I，且相差较多，此时导致引起换热过程不可逆损失的主要因素是两侧流体流量的不匹配，此时再增加换热面积，也无法减少 S_{II}。

对比吸收式换热器，其换热过程如图 3.23 所示，利用吸收式换热器，实现了两侧流体间流量极不匹配时的换热过程，从 T-Q 图上，过程整体的㶲耗散变为图中的正面积 S_1 减去 S_2，S_2 代表被提升部分。相比于常规的流量极不匹配时的换热过程，换热过程的㶲耗散大大降低。这就使得一次网出口能够降低到二次网进口温度之下，或者使得相同的一次网的进出口温度，二次网可以处在更高温度的水平。

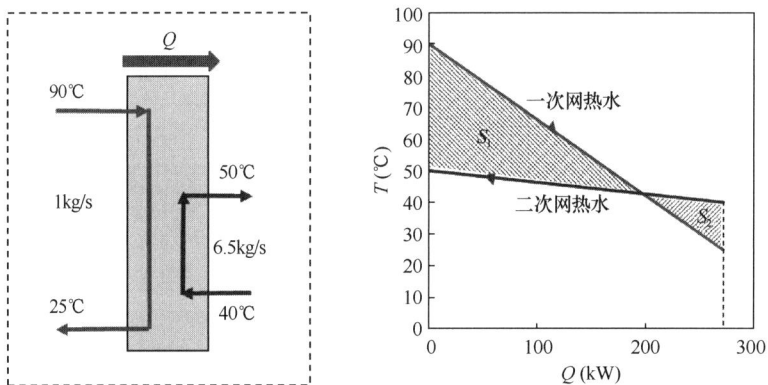

图 3.23　吸收式换热器的换热过程

在两侧流体流量不匹配时，利用吸收式换热器能够降低整个换热过程的㶲耗散，其原因可以通过图 3.6 吸收式换热器的内部原理图来解释。在吸收式换热器内部，整个换热过程可分为：发生器-冷凝器的换热过程，该过程提供驱动温差，实现蒸发器-吸收器之间的热量提升；以及两股水之间的直接换热过程。对于中间通过换热器的直接换热过程，由于大流量侧流体（二次网）的流量减少，其流量比相比从外部看的总的流量比降低，从而使得中间换热过程的不匹配换热损失降低。对于发生器和吸收器，都可以设计成尽量匹配的换热过程，使得两器的不匹配换热损失尽可能低；对于冷凝器和蒸发器，由于一侧为恒定的冷凝温度或者蒸发温度，这使得两个换热过程均为不匹配的换热过程，此时应控制冷凝器和蒸发器的外部流体温升，如果温升较高，应采用前述的多段结构或者多级结构，尽可能降低换热过程的不匹配换热损失。这就使得当两侧流体流量不匹配时，利用吸收式换热器降低了整个换热过程的损失，最终使得热源出口温度低于热汇进口温度（第一类吸收式换热器），或者热汇出口温度高于热源进口温度（第二类吸收式换热器）。

那么，是否任意工况下都应采用吸收式换热器替代常规换热器呢？很显然，当两侧流体流量匹配时，此时不应采用吸收式换热器，因为此时利用常规换热器就可以实现完全匹配的换热过程。此时若利用吸收式换热器，不仅使得投入的换热面积成本变高，最终也无法获得比常规换热器更高的换热器效能。这是因为吸收式热泵的内部是两次换热结构，即热量在吸收式热泵内部，从热源传递到热汇，需要经过两次换热，如热量要经过发生器和冷凝器的两次换热过程，才能从热源传递到热汇，同样吸收器和蒸发器之间也是两次换热，吸收式热泵内部的换热环节比常规换热过程多，换热的不可逆损失也相应增加。因此和常规换热过程相比，只有当吸收式换热器能够减少的不匹配换热损失大于换热环节增加而导致的换热损失增加时，才适合采用吸收式换热器，而只有外部热源和热汇之间为流量不匹配的换热过程时，吸收式换热器才有可能发挥作用，而且越不匹配，越应采用吸收式换热器。

若利用㶲耗散表示吸收式换热器和常规换热过程换热的不可逆损失，比较二者的㶲耗散，从而得到吸收式换热器的应用条件。

常规换热过程的㶲耗散，如图 3.22 的 T-Q 图所示，即两股流体之间的包络线面积，如式（3-6）所示：

$$\Delta J_{\text{loss,PH}} = \Delta t_{\min} Q \left[1 + \frac{1}{2} \psi \left(1 - \frac{1}{n_0} \right) \right] \tag{3-6}$$

式中，$\Delta t_{\min}$ 为换热过程的最小换热端差；Q 为总换热量；n_0 为两侧流体的流量比（大流量与小流量之比）；ψ 为换热过程小流量侧流体的进出口温差与最小换热端差之比，$\frac{1}{2}\psi$ 即代表了由不匹配导致的㶲耗散与面积有限导致的㶲耗散之比。当给定了要求的换热量 Q 和换热过程的最小换热端差 $\Delta t_{\min}$，流量比越大，换热过程的㶲耗散越大，$\frac{1}{2}\psi$ 越大，即不匹配耗散所占比例越大，换热过程的㶲耗散越大。

吸收式换热过程的㶲耗散，如图 3.6 所示，可以分别求出吸收式热泵内部各器的㶲耗散与中间换热过程的㶲耗散，二者之和得到吸收式换热器的㶲耗散。假设吸收式换热器内部各换热过程的最小换热端差均为 $\Delta t_{\min}$，与常规换热器的最小换热端差一致。

首先，吸收式换热器的中间换热器的㶲耗散，由式（3-7）所示：

$$\Delta J_{\text{loss,AHE-PH}} = \Delta t_{\min} kQ \left[1 + \frac{1}{2} k\psi \left(1 - \frac{1}{kn_0} \right) \right] \tag{3-7}$$

该表达式与常规换热器的形式基本一致，其中 k 代表中间换热器的换热量占比，可见，中间换热器的两侧流体流量比相比上述整体常规换热器变小了，不匹配耗散的占比相比上述整体常规换热器也变小了，中间换热器的不匹配特性得到改善。

其次，吸收式热泵的㶲耗散，由式（3-8）所示：

$$\Delta J_{\text{loss,AHE-AHP}} = 2\Delta t_{\min} m(1-k)Q \tag{3-8}$$

其中 m 代表吸收式热泵内部各器换热的不匹配系数，即整个换热过程的㶲耗散与换热面积有限导致的㶲耗散（即最小换热端差与各器换热量的乘积）之比。这里进行了简化处理，假设吸收式热泵内部发生器、吸收器、蒸发器和冷凝器的不匹配系数均相等，都等于 m。对于吸收式热泵内部的吸收器和发生器，其不匹配特性主要来源于吸收器和发生器的外部源侧流量不相等，而循环的溶液流量相等，因此两器很难做到完全的匹配换热。而冷凝器和蒸发器的不匹配主要来源于冷凝温度和蒸发温度为单一的温度，而冷凝器和蒸发器外部源侧有温差，两器的换热为近似"三角形"的不匹配换热过程，如前所述，当冷凝器和蒸发器的不匹配换热占比较大时，可以通过多级或者多段的设计，减少不匹配换热的比例，降低不匹配换热系数。这里暂用 m 代表所有器的不匹配换热系数。而上式中的系数 2 即代表吸收式热泵内部均为两次换热，这使得整个过程的传热量是单次换热的两倍。

由此，吸收式换热器的总㶲耗散为式（3-7）与式（3-8）之和，如式（3-9）所示：

$$\Delta J_{\text{loss,AHE}} = \Delta J_{\text{loss,AHE-PH}} + \Delta J_{\text{loss,AHE-AHP}} = \Delta t_{\min} Q \left[2m - (2m-1)k + \frac{1}{2}k^2 \psi \left(1 - \frac{1}{kn_0}\right) \right]$$

$$(3-9)$$

在流量比和最小换热端差给定的情况下，比较常规换热器和吸收式换热器的㶲耗散，式（3-9）与式（3-6）相比可得：

$$a_{\Delta J_{\text{loss}}} = \frac{\Delta J_{\text{loss,AHE}}}{\Delta J_{\text{loss,HE}}} = \frac{2m - (2m-1)k + \frac{1}{2}k^2 \psi \left(1 - \frac{1}{kn_0}\right)}{1 + \frac{1}{2}\psi \left(1 - \frac{1}{n_0}\right)} \qquad (3-10)$$

若 $a_{\Delta J_{\text{loss}}} < 1$，则常规换热器的㶲耗散大于吸收式换热器的㶲耗散，此时应该采用吸收式换热器；若 $a_{\Delta J_{\text{loss}}} > 1$ 则常规换热器的㶲耗散小于吸收式换热器的㶲耗散，此时应该采用常规换热器。由此可以给出吸收式换热器的适用范围，如图 3.24 所示。

图 3.24 以 $a_{\Delta J_{\text{loss}}} = 0.9$ 为例，给出了吸收式换热器的适用范围，由图 3.24 可知，n_0 即两侧流体流量比越大，且 ψ（不匹配耗散占比为 $\frac{1}{2}\psi$）越大，越应采用吸收式换热器。该图也说明了吸收式换热器尤其适合解决不匹配换热问题，当不匹配不是换热过程的主要矛盾时，此时不应采用吸收式换热器，用常规换热器更好。

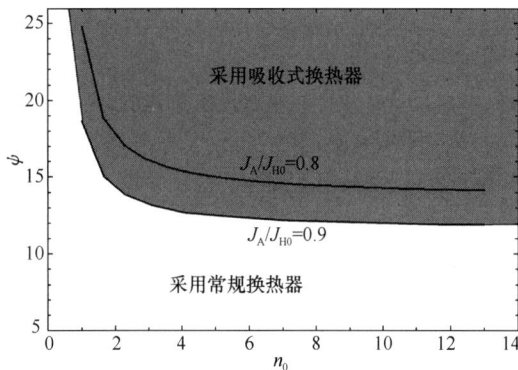

图 3.24 吸收式换热器的适用条件

注：此时吸收式热泵各器换热的不匹配系数 m 取值为 2

利用上述同样的方法，也可以得到不同外部流量比下[8,13]，内部板式换热器的最佳二次网流量分配和热量分配。

3.7 本章小结

降低一次网回水温度是回收燃煤电厂乏汽余热、燃气电厂烟气余热和乏汽余热、燃气锅炉烟气余热和低品位工业余热的关键，利用吸收式换热器可以将一次网回水温度降低到二次网回水温度之下，是上述各类低品位余热回收系统的关键设备。

本章介绍了两类吸收式换热器的基本原理，第一类吸收式换热器可以实现将小流量热源的出口温度降低到热汇的进口温度之下，第二类吸收式换热器可以实现将小流量热汇的出口温度升高到热源的进口温度之上。提出了两类吸收式换热器的性能描述方法——吸收式换热器效能，研究了吸收式换热器效能的主要影响因素，吸收式换热器效能主要取决于吸收式换热器的流程结构，内部传热传质越匹配的流程结构，吸收式换热器效能越高；对于给定流程结构的吸收式换热器，影响吸收式换热器效能的主要是流量比和流体的流量，两侧流体流量比越大，吸收式换热器效能越高；以小流量侧流体流量的变化来描述流量对吸收式换热器效能的影响，小流量侧流体流量相比额定流量越小，吸收式换热器效能越高；两侧流体进口温度对吸收式换热器效能也有影响，但影响较小。

为实现吸收式换热器一侧流体的大温升/降，介绍了立式多段吸收式换热器、立式多级吸收式换热器，应对两侧流量之比小的工况，串联式吸收式换热器流程等。为实现同一台吸收式换热器负担多个不同区域供热，介绍了实现对称式多分区供热的片式吸收式换热器流程，可以实现多分区相对独立的调节方式。

利用吸收式换热器主要用来实现两侧流体流量极不匹配的换热过程，当两侧流体流量之比较小时，并不适合采用吸收式换热器。从分析传递过程的损失入手，以传递过程的㶲耗散为工具，对比吸收式换热器的㶲耗散和常规换热器的㶲耗散，给出了吸收式换热器的适用条件，其适用于两侧流体流量比大且不匹配耗散占比大的工况。

本章参考文献

[1] FU L，LI Y，ZHANG S G，et al. A district heating system based on absorption heat exchange with CHP systems[J]. Frontiers of Energy and Power Engineering in China，2010，4(1)：77-83.

[2] LI Y，FU L，ZHANG S G，et al. A new type of district heating method with co-generation based on absorption heat exchange (co-ahcycle)[J]. Energy Conversion and Management，2011，52(2)：1200-1207.

[3] XIE X Y，JIANG Y. Absorption heat exchangers for long-distance heat transportation[J]. Energy，2017，141：2242-2250.

[4] 国家市场监督管理总局，国家标准化管理委员会. 吸收式换热器：GB/T 39286—2020[S]. 北京：中国标准出版社，2021.

[5] WANG S，XIE X Y，JIANG Y. Optimization design of the large temperature lift/drop multi-stage vertical absorption temperature transformer based on the entransy dissipation method[J]，Energy，2014，68：712-721.

[6] ZHU C Y，XIE X Y，JIANG Y. A multi-section vertical absorption heat exchanger for district heating systems[J]. International Journal of Refrigeration. 2016，71：69-84.

[7] 才华，谢晓云，江亿. 多级大温差吸收式换热器的设计方法研究与末寒季性能实测[J]. 区域供热，2019，1：1-7，25.

[8] ZHANG H，YI Y H，XIE X. Performance and optimization of a two-stage absorption heat exchanger under different flow rate ratio condition[J]. Applied Thermal Engineering，2022(212)：118603.

[9] YI Y H，XIE X Y，JIANG Y. Process design and analysis of a flexibly adjusted zonal absorption heat exchanger for high-rise building heating systems[J]. Applied Thermal Engineering，2021，195：117-173.

[10] XIE X Y，JIANG Y. Temperature efficiency analysis of absorption heat exchangers[J]. Refrigeration Science and Technology，2015，0：1661-1668.

〔11〕　YI Y H，XIE X Y，JIANG Y. A Two-stage vertical absorption heat exchanger for district heating system〔J〕. International Journal of Refrigeration，2020，114：19-31.

〔12〕　过增元，梁新刚，朱宏晔. 㶲——描述物体热量传递能力的物理量〔J〕. 自然科学进展，2006，16（10）：1288-1296.

〔13〕　YI Y H，XIE X Y，JIANG Y. Optimization of solution flow rate and heat transfer area allocation in the two-stage absorption heat exchanger system based on a complete heat and mass transfer simulation model〔J〕. Applied Thermal Engineering，2020，178：115616.

第4章 真空环境下吸收式热泵的传热传质和流动过程

4.1 吸收过程的热力学匹配特性

4.1.1 一维三股流模型的提出及匹配特性分析

首先选取吸收式热泵和吸收式换热器应用中四个较为典型的案例，建立一维逆流传热传质模型对吸收过程进行仿真模拟，模型作了如下假设：

1）吸收过程为稳态过程；

2）根据双膜理论，假设溶液的汽液界面为饱和态；

3）忽略管壁热阻；

4）认为 LiBr 不可挥发，吸收器腔体内没有不凝气，腔内气体认为是纯水蒸气；

5）吸收器内压力均匀一致；

6）忽略整个吸收过程中流体的热力学物性以及水的汽化潜热的变化；

7）对于给定的吸收过程认为其传热传质系数不变；

8）忽略与环境的传热。

冷却水能量守恒方程为

$$m_w c_{p,w} dt_w = K_h (t_w - t_s) dA \tag{4-1}$$

式中，m_w 为冷却水的质量流量，kg/s；$c_{p,w}$ 为冷却水的比热，kJ/（kg·K）；K_h 为冷却水与溶液之间的传热系数，kW/（m²·K）；t_w 为冷却水温度；t_s 为溶液温度；A 为整个过程的换热面积。

溶液与蒸汽的传质方程为

$$dm_s = (x_s - x^*) K_m \rho_s dA \tag{4-2}$$

式中，m_s 为溶液的质量流量，kg/s；K_m 为水在溶液中的传质系数，m/s；ρ_s 为溶液的密度，kg/m³；x_s 为溶液主体的浓度；x^* 定义为吸收压力 P、溶液温度 t_s 下溶液饱和浓度。

溶液的能量平衡方程为

$$d(m_s h_s) = m_s dh_s + h_s dm_s = (t_w - t_s) K_h dA + r dm_s \tag{4-3}$$

式中，h_s 为溶液的焓值，kJ/kg；r 为水蒸气的汽化潜热，kJ/kg。

溶质质量平衡方程为

$$d(m_s x_s) = 0 \tag{4-4}$$

笔者此前的研究通过对比实验数据验证了以上传热传质模型的可靠性[1]。

通过给定表 4.1 的输入参数，从而得到整个吸收过程中温度随着传热量的变化情况以及溶液浓度随传质量的变化情况如图 4.1 所示。

为了表示匹配和耗散，采用传热的温度-传热量（T-Q）图和传质的浓度-传质量（x-Δm）图来表述吸收过程。其中传热过程用溶液温度和冷却水温度表示传热驱动力，横坐标为传热量；传质过程则用溶液主体浓度 x_s 和定义的吸收压力下溶液饱和浓度 x^* 来表示，横坐标为传质量，这两个浓度的差实质上就表征了传质驱动力的大小，因此可以用来分析传质过程的匹配问题。

数值模拟输入参数 表 4.1

	单位	案例 a	案例 b	案例 c	案例 d
入口溶液温度	℃	50.0	54.5	51.0	53.2
入口溶液浓度	%	48.2	48.2	48.2	48.2
入口冷却水温度	℃	48.6	48.6	48.6	48.6
入口溶液流量	kg/s	0.34	0.34	0.34	0.34
冷却水流量	kg/s	0.68	0.68	3.40	3.40
吸收压力	kPa	5.1	5.1	5.1	5.1
热质交换面积	m²	6	6	6	6
综合传热系数	kW/(m²·K)	1.5	1.5	1.5	1.5
传质系数	m/s	0.0001	0.0001	0.0001	0.0001

案例（a）中，由于溶液入口温度过低，即溶液过冷度较大，出现了溶液温度和冷却水温的交叉，冷却水出口温度高于溶液入口的情况，我们将这种现象称为入口参数不匹配，体现了发生在入口附近传热传质驱动力急剧变化的现象。在传热传质过程主体部分，无论是传热过程的两条温度曲线，还是传质过程的两条浓度曲线的不平行程度也较高，即传热和传质的驱动力都是往出口方向逐渐变大，我们将这种现象称为流量不匹配。通过调整溶液入口参数，可以得到入口参数匹配的案例（b），没有了传热传质驱动力的快速变化，变得相对平缓和均匀，虽然入口附近的匹配程度变高，但是传热传质主体过程仍然有明显的不匹配。进一步改变溶液和冷却水的流量比，在案例（c）中，除了入口部分，传热和传质过程整体都较为匹配，整体传热传质驱动力都保持较为均匀，但是由于流量比的改变，入口参数不再匹配。再次调整溶液入口参数，可以得到入口参数和流量均匹配的案例（d），此时，传热和传质过程的驱动力沿程都较为均匀。通过对比案例（a）和案例（d），通过改善入口参数和流量的匹配程度，在吸收器传热传质能力不变的情况下，传热量提高了 80.7%，吸收量提高了 61.7%，由此可见，除了吸收器的传热传质能力，吸收过程的匹配程度也是影响吸收器性能的重要因素。

为了定量分析降膜吸收过程的匹配特性，需要通过简化传热传质模型以获得解析解。

在一定的吸收压力 P 下，溶液温度在整个吸收过程的温度变化范围较小，故可假设 x^* 随 t_s 线性变化：

$$x^* = a + bt_s \tag{4-5}$$

式中，a 和 b 是与吸收压力 P 有关的系数。

定义 t^* 为吸收压力 P、溶液浓度 x_s 下溶液饱和温度，基于上式的线性关系，可以得到：

$$t^* = \frac{x_s - a}{b} \tag{4-6}$$

关于线性假设的验证可参考笔者此前的研究[2]。

根据上面的线性假设，可以将上文的传热传质方程转化成三股流体的等效传热方程如下：

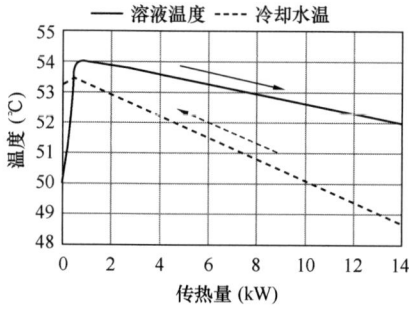
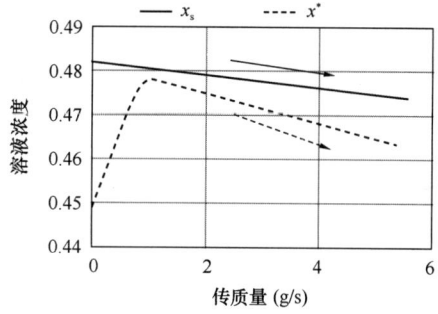

(a)

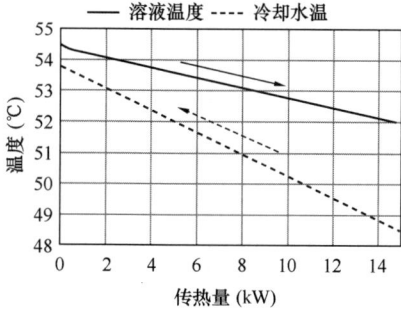
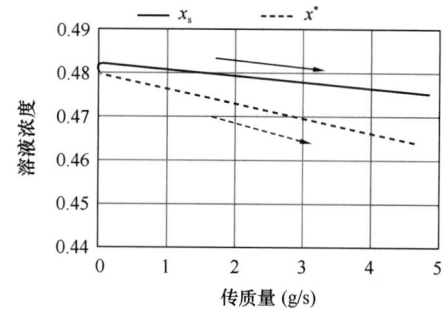

(b)

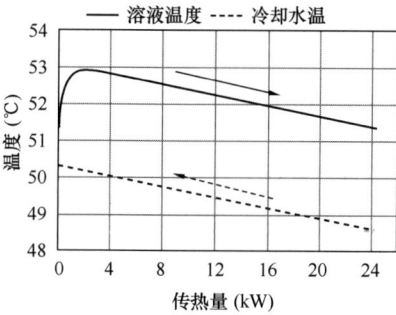
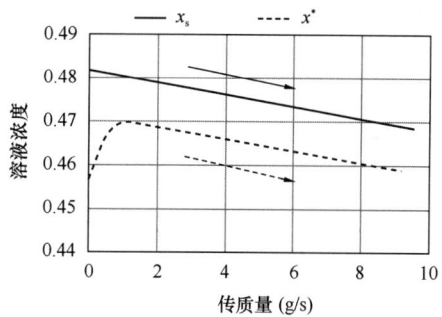

(c)

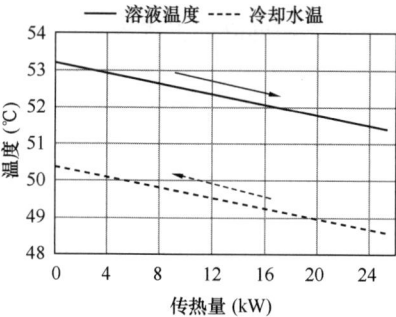
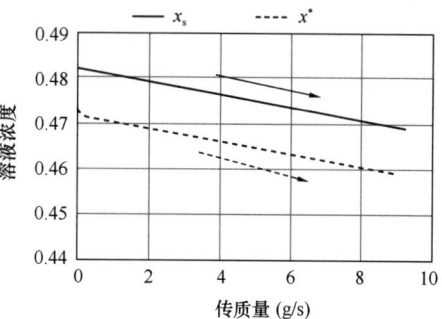

(d)

图 4.1　不同匹配条件下的吸收器传热传质性能

案例（a）：入口参数与流量均不匹配；案例（b）：入口参数匹配与流量不匹配；

案例（c）：入口参数不匹配与流量匹配；案例（d）：入口参数匹配与流量匹配

$$M_{\rm w}{\rm d}t_{\rm w} = K_{\rm h}(t_{\rm w} - t_{\rm s}){\rm d}A \tag{4-7}$$

其中
$$M_{\rm w} = m_{\rm w}c_{\rm pw}$$

$$M_{\rm v}{\rm d}t_{\rm s}^* = -K_{\rm h,m}(t_{\rm s}^* - t_{\rm s}){\rm d}A$$

其中
$$M_{\rm v} = \frac{m_{\rm s}h_{\rm abs}b}{x_{\rm s}} , \quad K_{\rm h,m} = K_{\rm m}\rho_{\rm s}h_{\rm abs}b , \quad h_{\rm abs} = r - h_{\rm s} + x_{\rm s}\beta \tag{4-8}$$

以及
$$\beta = \left.\frac{\partial h_{\rm s}}{\partial x_{\rm s}}\right|_{t_{\rm S}}$$

$$M_{\rm s}{\rm d}t_{\rm s} = K_{\rm h}(t_{\rm w} - t_{\rm s}){\rm d}A + K_{\rm h,m}(t_{\rm s}^* - t_{\rm s}){\rm d}A$$

其中
$$M_{\rm s} = m_{\rm s}\alpha \text{ 以及 } \alpha = \left.\frac{\partial h_{\rm s}}{\partial t_{\rm s}}\right|_{x_{\rm S}} \tag{4-9}$$

图 4.2 展示了三股流模型的示意图，模型中用假想流体与溶液之间的传热过程来等效实际过程中蒸汽与溶液的传质过程，因此，传热与传质耦合的吸收过程完全转化成了等效的三股流体传热过程。t^* 和 $M_{\rm v}$ 分别为假想流体的温度和热容流量，假想流体与溶液之间的传热系数为 $K_{\rm h,m}$，$M_{\rm v}$ 和 $M_{\rm s}$ 可分别理解为吸收冷剂蒸汽导致的溶液热容流量变化和溶液显热热容流量变化。特别地，式（4-9）表明，冷却水与溶液的逆流传热以及假想流体与溶液的顺流传热共同导致了溶液的温度变化。

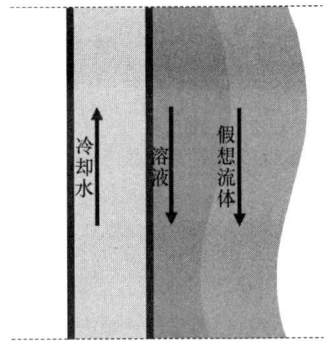

图 4.2　三股流模型示意图

式（4-7）～式（4-9）可进一步化简为：
$$\frac{{\rm d}\Delta T_{\rm h}}{{\rm d}A} = a_1\Delta T_{\rm h} + ba_2\Delta T_{\rm m} \tag{4-10}$$

$$\frac{{\rm d}\Delta T_{\rm m}}{{\rm d}A} = \frac{a_3}{b}\Delta T_{\rm h} - a_4\Delta T_{\rm m} \tag{4-11}$$

式中，$\Delta T_{\rm h} = t_{\rm s} - t_{\rm w}$，$\Delta T_{\rm m} = t_{\rm s}^* - t_{\rm s}$，$a_1 = \dfrac{K_{\rm h}}{M_{\rm w}} - \dfrac{K_{\rm h}}{M_\alpha}$，$a_2 = \dfrac{K_{\rm m}\rho_{\rm s}h_{\rm abs}}{M_{\rm s}}$，$a_3 = \dfrac{K_{\rm h}b}{M_\alpha}$ 以及 $a_4 = \dfrac{K_{\rm h,m}}{M_{\rm v}} + \dfrac{K_{\rm h,m}}{M_{\rm s}}$。

$x_{\rm s}$ 和 $t_{\rm s}$ 以及系数 $a_1 \sim a_4$ 中的其他热物理性质均假设为恒定并取整个吸收过程的平均值，于是对于给定的吸收过程，$a_1 \sim a_4$ 则为常数，进而方程可以求出解析解为：
$$\Delta T_{\rm h} = c_1 e^{\theta_1 A} + c_2 e^{\theta_2 A} \tag{4-12}$$

$$\Delta T_{\rm m} = \frac{c_3}{b}e^{\theta_1 A} + \frac{c_4}{b}e^{\theta_2 A} \tag{4-13}$$

式中，θ_1、θ_2 为特征方程的两个根：θ_1、$\theta_2 = \dfrac{a_1 - a_4 \pm \sqrt{(a_4 - a_1)^2 + 4(a_1 a_4 + a_2 a_3)}}{2}$，$c_1 \sim c_4$ 由方程组的边界条件确定，一般而言，将入口参数 $\Delta T_{\rm h,in}$ 和 $\Delta T_{\rm m,in}$ 给定为吸收过程的入口参数，于是 $c_1 \sim c_4$ 可以通过下式计算得到：$c_1 = \dfrac{k_4\Delta T_{\rm h,in} - k_2 b\Delta T_{\rm m,in}}{k_1 k_4 - k_2 k_3}$，$c_2 = \dfrac{k_1 b\Delta T_{\rm m,in} - k_3\Delta T_{\rm h,in}}{k_1 k_4 - k_2 k_3}$，$c_3 = \dfrac{\theta_1 - a_1}{a_2}c_1$ 以及 $c_4 = \dfrac{\theta_2 - a_1}{a_2}c_2$；其中 $k_1 = 1 - \dfrac{a_{\rm w}}{\theta_1} + \dfrac{a_{\rm w}}{\theta_1}e^{\theta_1 A}$，$k_2 = 1 - \dfrac{a_{\rm w}}{\theta_2} + \dfrac{a_{\rm w}}{\theta_2}e^{\theta_2 A}$，$k_3 = \dfrac{\theta_1 - a_1}{a_2}$，$k_4 = \dfrac{\theta_2 - a_1}{a_2}$ 以及 $a_{\rm w} = \dfrac{K_{\rm h}}{M_{\rm w}}$。

需要说明的是，x_s 和 t_s 通过求解解析解得到且沿程变化，只不过在求解过程中，为了计算系数 $a_1 \sim a_4$ 的需要，将 x_s 和 t_s 视为常数。

在一个降膜吸收过程中，流量匹配意味着在吸收器的主流区域中传热温差处处相等，而入口参数匹配则意味着传热温差在吸收器入口相等。在式（4-12）和式（4-13）中，θ_1 接近于 0，而 θ_2 为一个较小负值，因此在吸收器入口，$e^{\theta_1 A}$ 和 $e^{\theta_2 A}$ 均可认为等于 1，而在吸收器主流区域内，$e^{\theta_2 A}$ 将迅速降至 0，这意味着方程的第一部分是影响主流区域传热温差的主要因素。因此，流量匹配的条件等价为 $\theta_1 = 0$，从而可进一步推导得到：

$$M_s + M_v = M_w \tag{4-14}$$

至此，得到了一个流量匹配的定量条件，其物理意义为，两股顺流流体的热容流量之和等于另一股逆流流体的热容流量。

同时，根据上文的分析，入口参数匹配的条件为：

$$c_2 = c_4 = 0 \tag{4-15}$$

在流量匹配的基础上，满足入口参数匹配的条件为：

$$\frac{c_1}{c_3/b} \frac{K_h}{K_{h,m}} = \frac{M_w}{M_v} \tag{4-16}$$

不难发现，c_1 和 c_3 均和入口参数有关，同时，当流量与入口参数均匹配时，c_1 和 c_3/b 分别等于 ΔT_h 和 ΔT_m。

对于一个给定的传热过程，㶲可定义如下[3]：

$$J = \frac{1}{2} M (t - t_0)^2 \tag{4-17}$$

式中，M 为热容流量；t_0 为参考温度。

对于一个降膜吸收过程，㶲的沿程变化量可计算如下：

$$dJ_w = (t_w - t_0) K_h (t_w - t_s) dA \tag{4-18}$$

$$dJ_v = -(t_s^* - t_0) K_{h,m} (t_s^* - t_s) dA \tag{4-19}$$

$$dJ_s = (t_s - t_0) K_h (t_w - t_s) dA + (t_s - t_0) K_{h,m} (t_s^* - t_s) dA \tag{4-20}$$

对于一个换热微元，总的㶲变化量可计算如下：

$$dJ = dJ_s - dJ_w + dJ_v$$
$$= -K_h \Delta T_h^2 dA - K_{h,m} \Delta T_m^2 dA \tag{4-21}$$

式中消去了参考点温度，右边第一项是冷却水和溶液传热过程的㶲耗散，第二项为传质等效传热过程的㶲耗散。两个传热过程虽然是同时发生，但是传热量却处处不相同，因此分别计算两个过程的总㶲耗散和热阻。

于是溶液和冷却水之间的㶲耗散以及传热量可计算如下：

$$\Delta J_h = \int_0^A K_h \Delta T_h^2 dA$$
$$= K \left[\frac{c_1^2}{2\theta_1} (e^{2\theta_1 A} - 1) - \frac{2 c_1 c_2}{\theta_1 + \theta_2} - \frac{c_2^2}{2\theta_2} \right] \tag{4-22}$$

$$Q_h = \int_0^A K_h \Delta T_h dA = K \left(\frac{c_1}{\theta_1} e^{\theta_1 A} - \frac{c_1}{\theta_1} - \frac{c_2}{\theta_2} \right) \tag{4-23}$$

基于㶲耗散定义传热过程的热阻如下[4]：

$$R = \frac{\Delta J}{Q^2} \tag{4-24}$$

于是，在溶液与冷却水的传热过程中的热阻可计算如下：

$$R_{\mathrm{h}} = \frac{\left[\dfrac{c_1^2}{2\theta_1}\left(e^{2\theta_1 A}-1\right)-\dfrac{2c_1 c_2}{\theta_1+\theta_2}-\dfrac{c_2^2}{2\theta_2}\right]}{K_{\mathrm{h}}\left[\dfrac{c_1^2}{\theta_1^2}e^{2\theta_1 A}-2\dfrac{c_1}{\theta_1}e^{\theta_1 A}\left(\dfrac{c_1}{\theta_1}+\dfrac{c_2}{\theta_2}\right)+\left(\dfrac{c_1}{\theta_1}+\dfrac{c_2}{\theta_2}\right)^2\right]} \tag{4-25}$$

同理，溶液与假想流体之间的等效传热热阻为：

$$R_{\mathrm{m}} = \frac{\left[\dfrac{c_3^2}{2\theta_1}\left(e^{2\theta_1 A}-1\right)-\dfrac{2c_3 c_4}{\theta_1+\theta_2}-\dfrac{c_4^2}{2\theta_2}\right]}{K_{\mathrm{h,m}}\left[\dfrac{c_3^2}{\theta_1^2}e^{2\theta_1 A}-2\dfrac{c_3}{\theta_1}e^{\theta_1 A}\left(\dfrac{c_3}{\theta_1}+\dfrac{c_4}{\theta_2}\right)+\left(\dfrac{c_3}{\theta_1}+\dfrac{c_4}{\theta_2}\right)^2\right]} \tag{4-26}$$

传热过程中的热阻实际由三个因素构成：传热面积有限、流量不匹配以及入口参数不匹配。

首先，在入口参数匹配的条件下，单独分析流量不匹配热阻。此时总热阻等于流量不匹配热阻和面积有限热阻之和，根据入口参数匹配的条件，可简化上面得到的两个过程的热阻如下：

$$R_{\mathrm{h}} = \frac{1}{K_{\mathrm{h}}A}\frac{\theta_1 A}{2}\frac{e^{\theta_1 A}+1}{e^{\theta_1 A}-1} \tag{4-27}$$

$$R_{\mathrm{m}} = \frac{1}{K_{\mathrm{h,m}}A}\frac{\theta_1 A}{2}\frac{e^{\theta_1 A}+1}{e^{\theta_1 A}-1} \tag{4-28}$$

在入口参数匹配时，流量不匹配热阻为传热面积无限大时仍然存在的热阻，即

$$R_{\mathrm{m,f}} = \lim_{A \to \infty} R_{\mathrm{m}} = \frac{|\theta_1|}{2K_{\mathrm{h,m}}} \tag{4-29}$$

式中，$|\theta_1|$ 可表示流量不匹配程度。

同样地，在流量匹配的条件下，分析入口参数不匹配热阻，此时热阻可简化为

$$R_{\mathrm{h}} = \frac{1}{KA} + \frac{-\dfrac{c_2^2}{\theta_2 A}\left(\dfrac{1}{2}+\dfrac{1}{\theta_2 A}\right)}{KA\left(c_1-\dfrac{c_2}{\theta_2 A}\right)} \tag{4-30}$$

$$R_{\mathrm{m}} = \frac{1}{K_{\mathrm{m}}A} + \frac{-\dfrac{c_4^2}{\theta_2 A}\left(\dfrac{1}{2}+\dfrac{1}{\theta_2 A}\right)}{KA\left(c_3-\dfrac{c_4}{\theta_2 A}\right)} \tag{4-31}$$

同样定义参数不匹配热阻为流量匹配情况下，面积无限大仍然存在的热阻，于是得到：

$$R_{\mathrm{h,p}} = \lim_{A \to \infty} R_{\mathrm{h}} = \frac{\Delta T_{\mathrm{m,in}}^2}{2\left(\dfrac{u+1}{u}\right)^2\left[\dfrac{(u+1)^2 K_{\mathrm{h,m}}}{uK_{\mathrm{h}}}+u\right]M_{\mathrm{w}}\left(\Delta T_{\mathrm{h,in}}+\dfrac{u}{u+1}\Delta T_{\mathrm{m,in}}\right)^2}$$

其中

$$u = \frac{h_{\mathrm{abs}}b}{\alpha x_{\mathrm{s}}} \tag{4-32}$$

$$R_{m,p} = \lim_{A \to \infty} R_{h,m} = \frac{\Delta T_{m,in}^2}{2\left(\Delta T_{m,in} + \Delta T_{h,in}\right)^2 M_v \left(1 + u + \dfrac{u^2}{1+u}\dfrac{K_h}{K_{h,m}}\right)} \tag{4-33}$$

式中，$\Delta T_{m,in}$ 为入口温差可以表征入口参数不匹配的程度，可以称之为入口不匹配温度。

基于已经得到流量不匹配热阻 R_f 和入口参数不匹配热阻 R_p，可定义面积有限热阻如下：

$$R_{h,a} = R_h - R_{h,f} - R_{h,p} \tag{4-34}$$

$$R_{m,a} = R_m - R_{m,f} - R_{m,p} \tag{4-35}$$

设定 $K_h = 1.5 \mathrm{kW/(m^2 \cdot K)}$，$A = 4 \mathrm{\ m^2}$，流量不匹配热阻和面积有限热阻随 θ_1 的变化规律如图 4.3 所示。不匹配程度较低时，总热阻主要是面积有限热阻，流量不匹配热阻所占比例很小。随着 θ_1 绝对值的增大，流量不匹配程度变高，热阻的主要矛盾逐渐变为了流量不匹配热阻。当不匹配程度增大，流量不匹配热阻量级达到面积有限热阻，甚至当不匹配程度达到一定水平时，它将超过面积有限热阻，占据较大比例，意味着㶲耗散中大部分是流量不匹配导致的。

图 4.4 表示了参数不匹配热阻的计算结果，与图 4.3 比较可以看出，参数不匹配热阻远小于流量不匹配热阻，即使在 $\Delta T_{m,in}$ 高于 10℃ 情况下（此时溶液入口温度甚至已经低于冷却水入口温度，是极端入口参数不匹配的工况），参数不匹配热阻大小仍然比流量不匹配热阻要小一个数量级。

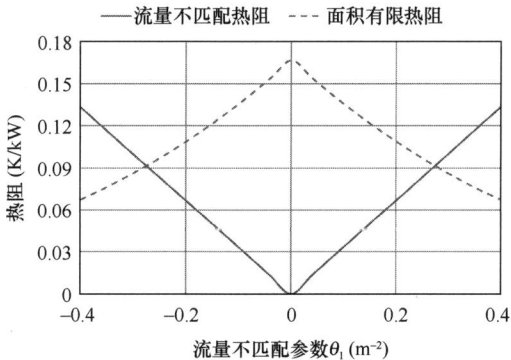

图 4.3　流量不匹配热阻及面积有限热阻随 θ_1 变化

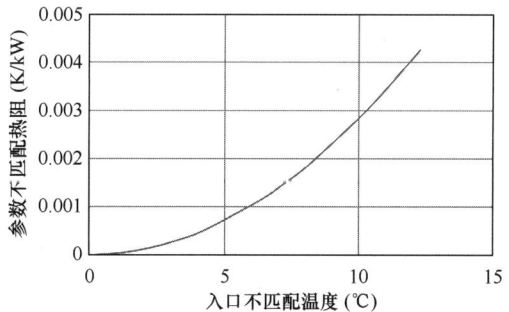

图 4.4　参数不匹配热阻的计算结果

4.1.2　实际水平盘管吸收器匹配特性研究

实际吸收式热泵机组中，吸收器的结构多为水平盘管降膜的方式，如图 4.5 所示。其中对于每一根盘管，冷却水和溶液的流动方向都是垂直交叉流动，而整体来说，冷却水下进上出，溶液由上方喷淋下来，总流程上是逆流。

对于图示的蛇形盘管来说，由于溶液液滴分散地分布到铜管表面各个部分，所以形成了多个微小传热传质单元。因此计算中将整个吸收器管束从冷却水流动的水平方向上和溶液流动的竖直方向上划分成小单元，如图 4.6 所示。其中垂直方向单元编号为 i，代表水平管的排数，对应管程数 M；水平方向单元编号为 j，对应溶液沿水平管分布喷淋的液滴或者液柱个数 N。液滴沿管长度方向的分布认为是均匀的，每个单元的传热传质面积相等，等于总面积除以微小单元个数。

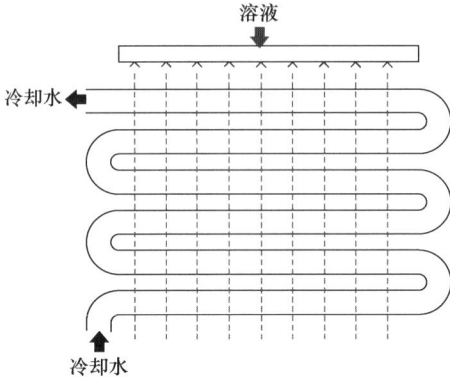

图 4.5 水平盘管降膜吸收器原理示意图

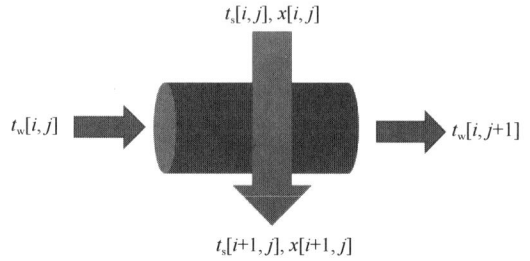

图 4.6 水平管束降膜吸收器传热单元流程

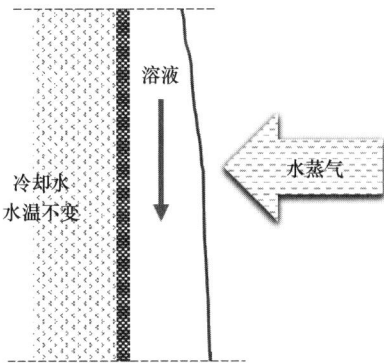

图 4.7 微小单元传热传质示意图

如图 4.7 所示，对于每个单个微小单元，都是冷却水、溶液和水蒸气三股流传热传质过程。而不同于之前的一维溶液和冷却水逆流流动，此时溶液竖直流动，冷却水沿盘管水平流动，是垂直交叉流的形式。但是每个微小单元的溶液流量都远远小于冷却水流量，因此每个单元传热传质过程中，溶液温度的变化远远大于冷却水温度变化，可以认为冷却水温度保持不变。再者由于溶液液膜的厚度相对来说远小于盘管尺寸，因此可以将该传热传质单元近似看作竖直壁面降膜流动吸收的过程，此时可以采用与之前的一维模型相同的处理方法，唯一区别为冷却水温设为定值。

取逆流时完全匹配的两个工况，分别计算不同管程数时传热传质量和两个传热过程的总热阻，见表 4.2 和表 4.3，并表示为图 4.8 和图 4.9。

不同管程数时吸收器性能和总热阻计算（$A=4\text{m}^2$） 表 4.2

管程数 M	传热量 Q_h（kW）	传质量 dm（g/s）	传质等效传热量 Q_m（kW）	传热热阻 R_h（K/kW）	传质等效热阻 R_m（K/kW）
逆流	27.99	10	26.01	0.1667	0.1059
24	27.99	10	26.01	0.1667	0.1059
16	27.99	10	26.01	0.1668	0.1059
12	27.98	10	26.01	0.1668	0.106
8	27.96	9.999	26	0.167	0.106
4	27.89	9.99	25.98	0.1678	0.1063
2	27.63	9.933	25.83	0.1703	0.1075
1	26.91	9.739	25.32	0.1768	0.1113

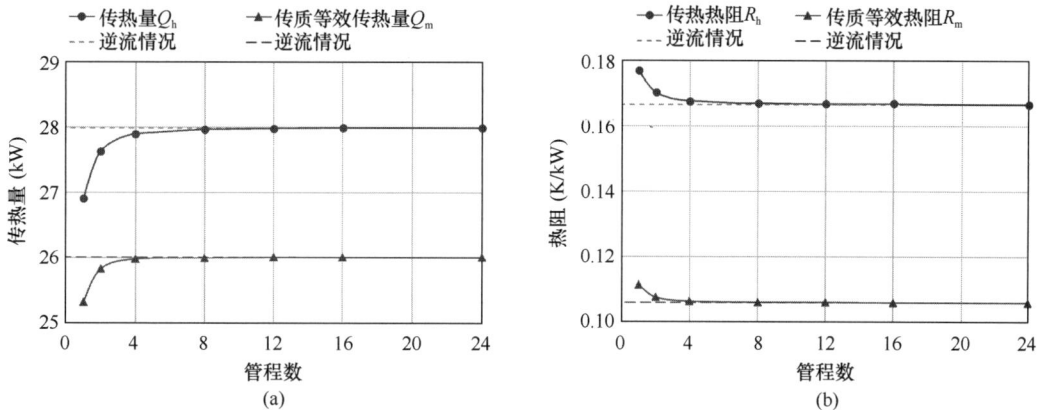

图 4.8 不同管程数时吸收器性能和总热阻计算（$A=4m^2$）
（a）传热量变化；（b）热阻变化

传热传质面积等于 $4m^2$ 的情况下，如图与一维逆流吸收器相比，在管程数在 4 以上时，随着管程数的减少，吸收器的传热量和传热量都只有极为微小的减小，传热热阻和传质等效热阻也几乎和逆流没有区别，因此在管程数较大时，由于盘管结构带来的不匹配对吸收器热力性能影响极小。而当管程数降至 4 以下时，传热传质量和热阻才显现出较为明显的变化，热阻增大，传热量减小，热力学性能变差，但是程度不大，即使是管程数只有 2 时，传热量的减少不足 2%，热阻的增大量也不足 3%，因此面积小时，结构不匹配对热力学性能的影响不显著。

不同管程数时吸收器性能和总热阻计算（$A=12m^2$）   表 4.3

管程数 M	传热量 Q_h（kW）	传质量 dm（g/s）	传质等效传热量 Q_m（kW）	传热热阻 R_h（K/kW）	传质等效热阻 R_m（K/kW）
逆流	46.97	16.79	43.63	0.0556	0.0353
24	46.94	16.78	43.62	0.0557	0.03533
16	46.92	16.77	43.61	0.0558	0.03536
12	46.88	16.76	43.59	0.0559	0.0354
8	46.78	16.74	43.52	0.0563	0.0356
4	46.29	16.59	43.14	0.0581	0.0365
2	44.65	16.05	41.74	0.0643	0.04
1	40.76	14.72	38.29	0.078	0.0484

当面积增大到 $12m^2$ 的情况下，如图 4.9 所示，管程数对热力学性能的影响更加显著，对比小面积时的情况，在管程数较小时，传热量明显减小，热阻明显增大，例如管程数 $M=2$ 时，两个传热过程的热阻都增加达到 15%。在管程数达到 8 时，影响才基本可以忽略。所以面积越大，管程数造成的热阻升高也越明显。所以单个微元传热传质虽然都不匹配，但是影响整体吸收器性能的主要还是整体流程上的匹配特性，即如图 4.8 和图 4.9 所示，管程数越大，台阶数越多，不匹配程度越小。

然而对于工程应用来说，微小的区别并不会带来实质上的影响，所以当管程数达到一

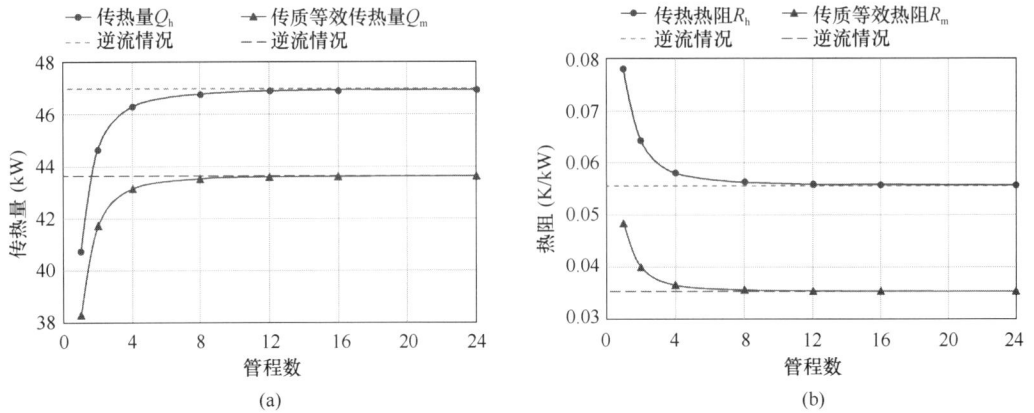

图 4.9 不同管程数时总传热量和总热阻变化（$A=12\text{m}^2$）

（a）传热量变化；（b）热阻变化

定程度时，也可以认为和逆流吸收器没有区别。通过上述计算，就可以定量判断不同面积时管程数的影响大小，并以此作为设计吸收器的参考。

图 4.10 至图 4.13 分别表示了管程数为 12、8、4 和 2 时的两传热过程热阻分布。热阻之间的不均匀是由于各微元的参数不匹配情况不同造成，差别很小，且呈现与传热量分布相同的规律，这也是由于冷却水管路的"蛇形"来回流动形式造成的。而随着管程数的减少，热阻的平均值明显变大，因此从实际计算验证了管程数越少，各微元热阻越大的结论。

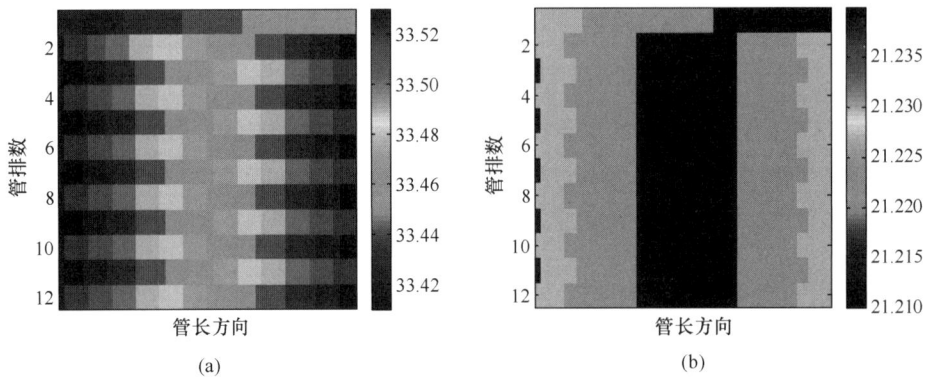

图 4.10 吸收器热阻二维分布（$M=12$）

（a）传热热阻（K/kW）；（b）传质等效热阻（K/kW）

吸收器水平盘管的流程结构导致各换热单元和沿程整体的不匹配，定义为流形不匹配。不同于一维过程时流量不匹配的影响并不能直接反应到传热量和温度的结果上，流形的不匹配则证明了传热过程的不匹配对性能造成的直接影响，即使得传热传质量减小，热力学性能变差。而同流量不匹配一样，流形不匹配的影响也是在传热面积大时更加明显。

将流形不匹配导致的耗散所对应的热阻定义为流形不匹配热阻，用 R_s 表示，在逆流时流量和参数匹配的工况前提下，定义为面积取无限大时的传热热阻，因为此时只存在由于流形不匹配造成的㶲耗散，计算如下：

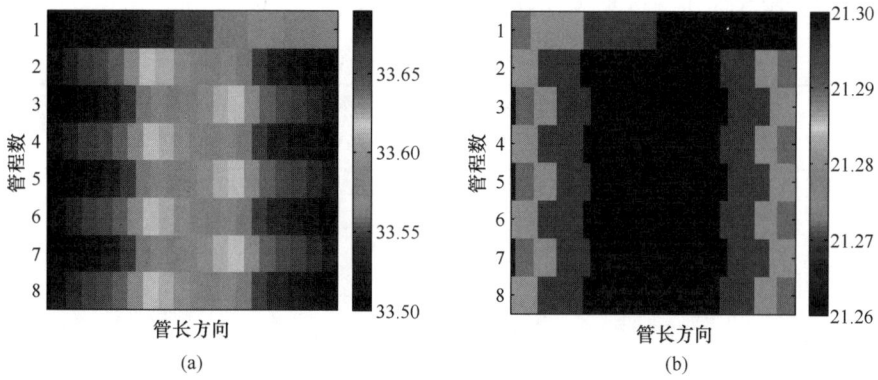

图 4.11 吸收器热阻二维分布（$M=8$）

（a）传热热阻（K/kW）；（b）传质等效热阻（K/kW）

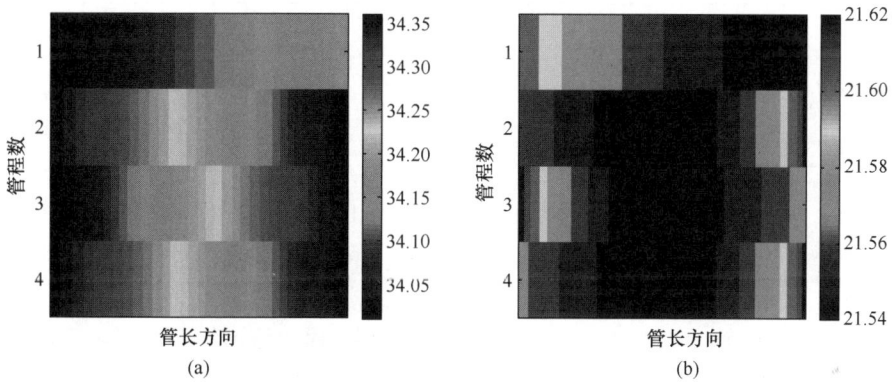

图 4.12 吸收器热阻二维分布（$M=4$）

（a）传热热阻（K/kW）；（b）传质等效热阻（K/kW）

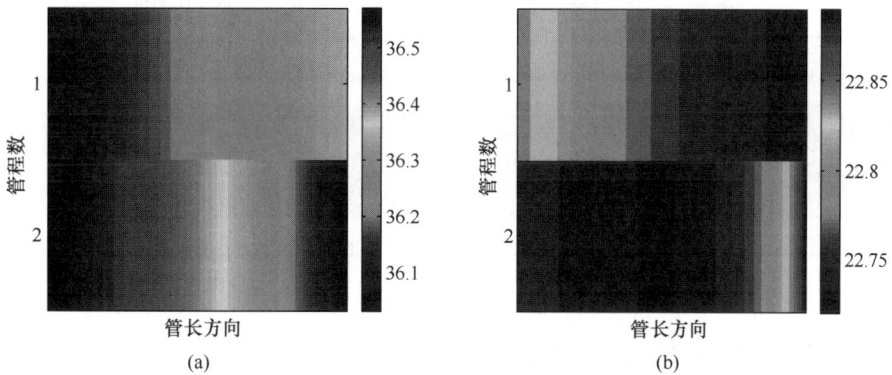

图 4.13 吸收器热阻二维分布（$M=2$）

（a）传热热阻（K/kW）；（b）传质等效热阻（K/kW）

$$R_{h,s} = \lim_{A \to \infty} R_h \qquad (4-36)$$

$$R_{m,s} = \lim_{A \to \infty} R_m \qquad (4-37)$$

对面积取无限大时工况的相关计算结果见表 4.4。

面积无限大时吸收器性能和流形不匹配热阻　　表 4.4

管程数 M	传热量 Q_h（kW）	传质量 dm（g/s）	传质等效传热量 Q_m（kW）	传热热阻 $R_{h,s}$（K/kW）	传质等效热阻 $R_{m,s}$（K/kW）
逆流	71	25.38	66	0	0
24	69.14	24.7	64.23	0.00342	0.0019
16	68.23	24.38	63.39	0.00465	0.00283
12	67.35	24.06	62.57	0.00617	0.00376
8	65.57	23.46	61	0.00917	0.0056
4	61.18	21.86	56.84	0.0179	0.0109
2	54.11	19.33	50.27	0.0342	0.0209
1	45	16.07	41.8	0.0611	0.0373

此时流形不匹配的影响更加显著，表中的热阻完全为不匹配热阻，其随管程数变化趋势见图 4.14。

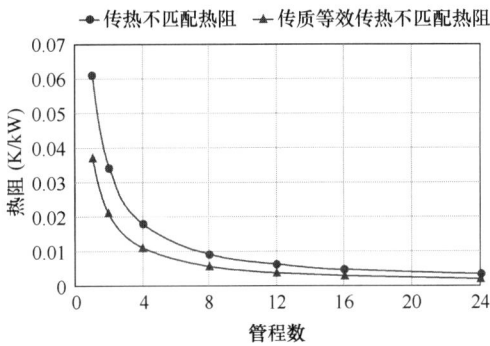

图 4.14　流形不匹配热阻 R_s 随管程数变化

对于逆流来说完全匹配的工况，面积无限大时热阻为零，但由于水平管吸收器流程不匹配的影响，其热阻永远大于零，即流程不匹配对于两个传热过程起阻力作用，会降低吸收器的热力学性能。随着管程数减小，两传热过程的流形不匹配热阻都增大。对比流量不匹配热阻的大小可知，当管程数较大时，其远小于流量不匹配热阻，因此对整体性能影响甚微。但当管程数较小时，流形不匹配热阻达到和流量不匹配热阻同样的数量级，因此影响不可忽略。

实际吸收器的热力学目标为提高冷却水温，减小㶲耗散和热阻。当主要矛盾在于传热传质面积有限和传热传质系数较小时，应该设法增大吸收器有限面积、强化换热传质；当传热面积增大到一定程度，各种不匹配成为影响热力学性能的关键因素时，首先应该调整吸收器参数，使得参数匹配和流量匹配，这其中降低流量不匹配热阻是主要矛盾，参数不匹配的影响可以忽略；对于水平盘管吸收器的设计，应该通过计算热阻和传热量来定量分析流程不匹配带来的影响，避免因为管程数过少造成较大的流程不匹配损失。

4.1.3　基于匹配特性研究的实际吸收器的优化设计方法

根据本研究对吸收器热力学和传热传质匹配特性的分析，在实际设计吸收器流程、参数和结构时，应该尽量遵循匹配的原则。若受外部条件限制，例如流量、管程数等难以满足匹配要求，则应定量计算各不匹配带来的影响，避免不匹配对热力学性能影响过大。

在设计实际的吸收器时，还有一些如喷淋密度、冷却水管内流速等限制，因此需要综合考虑热力学性能和合适的结构参数。当给定溶液流量、浓度、吸收压力和所需的吸收量时，可参照如下原则和步骤：

（1）首先设计理想逆流情况的参数。利用已知参数，计算匹配所需的流量比，得到流量匹配时冷却水流量。若外部对冷却水流量有限制不能满足，则需要计算流量不匹配的影响，若在一个合理较小的范围内则可接受，否则需要调整流量参数。

（2）设计合适的喷淋密度，根据实验得到的传热传质系数设计值。确定冷却水入口温度和溶液入口温度（由于参数匹配不显著，因此溶液入口温度不一定需要取完全匹配时的值），再由所需的传质量计算吸收器传热传质面积。此时吸收器整体一维理想流程参数就完全确定了。

（3）考虑实际吸收器结构管程数的影响。按照此处的计算方法，定量分析不同管程数对吸收器性能的影响，由于管程数过多可能导致工艺结构更加复杂，因此可以考虑取整体性能比较接近逆流时的尽量小的管程数，并得到冷却水盘管单程所需的面积。

（4）根据吸收器冷却水盘管内流速限制，设计合理管径（例如 12mm）和管内流速，并以此确定单程冷却水的分支路数（可以是一个范围），进一步确定单个冷却水管程的盘管长度。按照第（2）步设计的喷淋密度，确定单个管程内多个分支路的排布，以确定单层盘管的总长度，满足喷淋密度要求，即确定竖直方向的分支路数。

（5）检验管束排布是否合适，是否满足吸收器尺寸的限制，并计算实际设计后吸收器出口参数是否满足要求。若有不满足的情况，则重新设计喷淋密度和管程数。

按照上述原则，即可以得到匹配性能较好的吸收器设计，合理控制各不匹配对热力学性能的影响。

以一个实际吸收式换热器中单段吸收器的设计要求为例，对吸收器进行参数和结构设计。实际吸收器工况设计要求见表 4.5。

实际吸收器工况设计要求　　　　　　　　　　　　　　表 4.5

工况参数	数值
入口溶液流量（kg/s）	0.33
入口溶液浓度（kg/kg）	0.5152
吸收压力（kPa）	3.8
吸收量（g/s）	19

首先根据吸收压力和溶液浓度确定匹配流量比。需要说明的是，物性参数应取吸收过程中的平均值，此时先取值试算，确定流程后再校验各参数是否合适。各参数和流量计算结果见表 4.6。

各参数和流量计算结果　　　　　　　　　　　　　　表 4.6

工况参数	数值
$a[kJ/(kg \cdot K)]$	2.18
$b(K^{-1})$	0.0059
$h_{abs}(kJ/kg)$	2498
匹配冷却水流量（kg/s）	2.43

设计溶液喷淋密度，并通过上文的拟合式计算传热传质系数，确定溶液和冷却水入口

温度，吸收管内部设计参数见表 4.7。

吸收器内部设计参数 表 4.7

设计参数	数值
喷淋密度 [kg/（m·s）]	0.05
吸收器面积（m²）	7.5
传热系数 [kW/（m²·K）]	1.8
传质系数（m/s）	0.00017
溶液入口温度（℃）	52.9
冷却水入口温度（℃）	44

通过解析解或数值计算，理想一维情况下吸收器传热传质流程如图 4.15 所示，可以看到是满足完全流量和参数匹配的。

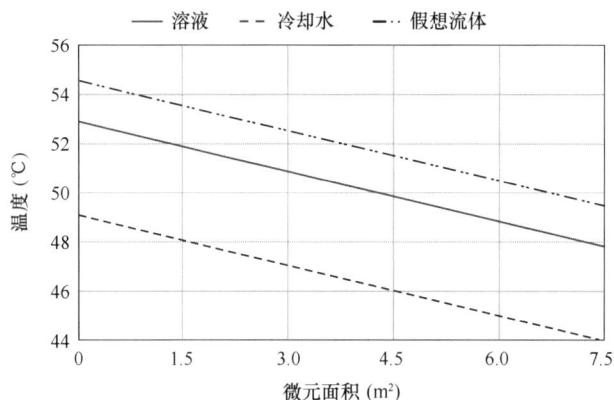

图 4.15 理想一维情况下传热传质过程

得到理想一维的吸收器设计后，再按照上文的方法计算实际水平管束吸收器不同管程数对性能的影响。如图 4.16 所示，可以看到当管程数小于 6 时，才对传热量和传质量有一定影响，而管程数在 3 以下时，传热量和传质量减小较为明显，因此取设计管程数 $M=5$。

冷却水管内流速不宜过大，否则流动阻力较大，此处设计为 1m/s 左右，设计外径 12mm 圆管，按照表 4.6 中冷却水量 2.43kg/s，可计算出冷却水单程分支路数约为 30 路。

单个管程的盘管面积为

$$A_{单程} = \frac{A_{total}}{M} = 1.5 m^2 \tag{4-38}$$

单程盘管所需长度为

$$L_{单程} = \frac{A_{单程}}{30\pi d} = 1.32 m \tag{4-39}$$

按照喷淋密度的要求，单层盘管数为

$$Z_{单层} = \frac{m_s}{\Gamma L_{单程}} = 5 \tag{4-40}$$

式中，Γ 为喷淋密度，每米换热管所对应的喷淋量，kg/（m·s）。

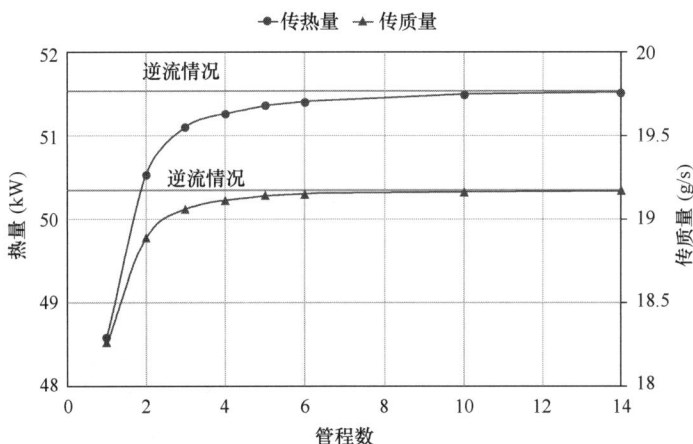

图 4.16 实际设计管程对性能影响

因此可设计单程盘管排布形式为 5×6，竖直方向上有 $L = 6$ 排，水平方向上 5 列。按照管间距为 6mm，此吸收器盘管高度约为 $18\text{mm} \times L \times M = 540\text{mm}$，水平所占面积为 $18\text{mm} \times 5 \times L_{\text{单程}} = 0.12\text{m}^2$。

设计的吸收器盘管结构如图 4.17 所示，冷却水一共 5 管程，每个管程竖直方向上分为 6 排，水平方向上分为 6 列。每个管程各支路出口先进入冷却水集箱混合，然后进入下一管程。

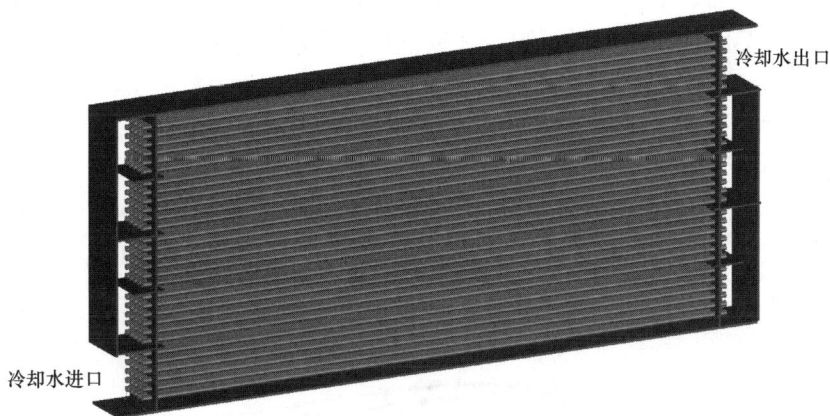

图 4.17 吸收器盘管结构图

校验各尺寸参数满足要求后，即完成吸收器整体流程参数和结构的设计，其中总体流程流量和入口参数满足匹配，在设计管程数下，流形不匹配的影响也较小。

4.2 吸收过程的两类基本传热传质形式及特性

吸收器是吸收式换热器中最重要的部分之一，其功能是使得来自发生器的浓溶液吸收来自蒸发器产生的水蒸气，并且为冷却水提供热量，因此吸收器中包括了传热和传质同时发生的过程。按照吸收形式划分，吸收器主要有降膜吸收式（内冷型）和绝热喷淋吸收式（外冷型）。

4.2.1　降膜吸收过程（原理与传热传质关联式）

4.2.1.1　降膜吸收过程流程及原理

　　降膜吸收过程指的是在溶液吸收制冷剂蒸汽过程中，同时放热给热汇，传热传质同时进行，热汇流体管路进入吸收器内部，所以称为内冷。常用的降膜吸收器有水平盘管降膜吸收器与垂直降膜吸收器。在吸收式热泵机组中，水平盘管降膜吸收器应用较多，如图 4.18 所示。溶液经过布液器，均匀地滴落在铜管表面，沿着外表面呈膜状流动，然后流向下一排盘管，称之为降膜流动。降膜式吸收器的传热传质过程与降膜流动有密切关系。

图 4.18　水平盘管降膜吸收器

4.2.1.2　降膜吸收三股流传热传质模型及传热传质系数计算

　　降膜吸收过程是三股流的传热传质过程。目前很多研究在计算传热传质系数时采用的是进出口对数平均温差和对数平均浓差[5,6]，实际上这种方法是不准确的。以对数平均温差为例，前提是两股流体之间的传热，并无第三者或者外界传热。而对于吸收过程，存在溶液、制冷剂蒸汽和热汇三股流体之间的传热传质过程，溶液与热汇传热的同时，制冷剂蒸汽被溶液液膜吸收，释放的热量同时进入溶液，因此在任意两股流体之间的传热热量是不平衡的，使用对数平均温差进行计算也是不准确的。除此之外，在部分溶液入口温度较低的工况中，会出现热汇（冷却水）的出口温度高于放热流体（溶液）的进口温度，在溶液入口附近出现与冷却水之间反向传热的情况，如图 4.19 所示。出现这种现象的原因在于由于溶液吸收驱动力在入口处极大，传质过程剧烈，甚至影响到了传热过程，这是三股流传热传质过程所特有的特点。此时更是无法定义进出口的对数平均温差。

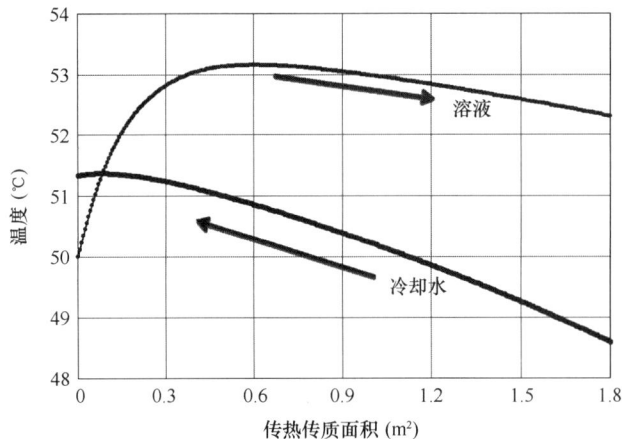

图 4.19　吸收过程溶液和冷却水温交叉

因此通过前文建立的吸收器三股流传热传质模型，对传热传质系数进行计算。

4.2.1.3 降膜吸收过程传热传质关联式

为更好地表示流动状态的影响，用降膜雷诺数来代表流动，其定义如下：

$$Re = \frac{2\Gamma}{\mu} \tag{4-41}$$

式中，Γ 为喷淋密度；μ 为溶液的黏度系数。

对于降膜吸收传热传质系数，通常采用努塞尔数 Nu 和舍伍德数 Sh 两个无量纲准则数进行关于雷诺数 Re 和普朗特数 Pr、施密特数 Sc 的拟合，降膜吸收过程的准则数计算方法为：

$$Nu = \frac{K\delta}{\lambda} \tag{4-42}$$

式中，K 为对数换热系数；λ 为溶液导热系数，可在 EES 中通过物性函数求出；δ 为取流动角度为 90°时的液膜厚度，计算公式为：

$$\sigma = \sqrt[3]{Re \; \frac{\upsilon^2}{g \sin\theta}} \tag{4-43}$$

舍伍德数 Sh 计算为

$$Sh = \frac{h_\mathrm{m}\delta}{D} \tag{4-44}$$

普朗特数 Pr 和施密特数 Sc 为

$$Pr = \frac{\nu}{a} \tag{4-45}$$

$$Sc = \frac{\nu}{D} \tag{4-46}$$

通过实验发现，吸收压力、冷却水进水温度和溶液浓度对于吸收过程准则数关系并无明显影响，其努塞尔数分布较为分散，没有明显根据各参数范围分成几组的趋势。因此，给出传热过程准则数拟合式为

$$Nu = 0.003414\,Re^{0.94}\,Pr^{0.721} \tag{4-47}$$

传质过程准则数拟合式为

$$Sh = 0.789\,Re^{0.659}\,Sc^{0.117} \tag{4-48}$$

拟合式的适用范围为：Re 数范围 20～100，Pr 数范围 9～20，Sc 数范围 600～2100。

4.2.2 喷淋吸收过程

4.2.2.1 绝热喷淋吸收器原理

绝热喷淋吸收器是溶液在吸收水蒸气过程中不与冷却水发生传热，而是在进入吸收器之前被冷却，是一种将传热和传质分离的吸收形式。这种吸收器应用不多，适用于一些风冷型吸收器或者移动吸收式设备，主要有喷洒或喷雾型吸收器[9]，如图 4.20 所示，

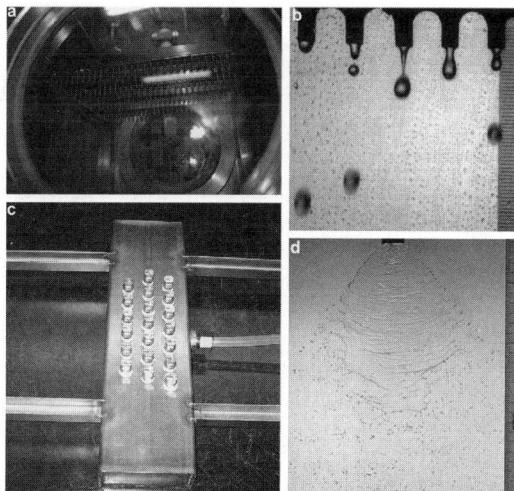

图 4.20 已有研究中的部分绝热吸收器[10]

以及绝热液柱喷淋吸收器[7]，如图 4.21 所示。绝热吸收器一般采用溶液泵加压通过喷嘴喷洒到吸收空间中，吸收器结构较为简单。

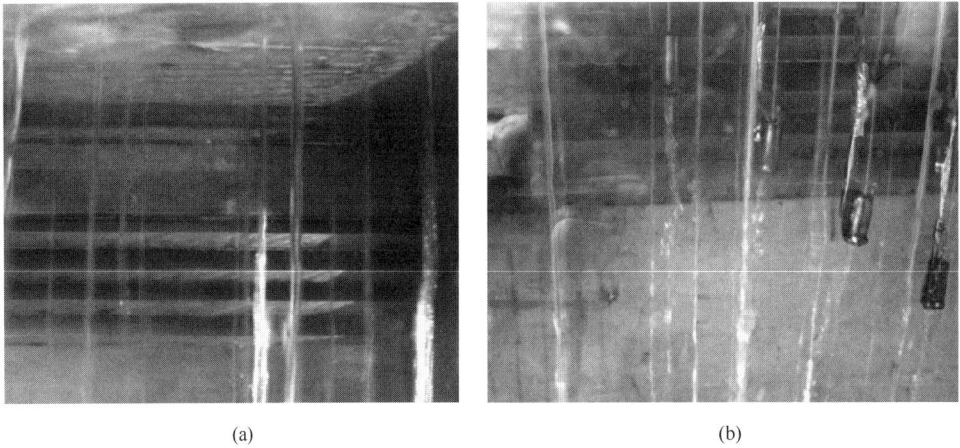

(a)　　　　　　　　　　　　　　　　　(b)

图 4.21　绝热液柱喷淋吸收器[7]

(a) 各溶液液柱；(b) 液柱以及测点

4.2.2.2　绝热喷淋吸收器传热传质模型

对于绝热喷淋吸收器，通过定义传质系数，建立简化的一维传质模型，计算吸收过程中，考虑如下假设：忽略界面处传质阻力，认为溶液表面边界处于吸收压力下的平衡状态，其对应的饱和表面水蒸气分压力等于吸收压力；整个吸收器腔体内水蒸气的温度和压力分布均匀；溶液液柱在重力作用下自由落体，并且每根液柱参数没有区别。

在测量溶液电加热器进出口温度和功率 E 后，可计算出溶液初始流量：

$$m_{\text{in}} = \frac{E}{c_{\text{p}}(t_{\text{out}} - t_{\text{in}})} \tag{4-49}$$

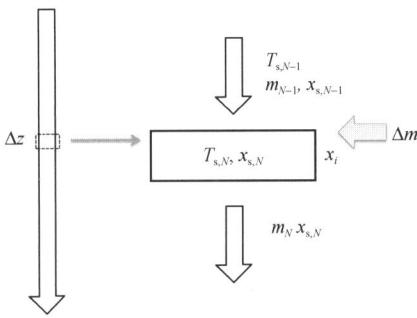

图 4.22　液柱喷淋吸收模型

由不同高度布置的测点将单根液柱划分为数个部分，每个部分认为传质系数相同。如图 4.22 所示，再将单个部分沿高度方向划分成多个小微元，对于每个微元来说，N 代表编号，$N-1$ 表示进入该微元的上一微元参数，N 表示该微元参数，Δz 表示单个微元的高度，m_N 表示该微元的溶液质量流量。由于液柱流动速度越来越快，液柱直径发生变化，但是对于单个微元，假设直径不变，为一圆柱体形状。每个微元的直径计算如下：

$$m_N = \rho \pi r_N^2 v_N \tag{4-50}$$

式中，每个微元的下落速度 v 通过重力加速度自由落体计算：

$$\frac{1}{2}v_{N-1}^2 + g\Delta z = \frac{1}{2}v_N^2 \tag{4-51}$$

每个微元认为有统一的溶液温度 $t_{\text{s},N}$ 和主体浓度 x_{s}，溶液的焓值为温度和浓度的函数为

$$h_N = f_h(x_{s,N}, t_{s,N}) \tag{4-52}$$

溶液能量平衡有:

$$m_{N-1}h_{N-1} + (m_N - m_{N-1})h_v = m_N h_N \tag{4-53}$$

式中,h_v 为水蒸气的焓值。溶质质量平衡有:

$$m_{N-1}x_{s,N-1} = m_N x_{s,N} \tag{4-54}$$

对于由测点划分的单个液柱部分,如 $0\sim10\mathrm{cm}$ 高度范围,假设传质系数 h_m 为定值,单个溶液微元吸收水蒸气质量为

$$m_N - m_{N-1} = 2\pi r_N \mathrm{d}z\rho h_m(x_{s,N} - x_{i,N}) \tag{4-55}$$

式中,$x_{s,N}$ 为该微元溶液主体浓度,而 $x_{i,N}$ 表示在溶液主体温度和吸收器水蒸气压力下的平衡状态浓度,其值要低于溶液主体浓度,这里可以称之为溶液饱和浓度,是一个定义出来的浓度值,目的是用这两个浓度的差代表吸收过程的驱动力,表示溶液状态与该压力下吸收到饱和状态的差,并以此定义传质系数 h_m,单位为 $\mathrm{m/s}$。在吸收器水蒸气压力 P 下,$x_{i,N}$ 和溶液温度满足一定的关系:

$$P = P(x_{i,N}, t_{s,N}) \tag{4-56}$$

给定第 $N-1$ 微元参数后,第 N 个微元参数就可以通过联立式求解得出。实验过程中,测量了吸收器入口的液柱初始温度、浓度,吸收压力,并可以计算得出流量,通过布置的不同高度的测点将液柱分成几个部分,可以利用此数学模型分别计算出各部分的传质系数。

4.2.2.3 喷淋吸收过程的传热传质系数

对喷淋吸收过程开展了传热传质实验,用质量扩散系数和液柱直径的比值 D/d 来表示物性和液柱尺寸的影响,D/d 与根据实测数据计算得到的传质系数的关系如图 4.23 所示。

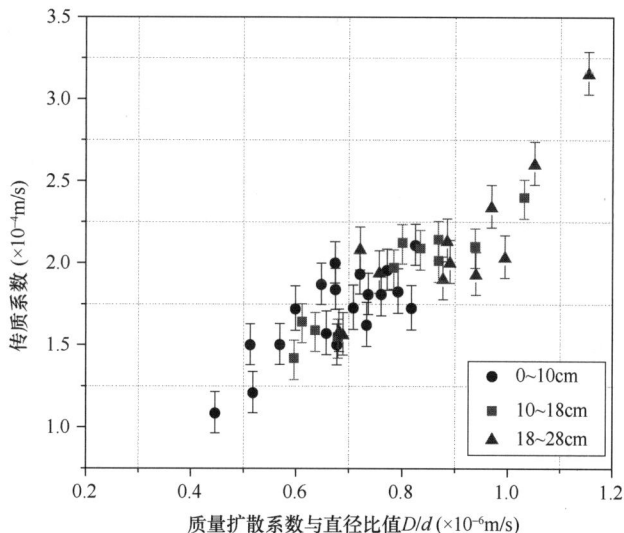

图 4.23 传质系数与 D/d 的关系

由实验得到,传质系数 h_m 和质量扩散系数 D 与液柱直径 d 的比值 D/d 有着明显的相关性,得到如下关系:

$$h_{m} = 245 \frac{D}{d} \qquad (4\text{-}57)$$

式（4-57）即为喷淋吸收过程传质系数计算的拟合式，通过该式计算出的传质系数结果与原计算结果相差范围在±15％以内，对于工程应用来说可以满足要求。

拟合式的应用范围为：参数 D/d 在 $0.4 \times 10^{-6} \sim 1.2 \times 10^{-6}$ m/s 范围内，质量扩散系数和液柱直径的适用范围如图 4.24 所示，其中质量扩散系数在 $1 \times 10^{-9} \sim 2.4 \times 10^{-9}$ m/s 范围变化。

对于传质过程来说，还可以用无量纲准则数舍伍德数 Sh 进行实验结果的拟合，得到结果近似如下：

$$Sh = \frac{h_{m}d}{D} \approx 245 \qquad (4\text{-}58)$$

通过以上分析便获得了在一定范围内适用的绝热喷淋吸收传质系数计算拟合公式。

绝热喷淋吸收的形式虽然可以在一定吸收空间内达到可观的吸收量，但是由于沿程没有冷却水带走吸收过程的热量，溶液温度升高极快，而溶液浓度则变化极小，因此对于这种吸收形式，需要极大的溶液流量以满足

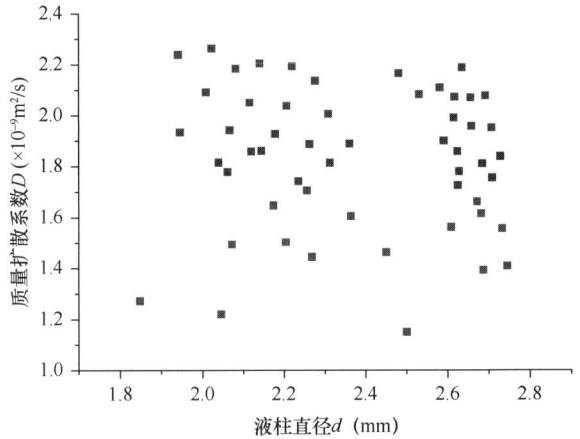

图 4.24　拟合式参数适用范围

吸收量的要求。在吸收式热泵机组参数设计中，若采用绝热吸收的方式，则放气范围受到很大的限制，只能取很小的值。所以如果采用这种吸收方式，一方面需要很大的溶液流量，另一方面在吸收器高度上很难做到紧凑，必须要足够的高度才能使得吸收充分。而从传质系数方面看，也没有明显大于常规的水平管降膜吸收器，因此绝热吸收的方式相比于内冷型吸收并没有优势，反而热力学性能更差。

4.3　降膜过程的流动特性

4.3.1　水平横管降膜流动特性

4.3.1.1　水平横管外降膜流形特性及物理模型

水平横管降膜流动过程是吸收式热泵和吸收式换热器中较为常见的传热传质形式。这种方式的优点在于流动压降较小，传热系数相对较高。溶液在水平横管外表面的布液效果直接影响到液膜的厚度和润湿程度，从而影响传热传质效果。对于降膜流动的传热传质过程，液膜越薄，液膜热阻越小，就越有利于传热。但同时，降低布液密度也同时会导致润湿率下降，水平横管上出现干斑（图 4.25），从而降低有效传热面积。

理想情况下，水平横管上的降膜流动一般分为三种流形：滴状（droplets）、柱状（jets）和帘状（sheets）[11]，如图 4.26 所示。Hu 和 Jabcobi 观察了水平横管降膜流动特

性和模态转变的现象，总结了三种流形的划分与雷诺数 Re 和伽利略数 Ga 的关系[11]。在管间液滴或液柱的降膜阶段，相邻液滴或液柱的间距是一个定值，这个间距被定义为降膜的波长 l。Lienhard 和 Wong 提出了计算关键波长和临界波长的计算公式[12]：

$$l_c = 2\pi \sqrt{\left(\frac{g\Delta\rho}{\sigma} + \frac{2}{d^2}\right)^{-1}}$$

$$l_d = l_c \sqrt{3}$$

Mitrovic[13]通过实验测量发现，水平横管降膜布液的过程中，波长 l 处于关键波长

图 4.25　蒸发器中干斑现象

和临界波长之间。此后 Hu 和 Jacobi[11]对多种工质进行试验，发现降膜波长与流量有关，随着 Re 的增加而减少，而管径和管间距对降膜波长的影响较小。进而提出了降膜波长与包含 Re、Ga 数以及管径 d 的经验关联式。

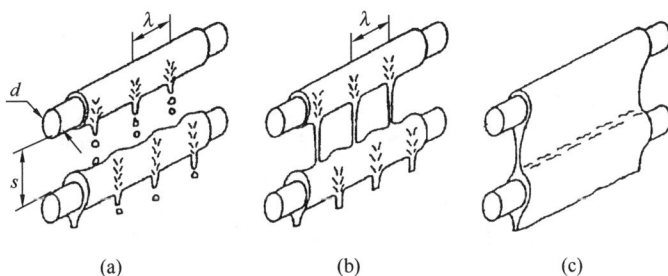

图 4.26　水平横管降膜流动的三种不同的流形
(a) 滴状；(b) 柱状；(c) 帘状

目前吸收式热泵和吸收式换热器的各个器中水平横管降膜多为液滴流形，也存在液柱流形。在液滴流形下，液膜在水平横管底部形成液滴，液滴降落到下一层管表面上重新降膜铺展。液滴的形成和重新铺展过程都会出现液膜波动，从而使得液膜组成进行重新分布，因此对液膜上的传热传质过程有显著的影响。Kyung 等[14]对水平横管降膜过程中的液滴铺展、形成以及脱落三个阶段分别构建了二维传热传质模型，分析得出流动过程中传质过程主要在液滴形成过程中进行。Hafisia 等[15]考虑了简化的液滴形成模型，并对传热传质过程进行了模拟计算。Zhang 等[16]观测了液滴流动过程，并且通过计算机处理软件得到了液滴表面积和体积的预测曲线。

水平横管上的布液过程是一个复杂的三维流动过程。在吸收器中，典型工况下的溶液布液密度对应的液膜流形一般为液滴流形、液柱流形，或者介于两者之间。对于液滴流形，通过布液器布液后，液滴在水平圆管表面铺展形成液膜，包裹圆管表面后，在圆管底部重新汇聚，最终形成液滴，降落到下一层圆管上。在液滴流形下，除了单个液滴的形成与脱落，相邻液滴也会相互影响。在液滴形成过程中，由于液膜受到外界扰动、液膜速度分布不对称、液滴下落时间不同、液滴大小不同等因素的影响，相邻的液滴所处的液膜区域波动互相影响，由此产生液膜的波动和碰撞，以及液滴互相汇聚与重新形成，使得液滴

89

最终降落的位置发生改变，出现液滴在水平横管底部迅速"横移"现象，从而影响下一层管的布液情况，如图 4.27 中所示。这种横移现象受到溶液液膜表面张力和重力的影响，在表面张力影响更为显著的液滴和液滴-液柱流形中更为常见，而重力占据主要影响地位的液柱乃至液帘流形中则很少出现，其液膜呈现较为稳定的布液趋势。对于横移现象研究目前较为有限，Killion 和 Garimella 首次描述了液滴在管底水平运动的现象[17]，如图 4.28 所示。Wang 认为液滴水平运动是由于液膜中不稳定波的传输引起的[18]，在稳定条件下，两个相邻液滴之间新的出发点间距不再与波长一致。目前对横移现象的研究主要集中于现象的观测与定性描述，很少有对于横移机理的研究。因此，我们希望对溴化锂水溶液在降膜水平管束上的液滴铺展和横移现象展开研究，通过降膜实验，观察液滴的扩散和横移现象，并探究液滴横移的机理。

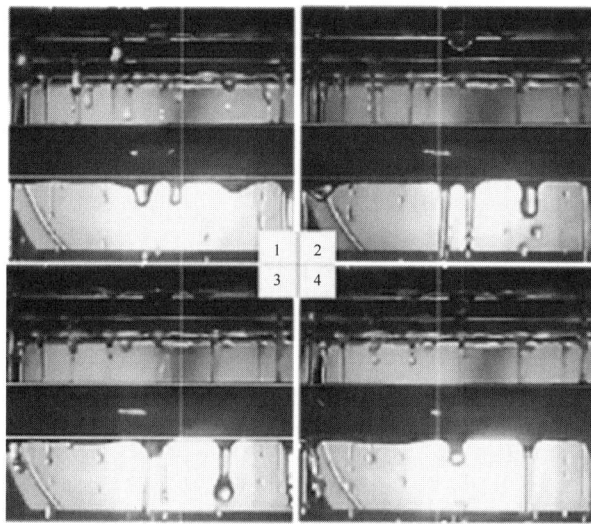

图 4.27　吸收器中降膜过程的滴状流动及"横移"现象

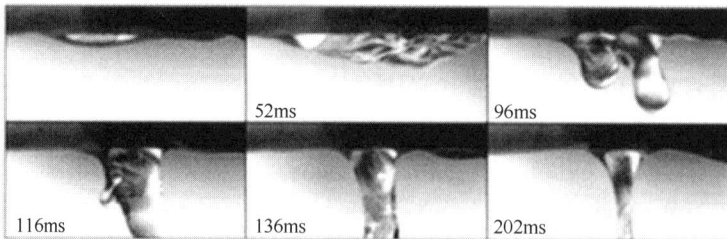

图 4.28　管底液滴水平运动

为了重现液滴横移的现象，我们搭建了真空实验段进行实验研究。图 4.29 为吸收-蒸发真空实验段。在吸收器中，溴化锂水溶液流经孔板布液器，落在水平管束上。吸收器中的布液器和管束都是可以更换的，因此孔直径、孔间距、管直径和管间距是可以改变的。实验段上设置了多个视镜，用于观察布液器内的液位和降膜流动的现象。溶液、冷剂水、热水和冷却水的温度都是用 T 形热电偶测量的，其中真空部分测量时为了隔绝真空，将热电偶通过航空插头连接器，再与数据采集仪连接。在蒸发器内设置高精度压力传感器

(0～26.664kPa)，测量实验过程中的蒸发压力。

首先采用光滑铜管进行了降膜实验。布液器的孔径为 1.5mm，共有四排水平管依次排列。水平管的直径和厚度为 16mm×1mm，管长为 30cm，管间距为 16mm。利用摄影机拍摄了液滴横移水平运动过程，并探究了溶液的布液密度、温度以及管材是否经过溶液提前润湿对布液均匀性和横移距离的影响。

图 4.30 显示了溴化锂溶液在铜管和钢管上的铺展形状。对于液滴的扩散过程，液滴在管顶沿轴向扩散并向下流动。管顶的润湿面积大于管底。最后，液滴在水平管的底部形成，然后落到下一排。由于液滴扩散的润湿形状相似，因此水平管顶部液滴的扩散宽度被用来表示液滴的扩散区域。表 4.8 给出了实验过程中的实验参数。使用图像处理工具计算液滴铺展的宽度以代表铺展面积的大小。

图 4.29 吸收-蒸发真空实验段

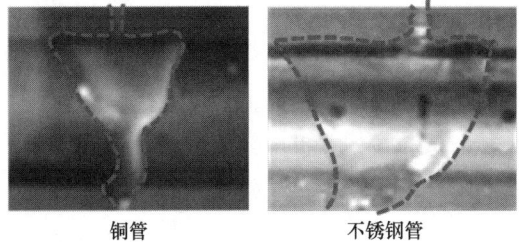

铜管   不锈钢管

图 4.30 不同管材液滴铺展形状

实验参数表 表 4.8

溶液流量（kg/h）	管长（m）	布液密度［kg/（m·s）］	Re	$Ga^{0.25}$
75.36	0.3	0.07	41.51	157.0

图 4.31 展示了液滴在管底部水平运动的过程。为了清楚地描述单个液滴的水平运动，我们集中观察了第一层管的液滴横移现象。首先，水平横管底部的液桥断裂，产生液滴，降落到下一层盘管重新铺展。而此时上一层管底的残液不足以立即产生另一个液滴，因此会有两种现象产生：等待液膜再次流动到管底部补充管底的持液，重新发展产生液桥和液滴，或者是管底的液膜波动推动下，在第一个液滴附近的另一个位置形成下一个液滴，这个取决于上层布液的情况。而在后者的情况中，两个连续产生的液滴中间会有一定距离。由于这个过程持续不到一秒钟，速度很快，所以在肉眼看起来像是液滴的瞬间"横移"。由此，定义液滴的横移距离：

$$d_{hm} = x_{t(i)} - x_{t(i-1)} \tag{4-59}$$

式中，d_{hm} 为液滴横移的距离；$t(i)$ 为液滴脱离液膜的时间；x 为水平横管底部液滴下落的轴向位置。

为了分析液滴横移的机理，首先调整孔间距，隔绝相邻的液滴，对单个液滴的降膜布液现象进行了研究，在第一个管底部没有观察到水平运动。然而，当布液孔间距较小，保证盘管全部润湿的情况下，在第一管底部就会观察到液滴的水平运动。在观测过程中发

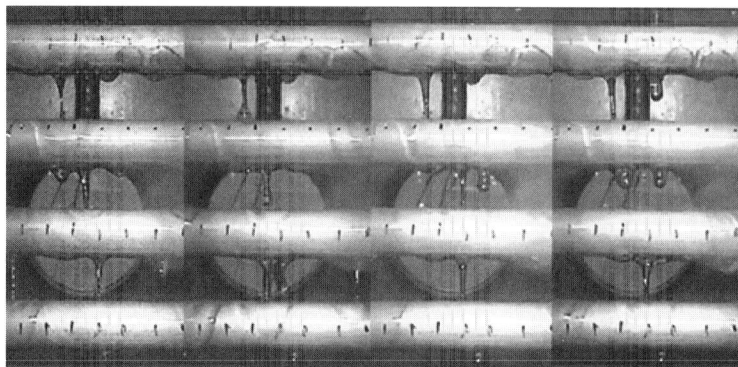

图 4.31　液滴在管底部水平运动过程

现，液滴横移的现象与液膜在水平横管底部由表面张力引起的液膜互相牵引直接相关。布液过程中液膜中产生的扰动会直接影响到液膜在水平横管底部的互相牵引，从而影响液滴产生的位置，以及横移距离。扰动包括相邻液滴的降膜时间不同、管壁粗糙度不均匀或降膜区的速度分布不均匀等。

图 4.32 是管径和管间距均为 16mm 时，液滴在不同水平横管顶部的铺展宽度。从结果中可以看出，当溶液流量逐渐增大时，铺展宽度逐渐增加。总体来看，下排

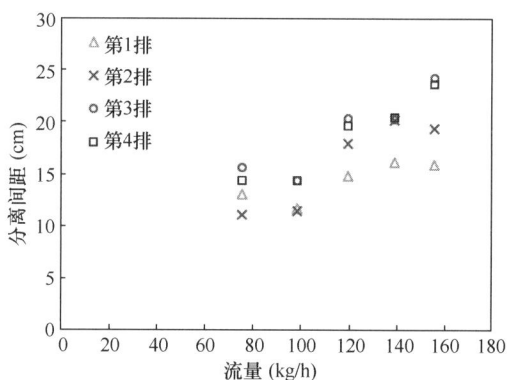

图 4.32　液滴在不同横管顶部铺展宽度

的铺展宽度一般比上排宽，然而当管层数逐渐增加时，液滴铺展宽度逐渐趋于稳定。结果表明，在实验条件下，排数会限制液膜的扩散。液滴扩散极限是管束上出现干斑的主要原因。在吸收式热泵和换热器中往往有多层管束，因此为了得到更高的管束润湿率，找出管束的最佳排数是很重要的。

图 4.33 对比了提前润湿的铜管束和未提前润湿的铜管束上的液滴平均横移距离。提前润湿的铜管的横移距离明显大于未提前润湿的铜管上液滴横移距离。同时可以看出，横移距离与液滴的分离间距在同一个量级上。此外，随着溶液流量增加，喷淋密度增大，液滴横移距离逐渐减小。这一趋势相对较易理解，因为随着 Re 数增加，降膜状态从液滴流形趋于转变为液柱流形，重力逐渐占据主导地位，表面张力的影响减弱，从而少有横移现象产生。

图 4.34 给出了不同表面张力系数下两种喷淋密度范围内液滴的平均横移距离。在喷淋密度为 $0.050\sim0.057\text{kg}/(\text{m}\cdot\text{s})$ 时，降膜为液滴流形，横移距离随表面张力减小而有增大的趋势；在喷淋密度在 $0.095\sim0.100\text{kg}/(\text{m}\cdot\text{s})$ 时，降膜为液柱流形，横移距离随表面张力变化不大。图 4.35 是以上两个喷淋密度范围的横移现象，横移频率随喷淋密度的增加而减小。

综上所述，通过重现液滴铺展和横移现象并进行实验测量，探究了液滴横移现象

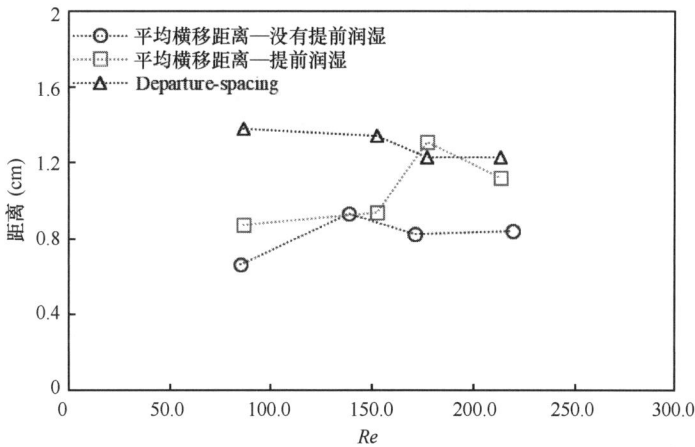

图 4.33 提前润湿和未提前润湿的铜管束上的液滴平均横移距离

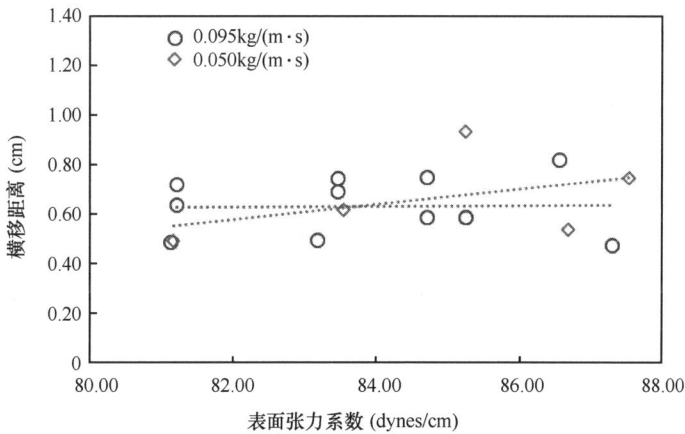

图 4.34 不同表面张力系数下的液滴平均横移距离

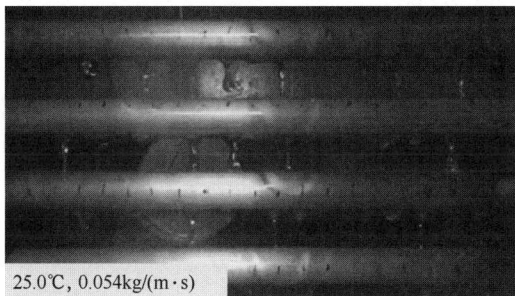

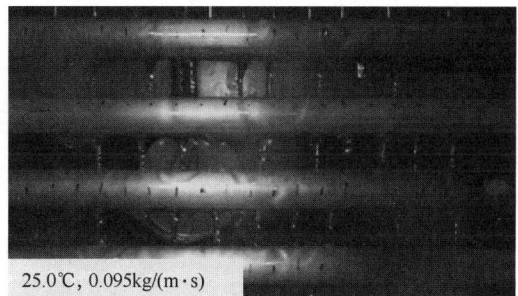

图 4.35 不同喷淋密度下的液滴横移现象

的机理，横移产生的影响因素，并定量测量了液滴的横移距离，总结发现有以下几点结论：

1）随着喷淋密度增加，单个液滴的铺展宽度逐渐增大，但是随着管排数增加，液滴铺展宽度逐渐趋于稳定；

2）液滴的横移现象是由于水平横管底部液膜扰动产生的，包括相邻液滴的降落时间不同，管壁粗糙度不均匀，或者是在降膜过程中速度分布不均匀等；

3）在管壁被溶液提前润湿的条件下，液滴的横移距离大于未提前润湿的情况；

4）当孔间距为 1.5 cm 时，在溶液喷淋密度为 0.050～0.100kg/（m·s）时，溴化锂水溶液液滴在 16mm 直径的光滑铜管上的横移距离为 0.45～0.83cm，当喷淋密度增大，横移距离减小。

4.3.1.2 水平管外降膜流动与传热传质的耦合性

在吸收式热泵和吸收式换热器中，水平管降膜流动过程是主要的传热传质形式，强化传热传质过程的效果可以提升吸收式热泵和吸收式换热器的性能。水平管外降膜传热传质过程是一个流动、传热与传质相互耦合的复杂过程。流量、压力、温度、管径等都会影响水平管外的降膜流动以及传热传质。以液滴流形为例，水平横管上液膜的厚度、实际有效的布液润湿面积、液膜厚度方向上的温度分布以及溶液的浓度分布都是影响传热传质效果的影响因素。液膜越厚，传热的热阻越大；布液的可及性和均匀性直接影响到有效的布液润湿面积，从而影响有效的传热传质面积；液膜厚度方向上的溶液温度分布、浓度分布则直接影响传热传质过程的驱动力。

对于吸收式热泵和吸收式换热器而言，溴化锂溶液是常用的二元溶液工质，而其中水（及水蒸气）为制冷剂，稀溶液在发生器中吸收热源的热量，蒸发产生水蒸气，水蒸气随后进入冷凝器中进行冷凝，变为冷剂水，排热给热汇；而蒸发器中的冷剂水吸收热源的热量产生蒸汽，进入吸收器中被浓溶液吸收，热量排给热汇。这些传热传质过程中均包含了制冷剂的相变过程，因此与单纯的对流换热不同。各个器内部，尤其是吸收器的传热传质过程将直接影响到整个吸收式热泵或者吸收式换热器的性能。

目前已有研究针对水平管外降膜流动与传热传质的耦合性进行了强化传热传质的研究，且不局限于吸收式换热领域。其中，包括对传热传质机理的实验研究与模拟、强化换热管表面结构、Marangoni 效应、表面活性剂的研究等。Kyung 等通过多阶段传热传质模型分析[14]，得出流动过程中传质过程主要发生在液滴形成过程。李美军等进行了吸收过程的模拟[19]，在溶液 $Re=11～38$ 的条件下，液膜处于液滴和液柱流形下，发现降膜区溶液的平均浓度和温度均迅速下降，而管间区对应先上升后下降，降膜区溶液的局部吸收速率分别约为管间区的 10 倍和 7 倍。目前降膜的主要吸收过程位于哪个区间还未有定论。

对于强化管的研究中，有包括麻面管、花瓣管、肋片管等多种外表面强化管，还有内部螺纹管、波纹管等内壁强化管，针对发生器、冷凝器、吸收器和蒸发器有了大量的实验研究，并且进行了多种强化管传热系数的对比。周启瑾对花瓣管和条形吸收管进行了实验研究[20]，两种增强管的传热系数均比光滑铜管高 30%～40%。胡德福对吸收塔中的锯齿形鳍片管进行了实验研究[21]，结果表明，锯齿形鳍片管比光滑铜管具有 40% 以上的传热系数和 30% 以上的传质系数。陈达卫等人发现[22]，涡轮冷却Ⅰ～Ⅱ型管的传热系数比光滑铜管高 60%～100%。一些研究集中在其他管材的研究，比如镍合金管等[23]。除了对强化管的传热系数的实验研究，关于强化管能够强化传热的原理仍在讨论中，一些研究认为强化管的特殊表面有助于液膜向不同方向扩散，而 Marangoni 效应也被认为是有助于液膜沿管轴的方向进行扩散[24]。Marangoni 效应是指由于两种表面张力不同的液体界面之间存在表面张力梯度而产生的传质现象。目前对于表面活性剂强化液膜传热传质效果的机理解释众多，其中 Marangoni 效应也被用于解释表面活性剂对传热传质效果强化的机理。部分研究结果认为，一些表面活性剂改变了溶液液膜上的表面张力梯度分布，从而产生了传热传质的强化。目前的研究中，癸醇、辛醇、正辛醇等应用较为广泛。

对水平管外降膜流动的进一步深入研究见课题组成员杨月婷的博士论文。[25]

4.3.2 竖直板片降膜流动特性

4.3.2.1 直连式溢流布液与竖直平板降膜润湿率

常见的降膜布液方式有喷淋布液、孔板布液板以及其他复合布液方式，目前市面上常见的布液方式均是位于传热传质部件（横管、竖管、板片、填料等）上方而不与传热传质部件直接相连。从实际应用场景来看，吸收式热泵或吸收式换热器的热媒侧通道往往需要定期拆洗，而溶液侧则几乎不需要拆洗，且对于采用溴化锂溶液作为的工质吸收式设备而言，溶液真空侧拆洗后的真空环境营造需要较大的成本，基于热媒侧可拆洗、工质侧真空不破坏的设想，笔者提出了一种直连溢流式布液器（图 4.36）[20]，布液器与传热传质板片直接相连，避免了降膜布液中常见的布液偏离问题，溶液从板面两侧进入布液器后，随着液位的升高，溶液将溢过溶液流道与布液器间凸起的不锈钢板，形成下降液膜，为了约束液膜的厚度，将蒸汽通道延长至布液器底部高度，这种溢流的布液方式则避免了孔板布液的脏堵问题。

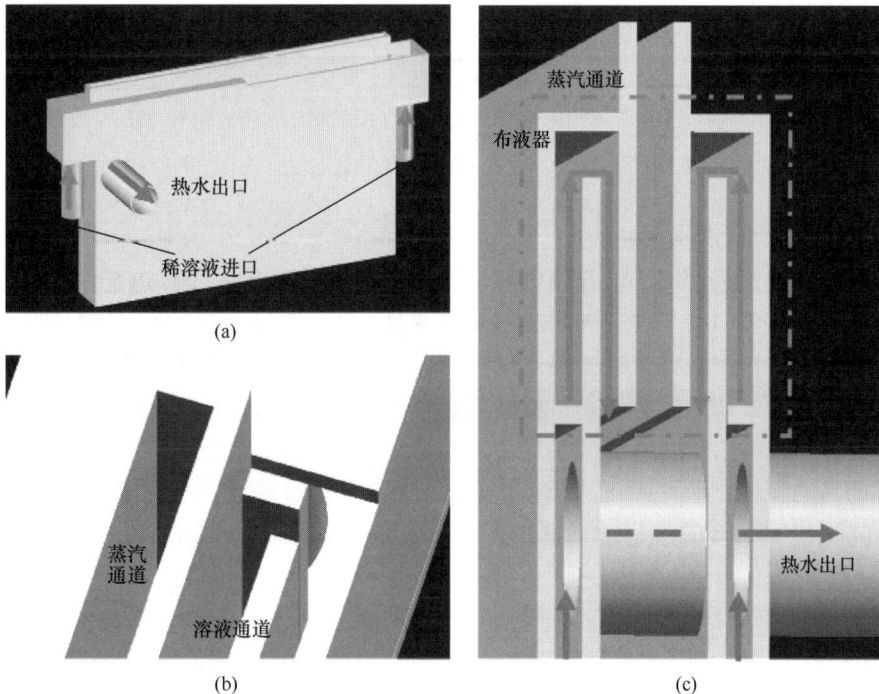

图 4.36 直连溢流式布液方式示意图

(a) 主视；(b) 俯视；(c) 侧剖

对于一个给定水平宽度的直连溢流布液器，其关键尺寸如图 4.37 所示，其中，W_1、

T_h 受加工工艺限制，而通过预实验研究发现，由于液膜厚度是亚毫米级的，W_2 对润湿率的影响可以忽略。因此主要关注 H_2 和 H_{in} 对润湿率的影响。

图 4.38 展示了 H_2 和 H_{in} 对润湿率的影响，H_{in} 对润湿率的影响不是线性的，存在最佳高度，在实验的三个高度尺寸中，30mm 的高度优于 20mm 和 40mm。在 $H_{in}=30$mm 时，进一步将 H_2 从 5mm 提高至 15mm 可大幅提高润湿率，此时，在 9kg/(m·min) 的流量下，润湿率可达到 100%。

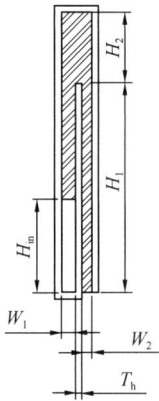

图 4.37　直连溢
流布液器关键尺寸

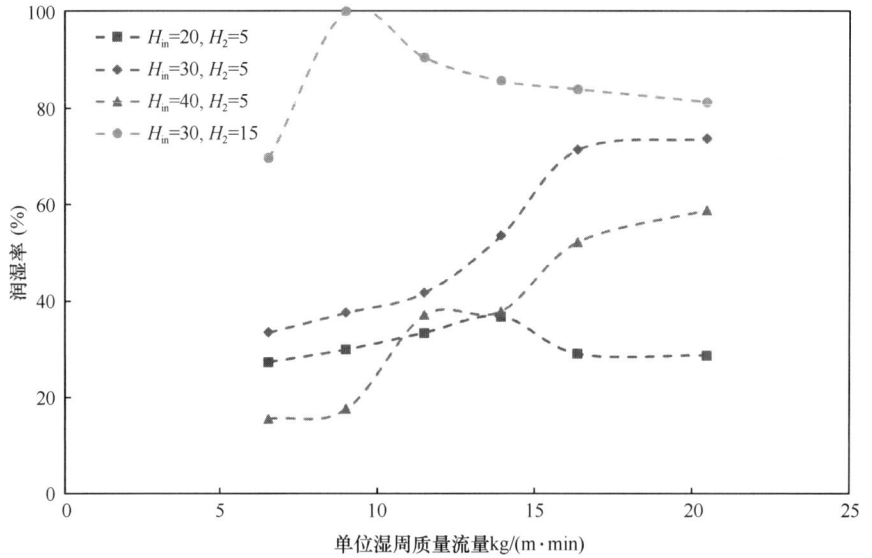

图 4.38　润湿率对布液器尺寸的敏感性分析

4.3.2.2　竖直异形板降膜流动特性

溴化锂吸收式热泵中，溶液降膜传热传质发生在真空环境下，而热媒侧往往是正压，因此将竖直板片降膜应用于溴化锂吸收式热泵中时，溴化锂溶液侧的承压是一个关键的问题，需要在竖直平板上设计合适的凸起结构，在满足承压要求的同时还需要兼顾竖直降膜流动的润湿率。为了研究竖直异形平板降膜流动特性，设计如图 4.39 所示结构较为简单的异形平板，溴化锂溶液侧通道两侧加装圆弧肋片在强化结构的同时扰动液膜，观察溶液扰动降膜的流动特性。肋片弧度为 120°，高 6mm，两面的各五个，镜像安装，当两片不锈钢板对立形成 12mm 的流道时，两板同一垂直高度上的肋片将形成 5mm 的接触点以承压。

为了实现流动特征的可视化，在溶液通道的侧面设定了三个固定观察点，如图 4.40 所示。

在无热源加热的冷态绝热条件下对溴化锂溶液的降膜流动特性进行表 4.9 中四个工况点的实验，各个工况点通过观察记录上图中 A、B、C 三个观察点的流形特点，来研究不同流量下溴化锂溶液降膜流动的特性。

图 4.41 展示了各观察点不同实验工况下的实验结果。各观察点流动形态相似，在弧形凸起上端存在驻点，在驻点处液膜往两边流动，形成一个稳定抛物线形干斑，干斑存在

明显的轮廓，轮廓片液膜明显较厚，随着流量增大，轮廓液膜越来越厚，呈现出包裹干斑的趋势。其中 A 观察点在工况 4 的情形下，抛物线形干斑已经不稳定，液膜能周期性地润湿 A 处弧形凸起。

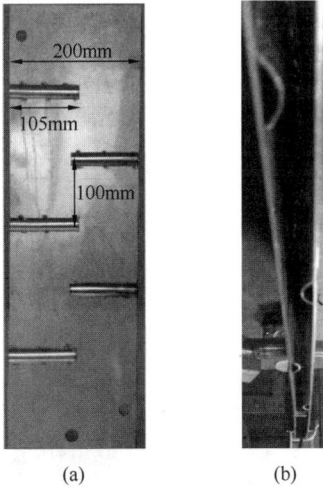

图 4.39　异形平板
（a）正视图；（b）侧视图

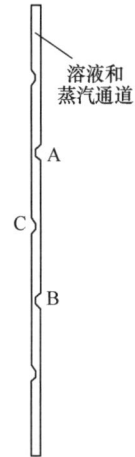

图 4.40　观察点示意图

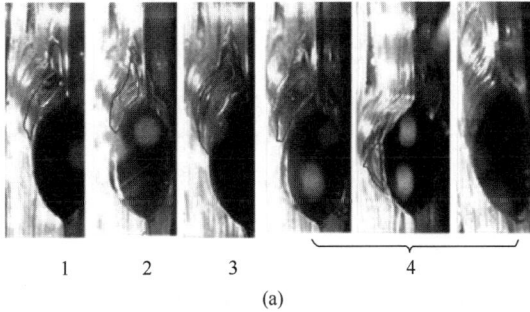

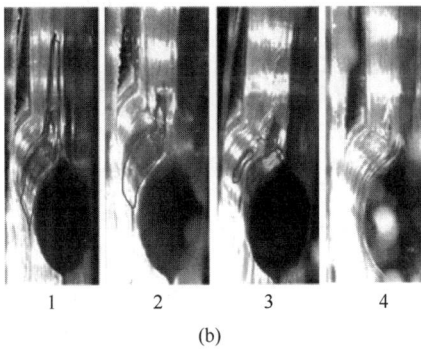

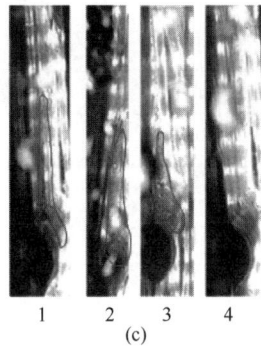

(a)

(b)

(c)

图 4.41　各观察点绝热流动形态（干斑用线圈出）
（a）观察点 A；（b）观察点 B；（c）观察点 C

冷态实验参数　　　　　　　　　　　　　　　　　　　　表 4.9

实验工况	1	2	3	4
压力（kPa）	2.09	1.76	2.24	2.06
溶液温度（℃）	34.3	26.3	30.1	28.1
溶液质量浓度（%）	47.95	47.95	47.95	47.95
溶液密度（kg/m³）	1496	1499	1498	1498
动力黏度（10^{-3}Pa·s）	2.424	2.820	2.621	2.723
溶液体积流量（m³/h）	0.08	0.20	0.29	0.32
溶液单位周边质量流量［kg/（m·s）］	0.08	0.21	0.30	0.33

　　通过在表 4.10 所示的工况下进行润湿度改善实验，结果表明，通过加热与提前润湿可以改善壁面润湿度（图 4.42）。

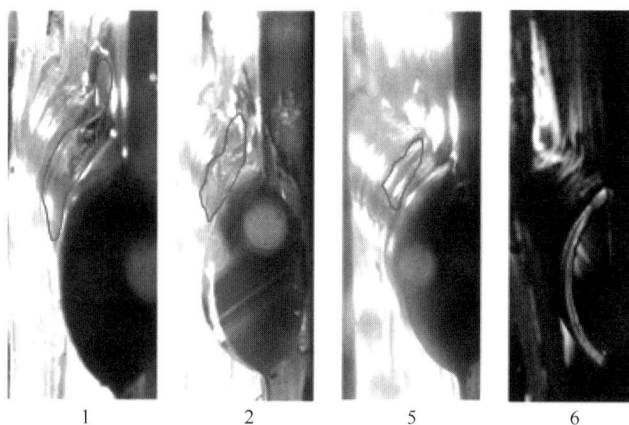

图 4.42　润湿度改善实验（观察点 A，干斑用实线圈出）

　　工况 5，在溶液流动过程中对其流经板片进行加热，加热后液膜温度升高，液膜的黏度减小，雷诺数增大，较相等流量下的绝热工况液膜分布更为均匀，观察点处凸起几乎完全润湿。

　　工况 6，由于已经有大流量的来液润湿板壁面，且在封闭真空的实验环境中，溶液不能完全被蒸干，壁面的亲水性增加，固液接触角减小，因此润湿性得到改善。

润湿度改善实验参数　　　　　　　　　　　　　　　　　表 4.10

实验工况	1	2	5	6
压力（kPa）	2.09	1.76	11.21	2.90
溶液温度（℃）	34.3	26.3	73.2	32.2
溶液质量浓度（%）	47.95	47.95	47.95	47.95
溶液密度（kg/m³）	1496	1499	1476	1498
动力黏度（10^{-3}Pa·s）	2.424	2.820	1.344	2.520
溶液体积流量（m³/h）	0.08	0.20	0.08	0.20
溶液单位周边质量流量［kg/（m·s）］	0.08	0.21	0.08	0.21
雷诺数	137.2	295.3	244.1	330.1
热流密度（kW/m²）	0	0	6.25	0
实验时间	6月5日	6月5日	6月5日	6月5日

4.4 U形管的流动与隔压机制

吸收式热泵运行中，内部各器对应腔体的蒸汽压力不同，机组内部的溶液和冷剂水需要从高压腔体自然地流向低压腔体，同时还要维持每个腔体的压力、保证腔体之间不会串压，因此需要在高压腔体与低压腔体之间设置隔压流动装置，在提供工质流动通道的同时实现减压功能。传统制冷系统中，这一隔压流动装置又称为减压节流装置，通常包括孔板、膨胀阀、U形管等。孔板和膨胀阀均利用流体通过时的流动阻力压降来实现减压功能，隔压的大小与流速紧密相关，对工况变化的适应性相对较差，适用于机组运行中工况变化较小的设备，如压缩式制冷机以及吸收式制冷机。U形管作为隔压流动装置时，进口连接高压腔体、出口连接低压腔体，液体在U形管中流动时由于进出口两端压差而自然形成液位差，通过两端的液位差实现减压功能，工质在U形管内的流速对压降的影响较小，使得隔压与工质流动相对独立，隔压流动装置可在不同隔压需求下维持工质流速相对稳定，因此U形管对于机组的工况变化具有较强的适应性。吸收式热泵大多应用于供热领域，机组工况受外部条件影响而变化较大，其隔压流动装置需要具有较高的适应性，因此，市面上主要的吸收式热泵产品均采用U形管作为隔压流动装置。隔压流动装置是吸收式热泵内部的关键部件，其特性关系到机组工质循环以及各器压力维持的稳定性，从而影响机组运行的稳定性。

4.4.1 U形管隔压流动装置基本原理

U形管作为隔压装置的基本原理是通过液封作用隔绝两个腔体之间的气体流动通道，使得两个腔体各自维持自身的腔体压力稳定。U形管隔压流动装置的工作方式如图 4.43 (a) 所示。U形管入口连接高压腔体的液态工质出口，U形管出口连接低压腔体的工质入口。当工质流过U形管时，与U形管入口连接的U形管下降管内将出现一个自由液面，液面以上工质沿U形管管壁贴壁向下流动，液面以下工质在管内形成液态满管流动，经实验发现自由液面处的液体静压几乎等于U形管入口压力，当管内流速较低时自由液面以下液体静压沿流动方向逐渐增加。吸收式热泵的研发中通常认为U形管内为纯液相流动，由下降管内的自由液面与U形管上升管出口之间的垂直高差来提供隔压压差，因此只要已知U形管所需提供的最大隔压压差，则可通过隔压压差除以液体密度和重力加速度来得到U形管所需设计高度，如图 4.43(a) 所示，设计方法简单、直接。

最近的研究发现[27-29]，真空下U形管内的流动并非始终为纯液相单相流动。当U形管所连接的上部腔体压力高于下部腔体压力，并且U形管入口处液体处于充分传热传质过程后的饱和状态时，液体在U形管上升管高于下降管自由液面处的当地液体静压已经低于液体的饱和压力，液体处于当地液体静压下的过热态，遂发生剧烈的绝热闪蒸现象，形成气液两相流动，如图 4.43(b) 所示。形成气液两相流动后，管内流体的平均密度迅速降低，相同的U形管内液位差对应的重位压差降低，由于两相流动的截面含气率随工况和高度而不断变化，液位差与隔压压差的关系变得非常复杂，需要更加细致的讨论。

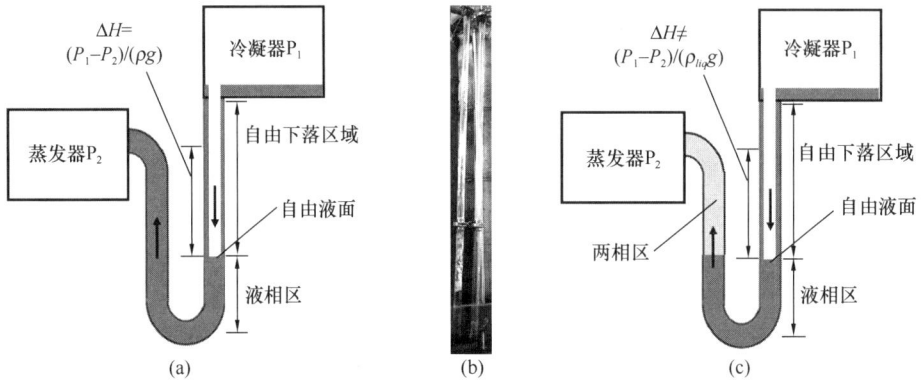

图 4.43　U 形管隔压流动原理

(a) U 形管内液相流动时隔压流动原理；(b) 吸收式热泵中 U 形管内两相流动现象；

(c) U 形管内两相流动时隔压流动原理

4.4.2　真空下 U 形管内流动可视化实验

4.4.2.1　实验装置及系统

关于真空下 U 形管内两相流动特性的研究需要借助实验观测进行，观测管内的相变过程以及两相流动现象，实测管内流动过程的温度、压力分布规律。实验采用透明 U 形管进行实验，U 形管两端分别连接高压腔体和低压腔体，通过改变腔体压力以及流体温度、流量来观测 U 形管中在不同工况下工质流动的现象。

实验系统原理如图 4.44(a) 所示，系统包括主实验段、冷源、热源等部分。主实验段由上下布置的两个降膜传热传质实验单元以及连接两个实验单元的内径 19mm、长度 1.5m 的透明 U 形管组成。实验单元顶部采用孔板进行布液实现降膜过程，布液工质为蒸馏水，实验段腔体和 U 形管内部均为真空环境。上部实验单元腔体底部连接 U 形管进口，实验单元的换热管内通入热水对管外蒸馏水加热，作为高压腔体；下部实验单元布液孔板底部连接 U 形管出口，实验单元的换热管内通入冷水对管外蒸馏水降温，作为低压腔体。高压腔体内与管内热水完成降膜传热传质过程后的蒸馏水，在两腔体压力差以及高度差的作用下通过 U 形管自然流动至低压腔体，实现与吸收式热泵内相同的 U 形管自然流动过程。低压腔体底部为储液罐，参与低压腔体降膜传热传质过程后的蒸馏水汇集在储液罐中，经屏蔽泵泵至高压腔体顶部布液孔板进行布液，完成蒸馏水的循环。

实验的测量系统主要包括温度测量、压力测量、流量测量，测点分布如图 4.44(a) 所示，其中温度测量包括测量冷水、热水进出口温度，真空侧蒸馏水各腔体进出口温度，以及分布于 U 形管进口、下降管底部、上升管上部、出口水平段的当地流体温度；压力测量包括测量两个腔体压力，以及分布于 U 形管下降管底部、上升管上部、出口水平段的当地静压；流量测量包括测量真空侧蒸馏水循环流量以及冷水、热水流量。

影响 U 形管中流动特性的主要因素包括管内流量以及 U 形管两侧压力差。U 形管内流量的控制通过调节蒸馏水循环流量来间接控制。需要指出的是，蒸馏水可控制的流量为屏蔽泵的流量，仅在流动稳定工况下等于 U 形管进口流量；U 形管两侧压力差是两个腔体内分别与热水、冷水进行的传热传质过程的综合结果，实验中通过控制热源以及冷源的

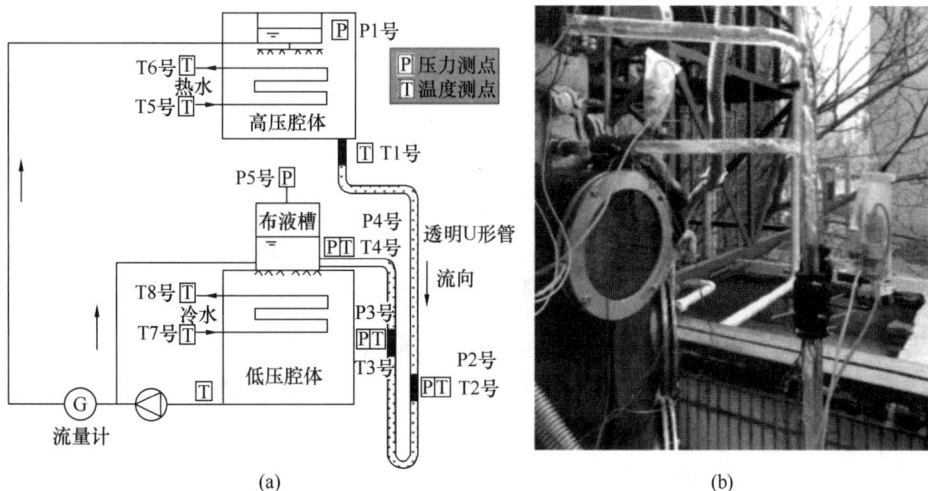

图 4.44　真空下 U 形管可视化流动实验系统

（a）实验系统原理；（b）可视化实验段照片

流体温度及流量来形成一定的腔体压力差。

实验的热平衡校核结果如图 4.45 所示，热水与加热器之间的不平衡率小于 5%，热水与冷水之间的不平衡率小于 10%，验证了实验测量的有效性。

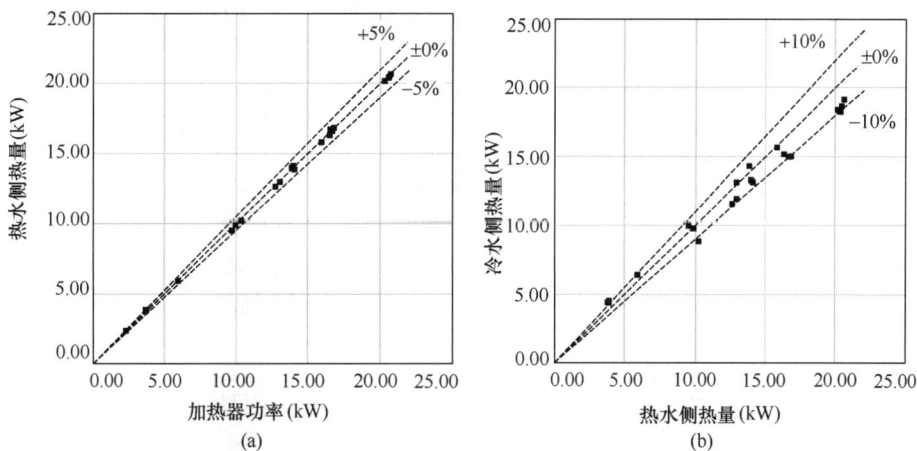

图 4.45　热平衡校核

（a）热水加热器侧平衡；（b）热水与冷水之间平衡

4.4.2.2　结果分析

以 U 形管内质量流量 300kg/h、管内流速 0.3m/s 的实验结果，说明真空下 U 形管内流动的普遍现象和流动特性。

控制蒸馏水循环流量实际为 308kg/h±7kg/h，通过调节热源加热量及冷水进口温度控制 U 形管两侧腔体压力差在 0～18.3kPa 间变化，此区间涵盖了立式多段吸收式换热器内可能出现的压差范围，具有较高借鉴意义。当工况稳定后，除数据采集仪收集的传感器数据外，还记录了 U 形管中的液位以及相变开始的位置，不同工况的现象示意如图 4.46

所示。实际实验现象如图 4.47 所示。

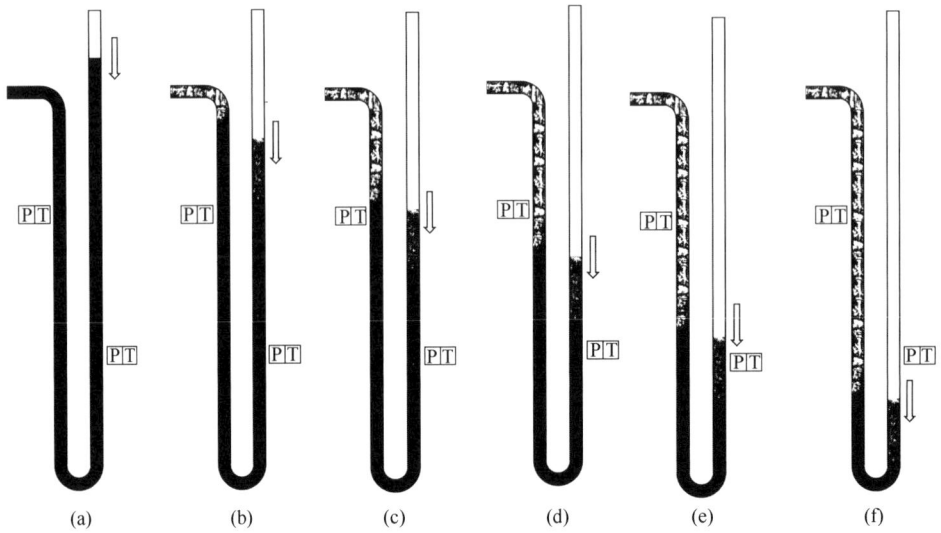

图 4.46   相同流量、不同压差两相流动现象示意

(a) 工况-1；(b) 工况-2；(c) 工况-3；(d) 工况-4；(e) 工况-5；(f) 工况-6

在上下腔体压力相同、均为绝对压力 2kPa 的冷态工况-1 下，U 形管内呈现平静的纯液态流动，U 形管上升管为满管流动。

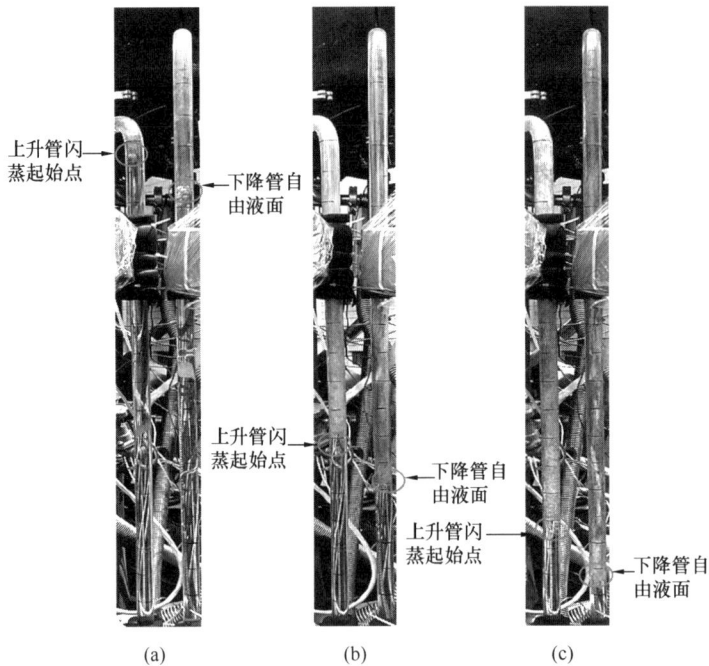

图 4.47   实际实验现象

(a) 上升管顶部闪蒸工况-2；(b) 上升管中部闪蒸工况-4；(c) 上升管下部闪蒸工况-5

增加热源加热量，使得上部腔体压力提高，上下腔体间压力差逐渐增加，U 形管下降管液位则随着上下腔体间压力差的增加而逐渐降低。U 形管上升管垂直管段开始出现闪

蒸现象，闪蒸起始点始终略高于 U 形管下降管液位约 50～100mm。闪蒸开始后，随着液体的向上流动管内首先观测到小气泡迅速变大，产生短暂的泡状流，随即气泡破碎形成较为剧烈的搅拌流，U 形管中两相流段主要以搅拌流为主。从上下压差 7.4kPa 的稳定工况-3以后，U 形管上升管垂直段就出现了两相流动，并且随着上下压差的增加 U 形管下降管液位逐渐降低，上升管闪蒸起始点位置随即下移，始终略高于上升管液位，U 形管上升管段两相流区域的长度逐渐增加。至工况-6 时，上下腔体压差达到 18.3kPa，U 形管下降管液位已接近 U 形管底部，U 形管上升管基本被两相流覆盖。

各工况下 U 形管出口的流动现象随工况的变化而明显不同。在工况-1 的冷态流动中，U 形管出口处是非常平稳的液态流动，布液槽孔板布液液位非常稳定，没有波动；热态工况下，U 形管开始出现进出口正向压差，U 形管出口处开始出现液体夹带大气泡的现象，气泡间歇出现；随着 U 形管两端压差不断增大，U 形管出口处汽化现象变得愈发剧烈，U 形管出口的射流从原来较为平缓的液带汽形式逐渐过渡到非常剧烈的喷射状气液两相射流，如图 4.48 所示。

图 4.48　实验中的出口两相射流

表 4.11 提供了图 4.44 各个工况的 U 形管详细温度、压力分布以及下降管液位和上升管闪蒸开始液位位置。U 形管出口后压力依据下部低压腔体压力和下部腔体布液槽液位折算得到，其他压力数据均为传感器实测结果。从工况-2 开始为热工况，出现 U 形管进出口正向压力差，并从 U 形管上升管到出口段开始出现闪蒸，闪蒸随着压力的升高开始逐渐沿 U 形管上升管向下发展。在表 4.11 中给出了每个工况下 U 形管上 3 个测量点的温度和该点压力对应的饱和温度，其中工况-6 的下降管液位已经低于底部测点 P2 号位置，导致下降管测点实际处于 U 形管液体贴壁自然下降段，为了与液相流动区分，以下划线表示。

流量 300kg/h 时不同工况 U 形管流动主要参数变化　　　　　　　表 4.11

工况	1号	2号	3号	4号	5号	6号
进口前腔体压力 P1 号（kPa）	2.0	8.9	11.1	14.5	20.2	22.8
下降管底部压力 P2 号（kPa）	12.7	17.8	19.7	20.1	21.9	22.8
上升管上部压力 P3 号（kPa）	5.1	10.5	11.6	12.9	N/A	N/A
U 形管出口前压力 P4 号（kPa）	2.5	6.9	8.4	10.1	13.3	14.4
U 形管出口后压力（kPa）	2.4	2.3	3.7	2.5	3.2	4.5
U 形管进口温度 T1 号（℃）	16.3	42.5	46.9	52.3	59.2	62.8
下降管底部温度 T2 号（℃）	16.4	42.4	46.9	52.2	59.2	<u>62.8</u>
下降管底部饱和温度（℃）	50.6	57.6	59.7	60.1	62.0	<u>62.9</u>
上升管上部温度 T3 号（℃）	16.4	42.3	46.7	50.7	55.6	57.5

续表

工况	1 号	2 号	3 号	4 号	5 号	6 号
上升管上部饱和温度（℃）	33.2	46.8	48.7	50.8	N/A	N/A
U 形管出口前温度 T4 号（℃）	16.4	39.0	42.5	46.0	51.1	52.9
U 形管出口前饱和温度（℃）	21.1	38.6	42.5	46.1	51.5	53.1
U 形管内流量（kg/h）	302.5	311.3	301.7	313.8	309.1	306.9
下降管液位距底部高度（m）	1.505	1.350	1.315	1.010	0.580	0.330
上升管闪蒸开始位置（m）	—	1.405	1.380	1.055	0.680	0.425

从表 4.11 温度变化可以看出，在各种工况下，当流动处于单相区时，流体温度几乎不发生变化，而当流动变成闪蒸气液两相流时，则流体温度明显降低，并且闪蒸发生后，流体温度沿气液两相流动方向而越来越低。对比 U 形管上各个测点的温度与当地饱和温度的关系，在闪蒸发生前的单相流动段，测点的温度始终明显低于当地的饱和温度，说明此时流体处于过冷状态，而在闪蒸发生后，测点温度接近于当地饱和温度，说明闪蒸发生后的两相流动区在稳定工况下基本为饱和态。

当闪蒸发生后，液体向气泡传热，若气泡较大而忽略表面张力的影响，则传热温差为液体主体温度与当地饱和温度的温差，液体温度显著降低，这部分热量用于提供闪蒸过程的汽化潜热，从而产生大量的气泡，形成气液两相流。随着蒸发过程的发生，液体温度逐渐降低并最终趋于当地饱和温度，则该地的闪蒸过程达到最大程度。离开该地的气液流体继续上升，由于上升过程中静压继续降低，则在新的位置又存在液体温度与饱和温度的温差，闪蒸继续发生，液体温度继续降低至新位置的饱和温度。由于 U 形管中液体是不断流动的，因此可以不断为管内的闪蒸提供热量，维持两相流动。上述过程中的液体最终将在 U 形管出口处达到出口的饱和温度，而液体进出口的温差对应的热量则全部用于闪蒸过程，据此可计算该流量下的稳定过程闪蒸蒸发率，参见式（4-60），同时可计算出口处的质量含气率，参见式（4-61），由于实际蒸发量与液体流量比值很小，一般不超过 5%，因此计算蒸发量或含气率时可近似认为液态流量不变。

$$\dot{m}_{\mathrm{v}} = \frac{\dot{m}_1 \, C_{\mathrm{p},1} \, (t_{\mathrm{in}} - t_{\mathrm{out}})}{h_{\mathrm{evap}}} \tag{4-60}$$

$$x = \frac{\dot{m}_{\mathrm{v}}}{\dot{m}_1} = \frac{C_{\mathrm{p},1} \, (t_{\mathrm{in}} - t_{\mathrm{out}})}{h_{\mathrm{evap}}} \tag{4-61}$$

从压力分布来看，由于重力压降的作用，在 U 形管下降段流动中，静压越来越大，在上升段流动中静压越来越小。如果关注进口前腔体压力 P1 号和下降段底部压力 P2 号可以看出，当下降管液位低于压力测点 P2 号的位置时，测点 P2 号的压力（下划线处）与进口前腔体压力相同，即下降管的液体贴壁自由下落段可认为没有压降，而下降管液位处的静压始终等于 U 形管进口前腔体压力 P1 号。此外，随着两个腔体压差的增加，U 形管出口前后的压降越来越大，从开始的不到 1kPa 升高到近 10kPa，其对管内流动状态产生很大影响，有关出口压降的计算将在 4.4.4 节详细介绍。

4.4.3　真空下 U 形管内流动机制

由于降膜传热传质过程的特点，上部腔体底部进入 U 形管的液体可近似认为处于上部腔体压力对应的饱和态，而由于 U 形管下降管液位以上的贴壁流动段不存在压降，因此 U 形管下降管液位处液体处于饱和态，下降管中随着液体流动，液体静压逐渐升高而温度不变，因此下降管中液体始终处于过冷态，不会出现闪蒸现象；上升管中，随着流动液体静压逐渐降低，若忽略管内纯液相流动阻力，则流体在上升管中处于与下降管液位相同高度时达到饱和态，若流体继续以液态形式向上流动，随着静压继续降低流体将变为过热态，处于热力学不稳定状态，当达到一定的过热压差或过热度后，开始发生闪蒸。

闪蒸是流体内部自发的汽化过程，闪蒸的开始是气泡开始围绕内部汽化核心形成并长大的过程。经典气泡动力学理论将气泡的成长分为两个阶段：前期的等温成长阶段和后期的等压成长阶段。其中在等温成长阶段，气泡的温度接近过热液体温度，而气泡压力则接近过热液体温度对应的饱和压力，因此气泡压力高于当地静压，当压差能够克服表面张力作用时，气泡迅速长大，这一过程主要受到气泡内外压力差的控制；当气泡长大后，表面张力的作用几乎可以忽略不计，此时进入第二个阶段，即等压成长阶段，这一阶段气泡的压力几乎等于当地静压，而气泡温度接近当地静压对应的饱和温度，低于过热液体温度，液体向气泡传递热量提供了气泡继续成长所需的蒸发潜热，这一过程受到传热的控制。

一般认为，等温成长阶段只在气泡成长初期的很短时间（数毫秒）起作用，但却是决定气泡能否形成的关键阶段。由于表面张力的影响，当小气泡稳定存在于液体中时，由于表面张力的存在使得气泡内外压力差与气泡半径需要满足式（4-62）的关系，进一步推导可得到半径为 r 的气泡与周围液体保持气液相平衡时的过热度为式（4-63）：

$$P_v - P_l = \frac{2\sigma}{r} \tag{4-62}$$

$$\Delta T = \frac{R_v T_{sat}^2}{h_{evap}} \frac{2\sigma}{P_l r} \tag{4-63}$$

气泡生成需要一定尺寸的汽化核心，从式（4-62）和式（4-63）可知，汽化核心半径越小，其所能形成的气泡直径越小，则气泡长大所需的过热压差或过热度越大，若流动无法满足闪蒸所需要的过热压差或过热度，则闪蒸无法发生。在 U 形管流动过程中，闪蒸所需的过热压差实际上是由闪蒸起始点与 U 形管下降管液位之间的高度差提供的，闪蒸所需过热压差越大则闪蒸起始点比 U 形管下降管液位高越多，在有限的 U 形管两侧压力差和下降管液位变化范围下，闪蒸越不易发生，反之则闪蒸越容易发生。经典非均匀核化理论认为流体中存在的杂质、不凝气体以及管道表面的凹穴促进了汽化核心的生成，从而大大降低了气泡生成所需过热度。真空下 U 形管内流动中闪蒸所需过热度门槛很低，闪蒸几乎在 U 形管下降管液位处就开始发生。由于真空下 U 形管内的流动采用纯净的冷剂水作为工质并且处于无不凝气的真空环境下，同时闪蒸过程并非从管路壁面开始，而是从流体中开始，因此认为真空下 U 形管内流动中可能产生了新的促进闪蒸发生的机制，即新的汽化核心来源。

实验发现，当液体沿 U 形管下降管贴壁流动至下降管自由液面处时，流体撞击液面产生一定的扰动，在液面以下形成了很多大小不一的气泡，气泡随着下降管液体流动的拖曳力作用克服自身的浮力而向下运动；小气泡随着流动进入上升管，在液体流动的拖曳力及气泡浮力作用下沿上升管向上运动；在 U 形管上升管内，气泡到达过热区随即闪蒸

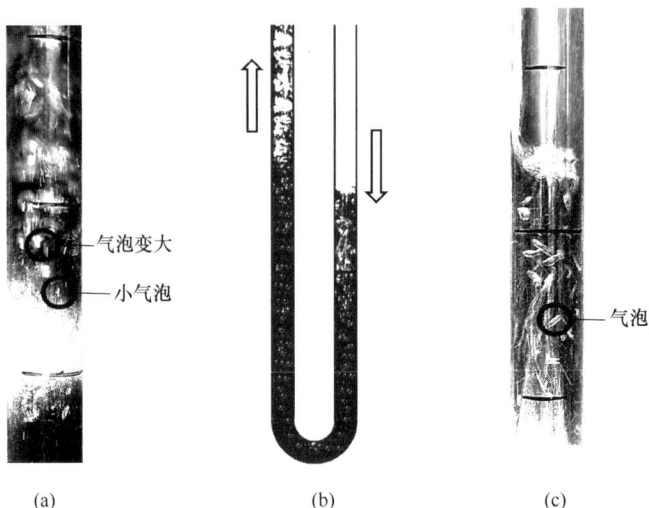

图 4.49　U 形管内卷吸形成的小气泡及其搬运过程

（a）上升管小气泡逐渐变大；（b）气泡穿透 U 形管示意；（c）下降管卷吸形成小气泡

　　开始，气泡迅速变大并几乎占据整个管路，最终形成两相流动。实验现象如图 4.49 所示。

　　U 形管下降管自由液面处由于液体撞击液面局部卷吸形成的气泡，随着液体流动进入上升管为管内闪蒸提供了所需的汽化核心，这一机制受到两个因素的影响：自由液面处卷气量的大小以及流体可搬运的气泡大小。图 4.50（a）为实测卷气量大小与下降管内自由下落段高度的关系，据此拟合得到卷气量与 U 形管主流流量之比与下落高度的关系如式（4-62）。自由下落高度越高、主流流量越大，则卷气量越大。图 4.50（b）为计算 U 形管下降管最大携带气泡直径与流体流速的关系，可知主流流速越高则可携带的气泡直径越大。

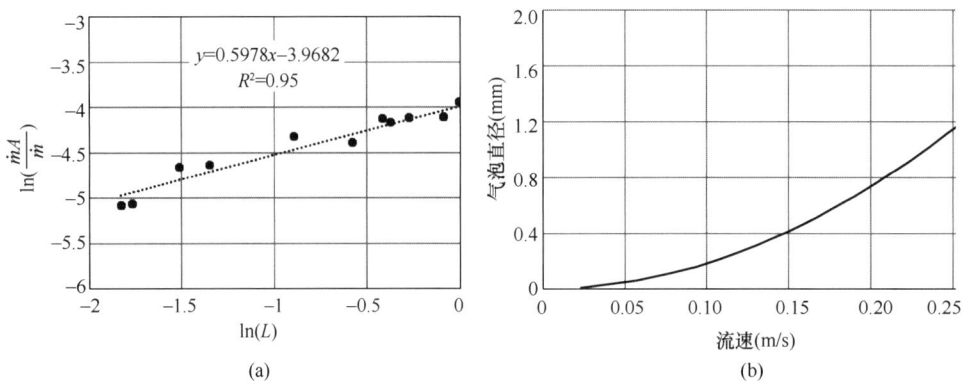

图 4.50　汽化核心的影响因素

（a）蒸汽穿透量占比随自由下落高度变化；（b）计算下降管最大携带气泡直径与流速关系

$$\frac{\dot{m}_A}{\dot{m}} = 0.019 L^{0.6} \tag{4-64}$$

　　式（4-64）是在 U 形管管径 19mm、自由下落高度 0.15～1.35m、管内流速 0.1～0.5m/s 实验条件下得到的。从上述结果看，对于给定的 U 形管，下降管自由下落段越长、U 形管主流流速越高，则能提供给闪蒸过程的汽化核心越多，闪蒸越容易发生。

4.4.4　真空下 U 形管流动过程压降计算方法

经典两相流动基本模型包括均相模型和分相模型两类，其中均相模型是一种最简单的模型分析方法，其基本思想是通过合理地定义两相混合物的平均特性，创造一种新的均匀介质流体，这一模型最重要的假设是气液两相速度相等，因此该模型在高压、高流速流体中有一定的适用性，但在低压甚至真空环境下的适用性并不高。分相模型则将两相看作两种流体，通过分别计算各相并引入相间相互作用将各相方程合并，得到最终的模型。采用分相模型进行压降计算，根据式（4-66）和式（4-65）可推得稳态流动中的压降基本模型。

气液质量守恒：

$$\frac{\partial\left[(1-\alpha)\rho_1 u_1 + \alpha\rho_v u_v\right]}{\partial z} = 0 \tag{4-65}$$

式中，ρ_1——液相密度；

$\quad\quad u_1$——液相黏度；

$\quad\quad \alpha$——含气率；

$\quad\quad \rho_v$——气相密度；

$\quad\quad u_v$——气相黏度；

$\quad\quad z$——流动方向长度。

动量守恒：

$$-\frac{\partial P}{\partial z} = \left(\frac{\partial P}{\partial z}\right)_f + \left[(1-\alpha)\rho_1 + \alpha\rho_v\right]g + \frac{\partial\left[(1-\alpha)\rho_1 u_1^2 + \alpha\rho_v u_v^2\right]}{\partial z} \tag{4-66}$$

式中，P——压力；

$\quad\quad\left(\dfrac{\partial P}{\partial z}\right)_f$——摩擦压降；

$\quad\quad g$——重力加速度。

式（4-66）给出了从动量守恒角度推导的稳定流动下两相流动压降计算表达式，其中等式右面三相分别为摩擦阻力压降、重位压降和加速压降。其中重位压降和加速压降均可通过沿流动方向积分得到，而摩擦阻力压降由于影响因素众多，并没有简单直接的计算方法，较为经典的方法是通过实验定义两相流动摩擦压降"倍率"乘以单向流动压降得到两相流动摩擦阻力压降。

两相流的摩擦压降最早根据分相流模型进行研究，其中最经典的是 Lockhart-Martinelli 关系式，该关系式的基本假设是：气相压降等于液相压降、管道径向无静压差、液相与气相所占管道体积之和为管道总体积。Lockhart-Martinelli 关系式基于液相和气相单独流过同一管道的摩擦阻力压降分别定义了液相折算系数（"倍率"）和气相折算系数，并定义了参数 X 为气相与液相折算系数的比值，从而进一步利用参数 X 给出折算系数的对应关系，可查询 Lockhart-Martinelli 关系曲线求得。由于 Lockhart-Martinelli 关系曲线难以应用于计算机计算，Chisholm 提出了 Lockhart-Martinelli 关系曲线的拟合关系式，并于 1973 年扩展了实验数据范围，提出 Chisholm B 模型可较为精确地计算质量流速较低、低压空气-水气液两相流动阻力。

真空下 U 形管内流动包括纯液相流动区和两相流动区两段，以闪蒸起始点作为分界，从 U 形管下降管液位到闪蒸起始点以前可认为是纯液相区，从闪蒸起始点以后至 U 形管出口为两相流动区。

纯液相流动区沿程摩擦阻力压降按照 Blasius 光滑区公式或层流公式计算阻力系数，另外需要考虑 U 形管弯头局部压降及重位压降，纯液相流动区不考虑加速压降。

气液两相区经过对多种模型组合的比较，本文选取变密度截面含气率模型与 Chisholm B 模型的组合计算两相区摩擦阻力压降。变密度模型（Bankoff）表示为：

$$\alpha = \frac{K}{1 + \left(\dfrac{1-x}{x}\right)\dfrac{\rho_v}{\rho_l}} \tag{4-67}$$

其中，x 为截面处质量含气率，系数 K 是与绝对压力 P（MPa）有关的系数：

$$K = 0.71 + 0.0145P \tag{4-68}$$

这里近似可取 0.71。

Chisholm B 模型定义了全液相折算系数 ϕ_{lo}，使得：

$$\frac{\mathrm{d}P}{\mathrm{d}z} = \phi_{\text{lo}}^2 \left(\frac{\mathrm{d}P}{\mathrm{d}z}\right)_{\text{lo}} \tag{4-69}$$

$$\phi_{\text{lo}}^2 = 1 + (\Gamma^2 - 1)\left[B\, x^{\frac{2-n}{2}}\,(1-x)^{\frac{2-n}{2}} + x^{2-n}\right] \tag{4-70}$$

$$\Gamma^2 = \frac{\phi^2_{\text{lo}}}{\phi^2_{\text{vo}}} \tag{4-71}$$

$$B = \begin{cases} \dfrac{55}{G^{0.5}} & 0 < \Gamma < 9.5 \\[2mm] \dfrac{520}{\Gamma G^{0.5}} & 9.5 < \Gamma < 28 \\[2mm] \dfrac{15000}{\Gamma^2 G^{0.5}} & 28 < \Gamma \end{cases} \tag{4-72}$$

式中，$\left(\dfrac{\mathrm{d}P}{\mathrm{d}z}\right)_{\text{lo}}$ 为全部流体以纯液相流动时的摩擦阻力压降；ϕ_{vo} 为全气相折算系数；G 为质量流速；n 为摩擦系数计算式中雷诺数 Re 的指数幂。

对于纯液相流动的计算，由于流体状态参数基本稳定，因此采用集总参数法计算；对于气液两相流动，由于沿流动各点参数差异较大，因此沿流动方向采用分布参数方法进行计算。计算采用 EES 软件编程完成，输入参数为：进口压力、进口温度、流量、液位、结构参数，输出参数为各点压力。计算起始点为 U 形管下降管液位处，由于 U 形管出口处出现一个很大的压降，将单独讨论，因此此处将计算终止点定为 U 形管出口前的测压点处，仅讨论 U 形管段内的压降和压力分布。将压力计算结果与实验测试结果作对比，结果如图 4.51 所示。可以看出，U 形管计算各点压力分布与实测结果基本吻合，其中下降管底部测点为纯液相区因此压力计算更加准确，上升管及出口处测点均处于气液两相区，计算结果偏差稍大，但也在 10% 以内，基本可以满足工程设计应用的要求，验证了本节真空下 U 形管两相流动压降计算方法的有效性。

实验中发现，当上下腔体压力接近时，U 形管出口前后的压降损失很小，一般不超过 500Pa，U 形管出口进入下部腔体处可以通过视镜观测到平稳的孔口出流，而当上下腔体压差变大时，U 形管出口处压降在流量不变的条件下可达到 10kPa 以上，并且出口处

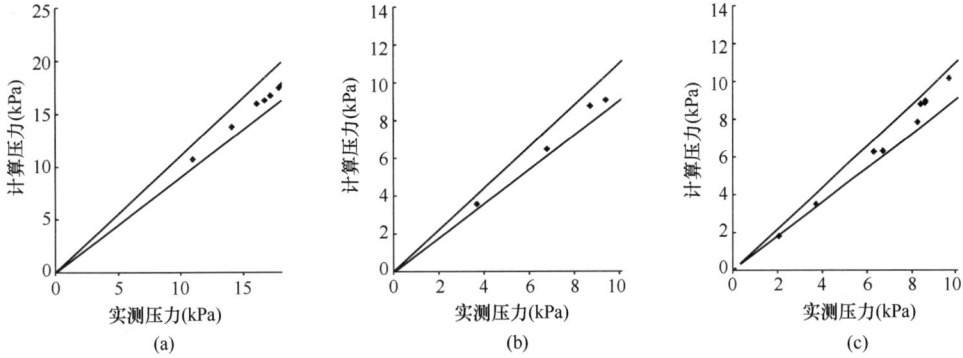

图 4-51 U形管两相流动模型计算压力与实测压力比对

（a）下降管底部压力 P2 号；（b）上升管上部压力 P3 号；（c）出口前压力 P4 号

出现剧烈的气液两相喷射状出流，射流充满整个下部腔体布液槽空间，已难以通过视镜进行观测。实验还发现，即使整个 U 形管没有出现闪蒸，只要上下腔体压差变大，U 形管出口处仍然存在很剧烈的气液两相喷射状出流，伴随很大的阻力压降。这一发现说明，当上下腔体压力差存在时，U 形管出口处一定存在气液两相流动，流体会闪蒸到出口对应的饱和压力，由于流体进入空腔没有管壁的束缚，闪蒸将导致剧烈的气液两相喷射流动现象，这一现象由上下两个腔体压力差造成，与 U 形管内流动是否出现两相流动无关。

对不同流速、不同压差条件下的出口压降进行了测试。为了对不同流量下的阻力压降进行对比，基于全液相流动定义了出口阻力系数 ζ_{lo}，如式（4-73）所示：

$$\Delta P = \zeta_{lo}\left(\rho_l \frac{v_{lo}^2}{2}\right) \tag{4-73}$$

$$\zeta_{lo} = f(x_{out}) \tag{4-74}$$

其中速度采用 U 形管纯液相流动流速，密度采用液体密度。对于纯液相流动，则出口阻力系数为 1，而当出口处出现气液两相流动时，出口阻力系数将是出口含气率 x_{out} 的函数。这里定义出口含气率为流体离开达到 U 形管出口后腔体静压对应饱和状态时的质量含气率。绘制出口阻力系数与含气率拟合关系如图 4.52 所示。

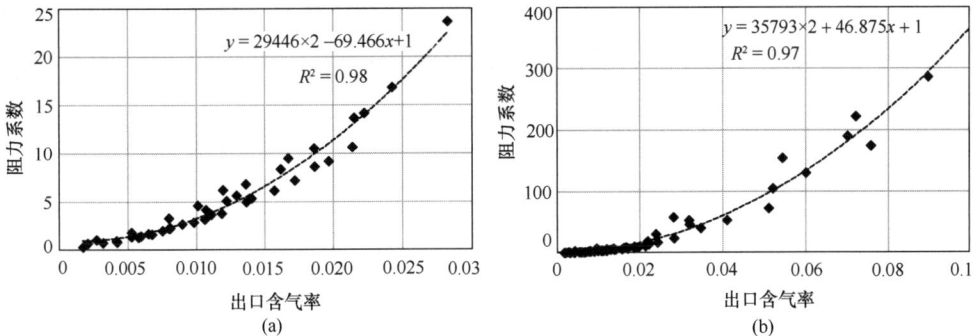

图 4.52 出口阻力系数与含气率拟合关系

其中图 4.52（a）为常规压力压差条件下出口含气率与阻力系数关系，图 4.52（b）涵盖了更大的压差范围，可以看出在两个不同的含气率范围下，出口阻力系数均随出口质量含气率的变化呈现二次函数关系，本研究对这一关系进行拟合，得到真空下 U 形管出口

两相射流阻力系数与出口质量含气率对应关系为

$$\zeta_{\mathrm{lo}} = \begin{cases} 29446x_{\mathrm{out}}^2 - 69.5\,x_{\mathrm{out}} + 1, & 0.003 \leqslant x_{\mathrm{out}} \leqslant 0.03 \\ 35793x_{\mathrm{out}}^2 + 46.9\,x_{\mathrm{out}} + 1, & 0.03 < x_{\mathrm{out}} \leqslant 0.1 \end{cases} \tag{4-75}$$

基于式（4-73），只要知道 U 形管两端的静压，则可通过物性参数得到 U 形管出口含气率，并进而估计出口阻力系数及出口阻力压降。

4.4.5　U 形管蒸汽穿透及其影响

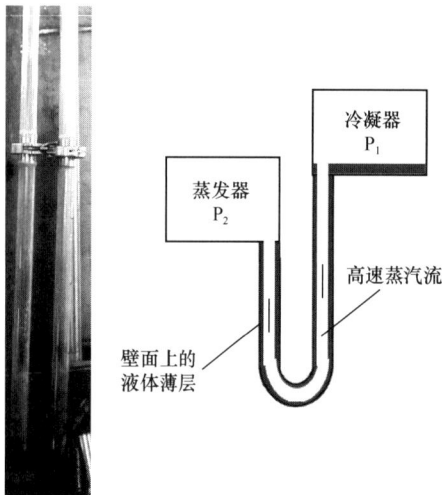

U 形管上升管内形成气液两相流动后，上升管内流体平均密度迅速降低，而 U 形管主要依靠这段流体的静压来实现隔压，因此 U 形管隔压能力降低，随着 U 形管两侧压力差增加，U 形管下降管自由液位低至管底后迅速消失，管路液封作用消失，管内迅速形成以高速蒸汽流动为主的气液两相流动，高压腔体的蒸汽直接穿过 U 形管进入低压腔体，出现蒸汽穿透现象，如图 4.53 所示。蒸汽穿透现象最易发生于吸式换热器或吸收式热泵的冷凝器与蒸发器之间，使得冷凝器与蒸发器间出现蒸汽旁通，这部分蒸汽由发生器内热源加热溶液发生而成，却未能参与冷凝和蒸发过程，使得机组的冷凝和蒸发量降低，性能降低。

图 4.53　U 形管蒸汽穿透形成高速气体流动

实验发现，在现有吸收式换热器设计范围内，当 U 形管穿透时蒸汽穿透量占管内流体质量流量的 4%～10%，如图 4.54 所示，通过模拟和实测发现，这一程度的蒸汽穿透将使得机组的制冷 COP 降低约 0.1～0.2，如图 4.55 所示。

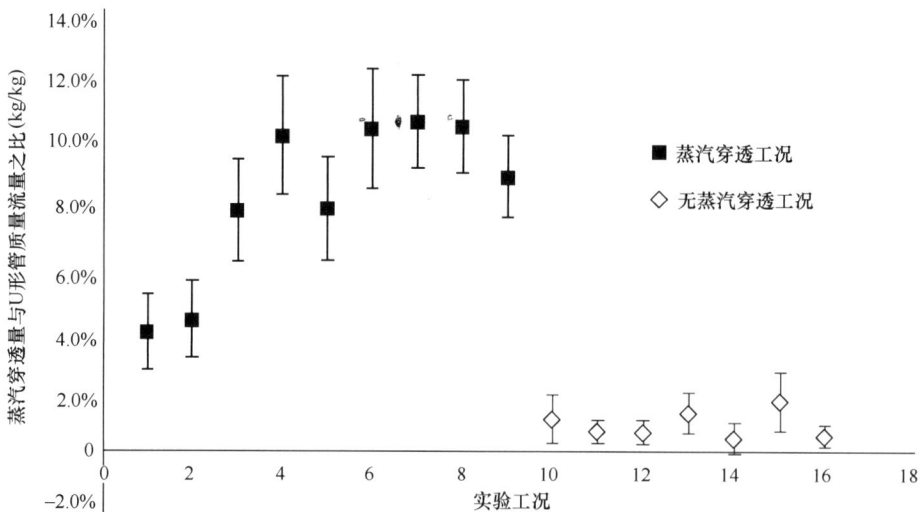

图 4.54　实验测得蒸汽穿透量与 U 形管质量流量之比

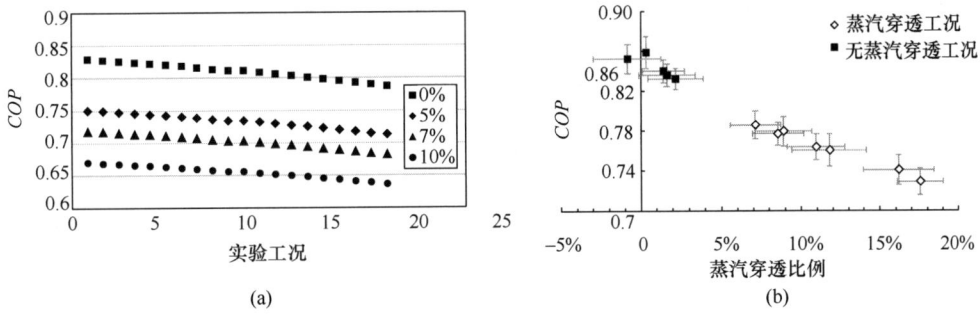

图 4.55 U 形管蒸汽穿透对 *COP* 的影响

（a）模拟结果；（b）机组实测结果

本章参考文献

［1］ LI J Y，XIE X Y，JIANG Y. Experimental study and application of multi-stage absorber/evaporator based on absorption heat exchanger［J］. Chinese Science Bulletin，2015，60(31)：3005-3013.

［2］ HU T，LI J，XIE X，et al. Match property analysis of falling film absorption process［J］. International Journal of Refrigeration，2019，98：194-201.

［3］ GUO Z Y，ZHU H Y，LIANG X G. Entransy—A physical quantity describing heat transfer ability ［J］. International Journal of Heat and Mass Transfer，2007，50(13-14)：2545-2556.

［4］ CHEN Q，REN J X. Generalized thermal resistance for convective heat transfer and its relation to entransy dissipation［J］. Chinese Science Bulletin，2008，53(23)：3753-3761.

［5］ PARK C W，KIM S S，CHO H C，et al. Experimental correlation of falling film absorption heat transfer on micro-scale hatched tubes［J］. International journal of refrigeration，2003，26(7)：758-763.

［6］ YOON J I，KWON O K，BANSAL P K，et al. Heat and mass transfer characteristics of a small helical absorber［J］. Applied Thermal Engineering，2006，26(s2-3)：186-192.

［7］ 李静原. 吸收式热泵中吸收器传热传质与匹配特性研究［D］. 北京：清华大学，2016.

［8］ JEONG S，GARIMELLA S. Falling-film and droplet mode heat and mass transfer in a horizontal tube LiBr/water absorber［J］. International Journal of Heat & Mass Transfer，2002，45(7)：1443-1458.

［9］ WARNAKULASURIYA F S K，WOREK W M. Adiabatic water absorption properties of an aqueous absorbent at very low pressures in a spray absorber［J］. International Journal of Heat and Mass Transfer，2006，49(9)：1592-1602.

［10］ Gutiérrez-Urueta G，Rodríguez P，VENEGAS M，et al. Experimental performances of a LiBr-water absorption facility equipped with adiabatic absorber［J］. International Journal of Refrigeration，2011，34(8)：1749-1759.

［11］ HU X，JACOBI A M. Departure-site spacing for liquid droplets and jets falling between horizontal circular tubes［J］. Experimental Thermal & Fluid Science，1998，16(4)：322 – 331.

［12］ LIENHARD J H，WONG P T Y. The dominant useable wavelength and minimum heat flux during film boiling on a horizontal cylinder［J］. Transaction ASME Journal of Heat Transfer，1964，86：22-226

［13］ MITROVIC J. Influence of tube spacing and flow rate on heat transfer from a horizontal tube to a falling liquid film[C]. International Heat Transfer Conference San Francisco，1986，4：1949-1956.

[14] KYUNG I，HEROLD K E，KANG Y T．Model for absorption of water vapor into aqueous LiBr flowing over a horizontal smooth tube[J]．International Journal of Refrigeration，2007，30（4）：591-600.

[15] BEN HAFSIA N，CHAOUACHI B，GABSI S．A study of the coupled heat and mass transfer during absorption process in a spiral tubular absorber[J]．Applied Thermal Engineering，2015，76：37-46.

[16] ZHANG H，YIN D，YOU S，et al．Numerical and experimental investigation on the heat and mass transfer of falling film and droplet regimes in horizontal tubes LiBr-H2O absorber[J]．Applied Thermal Engineering，2019，146：752-767.

[17] KILLION J，GARIMELLA S．A review of experimental investigations of absorption of water vapor in liquid films falling over horizontal tubes[J]．Hvac & R Research 2003，9(2)，111-136.

[18] WANG L，YOU S，WANG S. Analysis of dropwise falling film flow of lithium bromide solution between horizontal tubes[J]．J．Tianjin Univ.（Natural Science and Engineering Edition）2010，43(1)：37-42.

[19] 李美军，路源，张士杰，等．水平管降膜吸收局部传热传质特性的数值模拟[J]．化工学报，2017（4）：1364-1372.

[20] 周启瑾．吸收器中最佳强化传热管的研究[J]．制冷技术，1994(4)：12-15.

[21] 胡德福．溴化锂吸收式制冷机高效传热管应用技术研究[J]．船舶工程，1998(5)：21-24.

[22] 陈达卫，王启杰，林毅强．高效传热管的实验研究[J]．化工学报，2004，55(6)：888-895.

[23] 姜周曙，胡亚才，屠传经，等．溴化锂吸收式制冷机新型镍合金强化传热管的实验研究[J]．流体机械，1999(10)：42-46.

[24] 孙健，付林，张世钢．国内外吸收式热泵强化传热传质研究综述[J]．制冷与空调，2010(2)：7-10.

[25] 杨月婷．溴化锂溶液在水平圆管束上降膜流动与传热传质研究[D]．北京：清华大学，2022.

[26] 胡天乐．可拆板式降膜型热质交换器研究[D]．北京：清华大学，2020.

[27] ZHU C Y，XIE X Y，JIANG Y．Vertical U-pipe flow characteristics in absorption heat pump：Experimental study under vacuum conditions．Applied Thermal Engineering，2020，172.

[28] ZHU，C Y，XIE X Y，JIANG Y．Confirmation and prevention of vapor bypass in absorption heat pump with U-pipe pressure separation device caused by upward side two-phase flow[J]．International Journal of Refrigeration，2021，130：199-207.

[29] 朱超逸．吸收式换热器在集中供热系统中的应用研究[D]．北京：清华大学，2018.

第5章 吸收式换热的设备研发与基本性能

5.1 大型立式吸收式换热器

5.1.1 背景介绍

大型立式吸收式换热器是用在大型热力站内，代替传统的板式换热器实现一、二次网热量交换的设备，其采用的是第一类吸收式换热器的流程。图 5.1 为采用以上两种设备的换热示意图。可以看到，在相同的一次网进水温度与二次网进出水温度下，常规板式换热器只能将一次网出水温度降低至 41℃，高于二次网水的最低水温，但吸收式换热器能够将一次网出水温度降低至 25℃，实现一次网的大温差供回水模式。该模式使得相同管道装置的条件下，系统的供热承载规模大大提升。以图 5.1 的工况为例，相同流量下，采用吸收式换热器的一次网供热量是采用板式换热器系统供热量的 1.33 倍。此外，低温的一次网回水能够促进对热源处的低品位余热的回收，有助于进一步推进低碳供暖的实施。

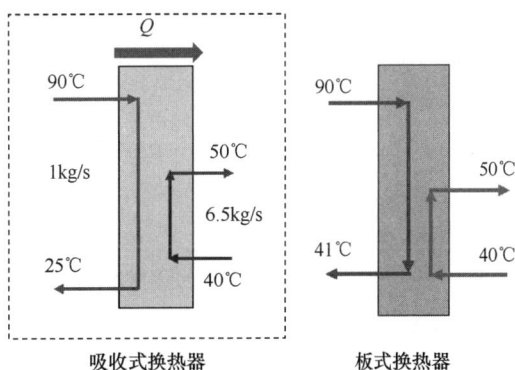

图 5.1 应用在热力站的吸收式换热器
与板式换热器对比

然而，对于应用在热力站的大容量吸收式换热器，其一次网供水温度在严寒季时可达 110℃，仍需要将一次网回水温度降低至 20℃水平。若采用单级单段的吸收式换热器，假定吸收式热泵与板式换热器的换热占比为 2：1，则吸收式热泵需要降低一次网水温 60℃，相当于发生器和蒸发器均需要降低一次网水温 30℃。在蒸发器内将出现大三角形换热，从而产生了大量的传热耗散，导致实际机组运行的性能下降，一次网出水温度升高。因此，需要对机组进行优化，通过减小传热的㶲耗散，实现应用在热力站的大温差吸收式换热器与其运行参数的匹配，从而提高机组的实际运行性能。

目前，吸收式换热器的优化研究主要集中在国内，有以下两类研究方向：对内部性能的优化以及对外部流程的优化。在内部性能优化方面，李静原等[1]根据温度品位与耗散等相关理论，对吸收式热泵内吸收器的传热过程进行了分析与优化，提出了进口参数的匹配和流量匹配理论，减少系统的耗散，从而改善了系统的性能。王笑吟等[2]对吸收式换热器二次网水的流量分配比例进行了理论分析，通过计算系统最小的㶲耗散量，得到了二次水的最佳流量比例。以上研究均可对系统的性能优化设计提供指导。

而在系统的流程研究上，目前的研究主要通过一次网水的串联加热方式，增加换热的

113

台阶数，从而减少换热耗散。主要的流程包括多级与多段的换热方式。多段的系统由江亿等[3]提出，换热器被分为多个不同的压力段。在该系统中，一股溶液流经各段的腔体，实现串联换热过程。王升等[4,5]建立了吸收式换热器的不匹配传热模型，并提出了一种基于入口耗散分析的优化设计方法，得出了段数不宜超过 3 的结论。朱超逸等[6,7]建立了多段系统的仿真模型，并设计了系统的结构，在赤峰市研发并实际运行了一台 180kW 的机组。而在多级系统的研究上，才华等[8]对系统的设计要点与设计顺序进行了详细的研究，并设计了一台 1MW 容量的两级吸收式换热器，在 2017—2018 年供暖季应用于保定市的某换热站内。

5.1.2 系统流程设计与工况参数的确定

本节所介绍的大型立式吸收式换热器系统，实际上是双级的立式吸收式换热器系统，是基于前期相关研究与结论所设计的一类应用于热力站的设备[16]。双级的吸收式换热器，是指由两个吸收式热泵与一个板式换热器组成的换热系统，一次网水串联经过各换热器，产生阶梯换热，从而能够减小换热的耗散；而二次网则可分成多股，采用多种方式进入系统内部的各换热器中，实现热量的交换。下面对具体的设计内容进行说明。

对于机组内部流程的设计，采用 EES 进行模型建立。给定一次网水与二次网水的进口温度后，通过调整各种流程与流量参数，采用模型进行计算，从而获得不同方案下的一次网出水温度，并通过对比选择合适的方案。

1. 模型建立

吸收式换热器的性能模拟所用到的假设如下：

（1）根据李静原等的研究结果，假定溶液的主流液饱和蒸汽压与腔体压力不同，溶液与发生器或吸收器换热管接触的表面存在一层饱和的液膜，其温度与主流溶液相同，压力与腔体压力相同，等效浓度与主流液体不同。溶液的传质热阻为主流液到液膜的扩散热阻。

（2）假定冷凝器内的液膜覆盖一层冷凝压力下的饱和水膜。

（3）若溶液进入吸收器或发生器的入口时过冷或过热，进口溶液会瞬间达到饱和，认为该过程是绝热、瞬间平衡的。

（4）假定将降膜的实际逆叉流过程看作逆流过程。

（5）假定发生器与冷凝器之间无压差，吸收器与蒸发器之间无压差，且认为发生器与吸收器溶液的出口处于饱和状态。

根据以上假设，采用差分法，对各换热部件按照面积划分网格进行模型的搭建。在换热器内，每个网格满足能量守恒方程、质量守恒方程以及传热方程与传质方程。具体的表达式如式（5-1）~式（5-5）所示。

$$\frac{\left[(t_{\mathrm{w}}^{i}-t_{\mathrm{s}}^{i})+(t_{\mathrm{w}}^{i-1}-t_{\mathrm{s}}^{i-1})\right]}{2} \cdot K \cdot \frac{A}{N}+r \cdot \frac{m_{\mathrm{v}}^{i}+m_{\mathrm{v}}^{i-1}}{2}+m_{\mathrm{s}}^{i-1}h_{\mathrm{s}}^{i-1}=m_{\mathrm{s}}^{i}h_{\mathrm{s}}^{i} \tag{5-1}$$

$$m_{\mathrm{v}}^{i}=\rho^{i}h_{\mathrm{m}}\frac{A}{N} \cdot (x^{i}-x_{\mathrm{sat}}^{i}) \tag{5-2}$$

$$\frac{\left[(t_{\mathrm{w}}^{i}-t_{\mathrm{s}}^{i})+(t_{\mathrm{w}}^{i-1}-t_{\mathrm{s}}^{i-1})\right]}{2} \cdot K \cdot \frac{A}{N}=c_{\mathrm{pw}}m_{\mathrm{w}}(t_{\mathrm{w}}^{i-1}-t_{\mathrm{w}}^{i}) \tag{5-3}$$

$$m_s^i = m_s^{i-1} + m_v^{i-1} \tag{5-4}$$

$$m_s^i x^i = m_s^{i-1} x^{i-1} \tag{5-5}$$

式中，t——温度，℃；

  K——传热系数，$kW/(m^2 \cdot K)$；

  m——流量，kg/s；

  h——焓值，kJ/kg；

  ρ——密度，kg/m^3；

  h_m——传质系数，m/s；

  A——面积，m^2；

  N——网格数；

  x——浓度；

  x_{sat}——溶液表面的浓度；

  c_p——定压比热容，$kJ/(kg \cdot K)$。

上标：i——网格数；

下标：w——热网水；

  s——溶液；

  v——蒸汽。

  设计容量为1MW的系统，各换热器的传热与传质系数如表5.1所示，角标 g、a、c、e 分别代表发生器、吸收器、冷凝器与蒸发器，具体的数值是参考相关设备的实测性能参数所确定的。

模型内换热器传热传质系数设计值   表 5.1

传热系数 [kW/(m² · K)]				传质系数 (m/s)	
K_g	K_a	K_c	K_e	h_{mg}	h_{ma}
1.5	1.3	2.2	1.8	1.2×10^{-4}	1×10^{-4}

  据以上方程建立模型后，给定一、二次网进水温度，各换热器的面积，一、二次网水流量与溶液流量后，即可计算出该工况下的一次网出水温度，从而优化实际的流程与相关参数。

2. 级数，流量的确定

  为了对比不同流程的优劣，给定如下参数：一次网水与二次网水的入口温度分别为105℃与55℃，一次网水的流量为86.1m³/h，一、二次网水的流量比为1∶6。

  首先进行系统级数的确定，方式为：通过给定所有换热器的换热面积与传热系数的乘积（即总的 KA 值），分别对单级、二级与三级的流程进行设计，从而判断实际设备所采用的级数。图5.2展示了经过优化的最佳一次网出水温度随系统级数的变化。可以看出，级数越高时，系统得到

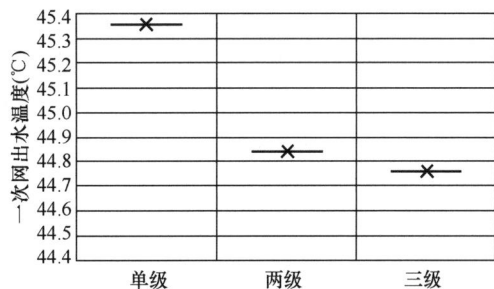

图5.2 一次网出水温度随系统级数的变化关系

的一次网出水温度越低，其性能越好，但当级数高于双级时，性能随级数的提升增加的不再明显，而三级系统的实际成本要远远高于双级，因此最终采用双级的吸收式换热系统。

　　然后确定二次网的流量分配，即系统中吸收式热泵与板式换热器的流量占比。这是因为该分配存在合理区间，当分配给板式换热器的二次网水流量减少时，能够减小板式换热器的传热不匹配三角形，但也会使得流经板式换热器的二次网水出口温度提高，导致最后二次网水汇合时的掺混损失增大，同时吸收式热泵内部的二次传热所导致的传热损失也更大。王笑吟等通过研究指出，当一、二次网水的流量比为 1∶6 时，单级的吸收式换热器板式换热器分配的二次网水流量占总流量的 40%～45% 之间，有最优的系统性能。参考其模拟方法，针对双级的吸收式换热器流程对该参数进行模拟计算，结果如图 5.3 所示，最佳的板式换热器二次网流量分配比例在 40%～43% 之间。

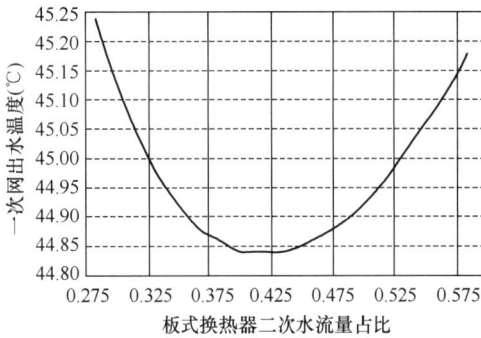

图 5.3　一次网出水温度随板式换热器流量
分配比例的变化

　　接下来确定每一级溶液的流量。根据李静原的研究，溶液的优化流量为与之换热的一次网水流量的 1/10 左右，但由于机组刚开机时，二次网水的温度较低，约为 20℃。为了防止该因素导致机组内部溶液的结晶，经核算后，该工况下的溶液质量流量是一次网水质量流量的 16%。同时，传热管的布置应当配合溶液流量的相关设计，使得喷淋密度在合适的范围内。

3. 换热器面积分配与二次网水接法的确定

　　为了消除板式换热器的传热三角形，同时避免吸收式热泵占用过多的面积，板式换热器与吸收式热泵内的各换热器实际面积分配也存在合理区间。采用上文所给出的二次网水流量分配后，在设计工况下，板式换热器的面积占比（KA 比例）对一次网水出水温度的影响如图 5.4 所示。在板式换热器的 KA 占比在 31%～32% 范围内时，系统达到最佳的运行性能。

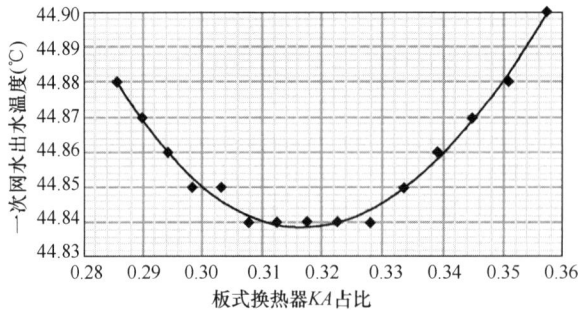

图 5.4　一次网水出水温度随板式换热器 KA 所占比例的变化曲线

　　而对吸收式热泵内各换热器面积的确定，与二次网水的连接方式亦有关系。首先探究二次网水的连接方式，通过给定总面积与板式换热器面积后，针对不同方式的连接方式进行工况的模拟计算,得到的结果如图 5.5 所示。其中,Ⅰ代表吸收式热泵Ⅰ,Ⅱ代表吸收式热泵Ⅱ,"+"代表串联接法,"//"代表并联接法。

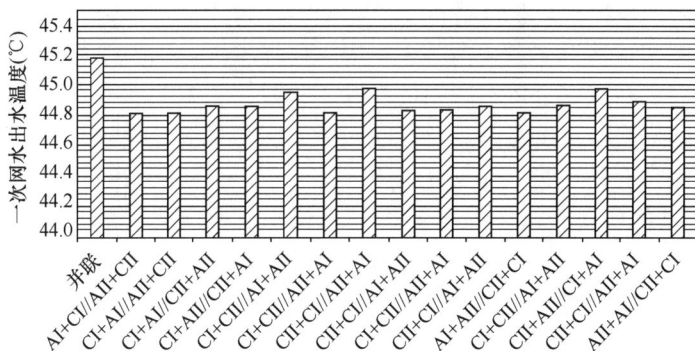

图 5.5 不同二次网水接法下的一次网水出水温度情况
注:A 代表吸收器;C 代表冷凝器。

不同接法的机组运行性能情况差别不大,因此,二次网接法的确定主要考虑如下两个因素:

① 要求部分负荷时吸收与发生腔体的压差足够克服溶液板式换热器间的阻力,即发生器与吸收器的压差应当尽量大;

② 二次网水的流速应当合理。

据此,为满足以上要求,且使得二次网水流速在 $1\sim2m/s$ 之间,最终选择采用二次网水分成三股,分别进入两个吸收式热泵与一个板式换热器,其中进入吸收式热泵的二次网水先经过吸收器,再经过冷凝器,串联换热。据此,对 1MW 容量机组的各换热器面积设计值能够优化给出,具体数值如表 5.2 所示。

各换热器面积的设计值 　　　　　　　　　　　　　　　　　　　　表 5.2

设计面积	AHP-Ⅰ（m^2）	AHP-Ⅱ（m^2）
A_g	59.1	58.1
A_a	75.3	74.4
A_c	41.1	40.2
A_e	53	52.3

注:AHP 代表吸收式热泵。

5.1.3 系统的结构设计与确定

采用以上的设计方法,能够对不同容量,包括 1M~16MW 以上的双级吸收式换热系统进行合理的设计,从而匹配不同供热负荷的热力站需求。在太原市,一批不同容量的双级吸收式换热系统已得到应用,其容量包括 1MW、2MW、3MW、4MW、6MW、8MW、10MW、14MW。

图 5.6 为该双级立式系统的结构示意图与实际机组照片。采用立式结构的原因在于:节省占地面积,同时减少内部溶液的带液,过液等影响机组性能的现象出现。系统中,两级 AHP 分别位于机组的左侧与右侧,板式换热器在 AHP 系统的一旁,三个系统内部彼

此独立。以第一级 AHP 为例，溴化锂溶液在发生器内部被浓缩，产生的蒸汽向上流入冷凝器中。发生器的侧面设计了一个溶液盒，用于存储溶液以及设置溶液液位的检测点，以防止溶液液位过高而溢液。蒸汽在冷凝器内被冷凝成液体，通过 U 形管进入蒸发器内被蒸发。在蒸发器侧面设计了一个冷剂水箱，用于储存未被蒸发的冷剂水，并通过冷剂泵流入蒸发器入口处被重新蒸发。蒸发后的蒸汽进入吸收器，浓溶液吸收蒸汽后释放热量，同时浓度降低。实际机组的发生器和蒸发器的布液方式是喷淋，吸收器为滴淋。在吸收器入口处设计了布液盒，有助于提高实际的布液效果。对于换热器内部的管路，发生器采用316L 不锈钢管，其他换热器均采用铜光管。此外，该系统的其他辅助设备，包括水箱、小板式换热器和水泵，均位于机组的侧面或底部，真正占地的部分是两级 AHP 与板式换热器结构。因此，系统的实际占地面积较小，有利于在换热站的安装与使用。

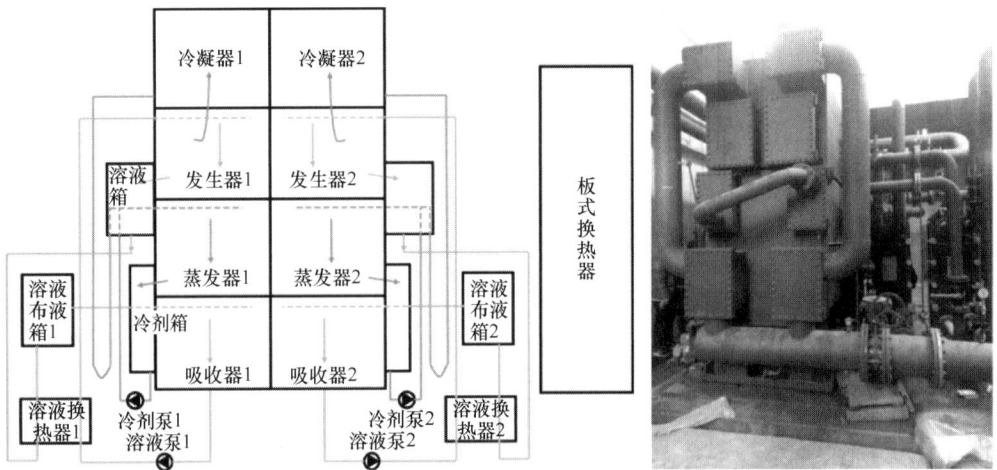

图 5.6　双级立式吸收式换热器的结构示意图与实际机组照片

表 5.3 给出了部分不同容量机组的相关。根据表格中的数据可以看出，实际的机组因其紧凑性，达到了减小占地面积的效果。

不同容量机组参数（部分）　　　　　　　　　　　　　表 5.3

机组容量（MW）	长×宽×高（m×m×m）	单位换热量的占地面积（m²/MW）
1	2.3×2×2.6	4.6
2	4.3×2.2×3.3	4.73
3	4.8×2.7×3.4	4.32
6	5.1×3×3.65	2.55
8	6.35×3.3×3.7	2.62

5.1.4　实测性能介绍

在 2018—2019 年供暖季，选取了部分不同容量（1MW、2MW、3MW、6MW、8MW 容量）的机组进行运行性能测试。通过测试整个供暖季的一、二次网水的进出口温度，以及选取部分典型时段测试一、二次网水的流量，来分析机组的实际运行情况。下面对测试的 1MW 与 6MW 机组的供暖季性能进行说明。

图 5.7 与图 5.8 分别展示了 1MW 与 6MW 机组在 2018—2019 供暖季的供暖一、二次网水温度曲线。不同的机组在整个供暖季中大致具有相同的运行表现，在整个供暖季中，系统的运行主要分为两个阶段：初末寒期时段与严寒期时段。在不同时段的机组负荷率，热源一次网供水温度以及最终的机组运行性能均有区别。下面对两图中的水温变化曲线进行说明。

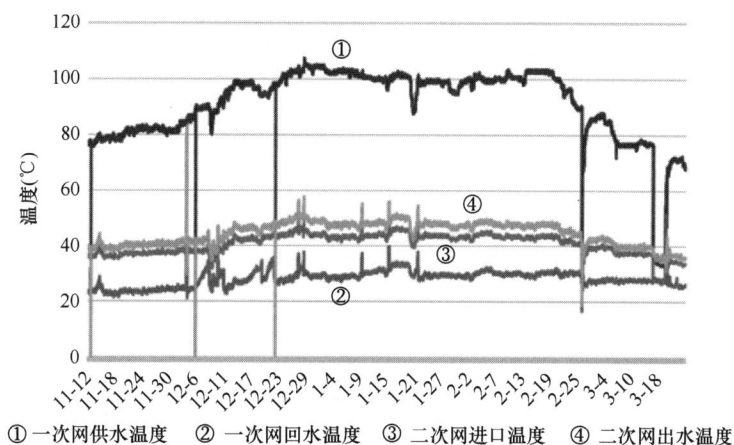

①一次网供水温度　②一次网回水温度　③二次网进口温度　④二次网出水温度

图 5.7　1MW 机组供暖季一、二次网水温变化曲线

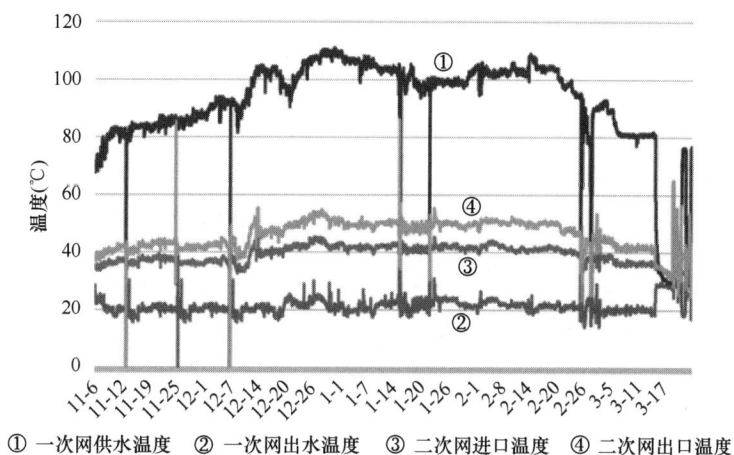

①一次网供水温度　②一次网出水温度　③二次网进口温度　④二次网出口温度

图 5.8　6MW 机组供暖季一、二次网水温变化曲线

根据图 5.7，1MW 容量机组在初末寒期的一次网供水温度在 75～85℃ 水平，二次网水的进出口温度分别在 35～40℃ 与 40～45℃ 水平内，此时 1MW 机组能够将一次网回水温度降低至 22～27℃。在供暖季严寒期，一次网供水温度上升至 100℃ 左右，二次网供回水温度分别上升至 45℃ 与 50℃ 左右。此时机组能够将一次网回水温度降低至 30℃ 左右。根据图 5.8，6MW 机组在整个供暖季内，一次网的供水温度整体水平略高于 1MW 机组。在供暖季初末寒期，一次网的供水温度在 80～90℃ 之间，二次网的进出口温度分别在 35～40℃ 与 40～45℃ 的水平，此时该机组能够将一次网的回水温度降

低至 20℃ 左右。在供暖季的严寒期，一次网供水温度上升至 100～110℃，二次网的供回水温度分别上升至 45℃ 与 50℃ 左右，此时机组仍能够将一次网回水温度降低至 20℃ 左右。

整体来看，所有的机组均能够在供暖季全时段正常稳定的运行，在完成用户侧所需求的供热负荷下，将一次网水的水温降低至低于二次网水温的水平，实现系统的功能，且所有的机组均有着类似的运行现象。

采用吸收式换热器效能来反映机组的实际运行性能，吸收式换热器效能值越高，表示机组的实际运行性能越好。影响该参数的两个重要因素分别是负荷率与流量比。而在测试中发现，对所有的不同容量系统，在初末寒期阶段与严寒期阶段下，运行性能参数出现明显变化。定性来看，初末寒期负荷率低，一、二次网流量比（指流经系统的二次网水流量与一次网水流量的比值，下简称流量比）较高，而实测的吸收式换热器效能较高。到了严寒期后，负荷率变高，且一次网与二次网水的入口温度水平也整体上升，此时的流量比下降，实测的系统吸收式换热器效能相比初末寒期有所降低。表 5.4 与表 5.5 分别展示了测试的 5 套不同容量系统的实测负荷率范围，以及其吸收式换热器效能与流量比的实际测试结果汇总情况。

测试机组供暖季实测负荷率范围　　　　　　　　　　　表 5.4

测试机组容量（MW）	实测负荷率范围（%）
1	10～30
2	15～32
3	55～98
6	5～47.5
8	26～51.4

测试机组温度效率与流量比实测参数范围　　　　　　　表 5.5

机组容量（MW）	初末寒期		严寒期	
	流量比	吸收式换热器效能	流量比	吸收式换热器效能
1	16～24	1.3～1.34	14～18	1.2～1.28
2	14～20	1.33～1.37	12～14	1.3～1.35
3	10～12	1.28～1.33	8～10	1.25～1.3
6	10～15	1.35～1.4	8～12	1.3～1.35
8	12～16	1.38～1.43	9～12	1.33～1.38

根据表 5.4，实测机组的负荷率在整个供暖季内存在一定变化，负荷率的变化程度根据机组的不同，可达 17%～43%。在所有实测负荷率下，机组均可正常运行，即机组能够在全负荷率工况范围内完成热量交换的任务，同时获得较低的一次网出水温度，达到良好的运行性能。根据表 5.5 的计算结果，机组的吸收式换热器效能整体水平较高。目前已有研究中的多段与多级试验机组实测吸收式换热器效能水平在 1.1～1.2 之间，而在太原市实测的所有机组吸收式换热器效能范围在 1.2～1.43 之间，性能优于现有文献的所有结

果。实测的吸收式换热器效能会随着流量比的升高而升高，与理论模型一致。

将不同机组之间的吸收式换热器效能进行对比。图 5.9 为不同机组典型工况下吸收式换热器效能与流量比对应关系图。能够看出，对不同机组，吸收式换热器效能均随流量比的增加而增加。而在相同流量比下，机组容量越大，其吸收式换热器效能就越高。此外，机组容量越小，吸收式换热器效能与流量比关系曲线的斜率越大。

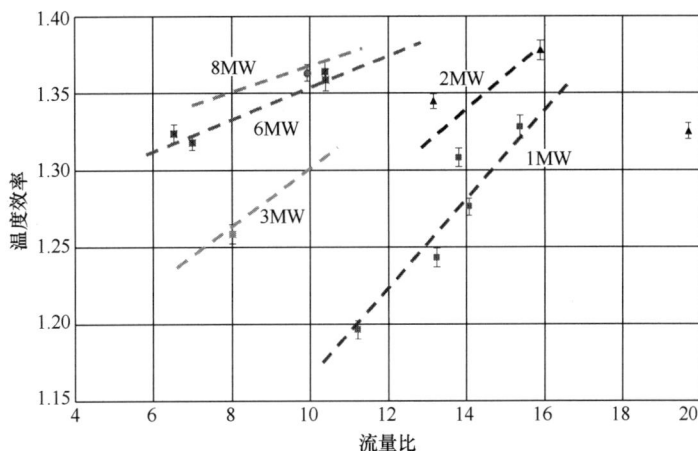

图 5.9　不同机组典型工况下吸收式换热器效能与流量比对应关系图

此外，系统可实现全工况稳定运行，包括极低负荷与较低的一次网进水水温。为了验证该性能，我们在末寒期一次网进水温度低于 70℃下的极端工况对 1MW 与 6MW 机组进行了实验。图 5.10 展示了两机组的一次网二次网进出水温度曲线。测试的时段内，1MW机组的一次网供水温度降低至 70℃以下，6MW 机组的该温度降低至 75℃以下。两机组均能在该极端工况下正常运行，可将一次网出水的温度降低至低于二次网进水温度 10K以上的水平。因此，在一次网供水温度很低，负荷很低的极端工况下，双级大温差吸收式换热器仍可保持正常运行。

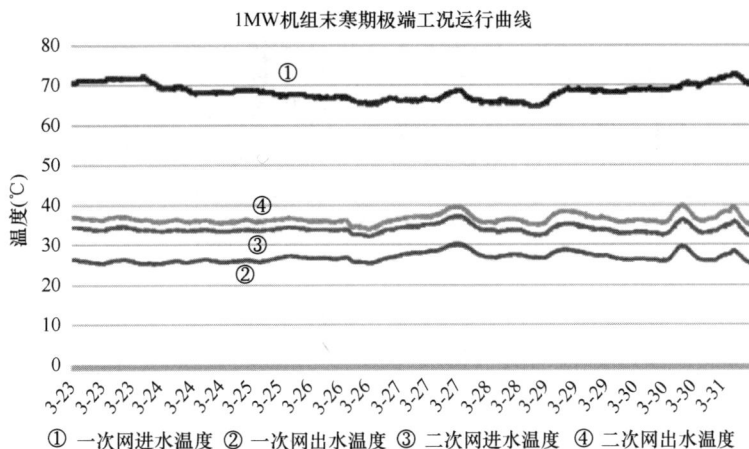

图 5.10　末寒期极端工况机组运行曲线（一）

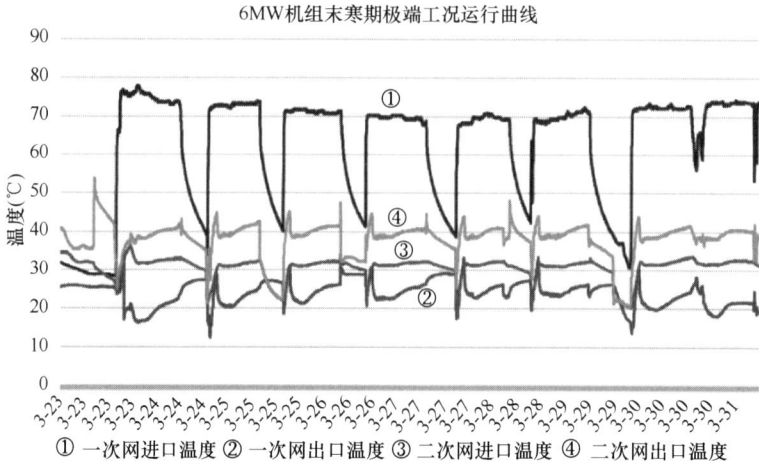

6MW机组末寒期极端工况运行曲线

① 一次网进口温度 ② 一次网出口温度 ③ 二次网进口温度 ④ 二次网出口温度

图 5.10　末寒期极端工况机组运行曲线（二）

5.2　楼宇立式多段吸收式换热器

5.2.1　原理、流程及基本结构

　　吸收式换热器看似与制冷机的结构相似，然而由于流程以及应用领域的不同，使得吸收式换热器与传统吸收机相比有很大的区别。吸收式换热器中各器的热源或冷源进出口温升或温降比常规吸收机要大得多。吸收式换热器的流程中，由于发生器和蒸发器流的是同一股热水，热水在蒸发器侧温降可达 15～30K，冷凝器、吸收器侧冷源温升受到二次网参数的要求，一般需要达到 10～20K，这些都远高于常规吸收式热泵或制冷机的 5～10K 的设计参数。更大的进出口温差使得蒸发过程和冷凝过程均出现"大三角形"传热过程，存在较大的㶲耗散[9~10]，如图 5.11 所示。为了减少各个传热环节的耗散，提高机组的换热

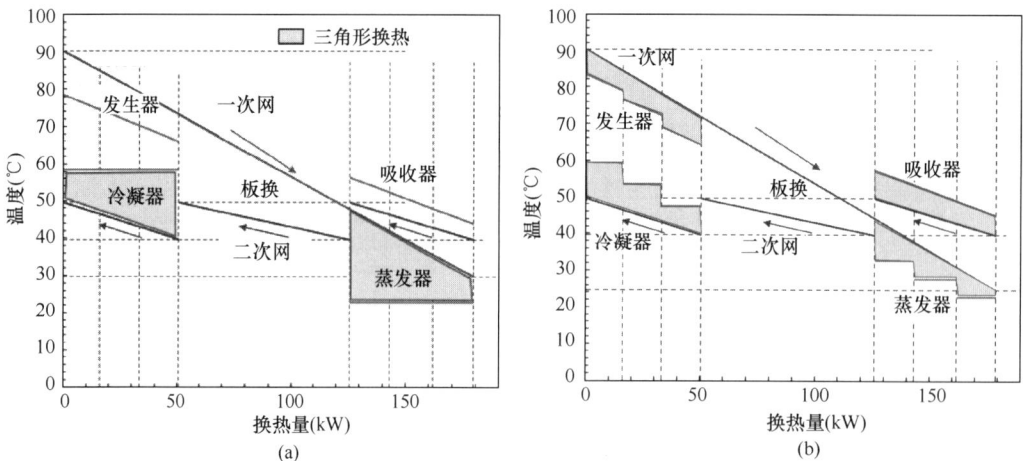

图 5.11　吸收式换热器内部换热过程 T-Q 图

（a）常规机组内部换热过程；（b）楼宇立式多段机组内部换热过程

性能，就需要基于吸收式换热器特殊的参数需求，从流程的优化出发研发多段吸收式换热器。

楼宇立式多段吸收式换热器内部基本流程如图 5.12(a) 所示，机组包括发生器、吸收器、冷凝器、蒸发器、溶液板式换热器、水-水板式换热器等核心部件，采用溴化锂-水作为工质对。机组内部的发生器、吸收器、冷凝器、蒸发器被进行了纵向分段设计，形成多个发生-冷凝单元及多个吸收-蒸发单元，热侧流体或冷侧流体在经过各个单元时的温升或温降从 10～30K 减小到 10K 以下，从而将常规吸收式换热器中的大"三角形"换热过程划分成多个小"三角形"换热过程，如图 5.12(b) 所示，有效减小传热㶲耗散，提高机组的换热性能。

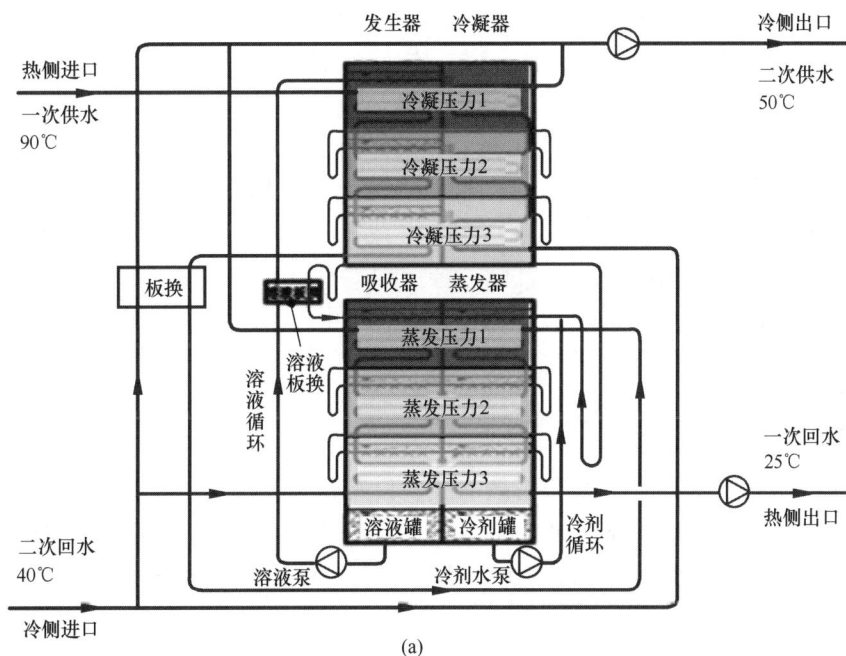

(a)

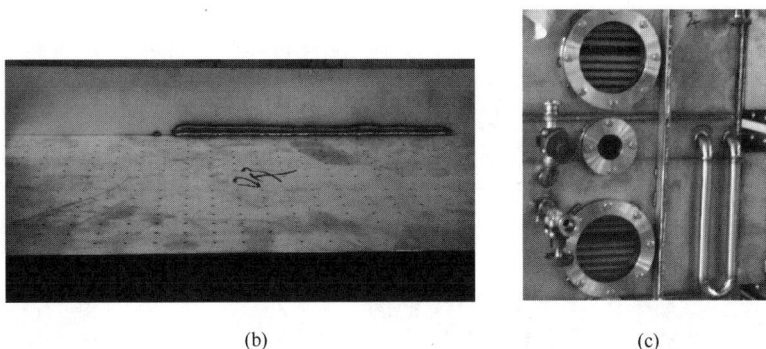

(b)　　　　　　　　　　(c)

图 5.12　楼宇立式多段吸收式换热器

(a) 流程图；(b) 布液槽内的布液孔板；(c) 连接两个腔体的 U 形管隔压装置

外部热侧流体依次串联经过各段发生器、水-水板式换热器、各段蒸发器进行放热，从蒸发器底部离开机组；冷侧流体分为两个支路，第一支路以串联或并联的形式流过吸收器和冷凝器吸热，第二支路流过水-水板式换热器吸热，两个支路混合后离开机组。

机组采用立式结构，从上到下依次为发生-冷凝单元、吸收-蒸发单元以及吸收器底部的溶液罐和蒸发器底部的冷剂水罐，发生-冷凝单元和吸收-蒸发单元内部又通过隔板进行纵向分段，发生器、吸收器、蒸发器各段上部设有布液槽，布液槽内采用孔板进行布液，形成降膜传热传质过程，各器相邻两段之间采用 U 形管连接[11,12]，用于隔绝不同腔体的压力并提供工质（溴化锂溶液、冷剂水）的流通通道，图 5.12(b) 和图 5.12(c) 为实际机组中的孔板及 U 形管。

基于上述纵向分段设计及外部流体流动方向，机组稳定运行时在内部多个发生-冷凝单元及吸收-蒸发单元形成从上到下逐段递减的压力梯度（冷凝压力 1＞冷凝压力 2＞冷凝压力 3＞蒸发压力 1＞蒸发压力 2＞蒸发压力 3），工质可在高差和压力差的作用下自发地从上一腔体经过 U 形管流入下一腔体，这就实现了溶液或冷剂水在多段腔体之间的自然流动，整个机组多段之间的工质流动仅需一台溶液泵和一台冷剂水泵就可完成，避免了多台泵联合运行时的复杂流量分配问题，使得机组运行更加稳定。

同时，机组采用立式结构并实现机组的小型化，单体容量从传统卧式机组的 2～16MW 减小到 200kW，单体占地仅为 1～3m²，减小单机容量的同时降低了对应用场地的空间要求。由于 200～600kW 供热量已经达到单体建筑的供热规模，此吸收式换热器可以支持楼宇供热模式，为每栋建筑独立供热，同时兼具楼宇供热和吸收式换热的优势，因此被称为楼宇立式多段吸收式换热器。

5.2.2　结构及工艺优化

作者所在团队于 2013 年研发出首台立式多段吸收式换热器样机[4,12]，此后不断对机组的结构工艺进行优化，以降低加工难度，减小机组占地及体积，提高机组的运行稳定性、使用寿命及空间利用率，经过五代机组的研发，机组的外形、选材、结构有了很大变化，整体高度也从首台样机的 5.1m 降低至 3.1m，如图 5.13 所示，这一高度仍有一定的优化空间。

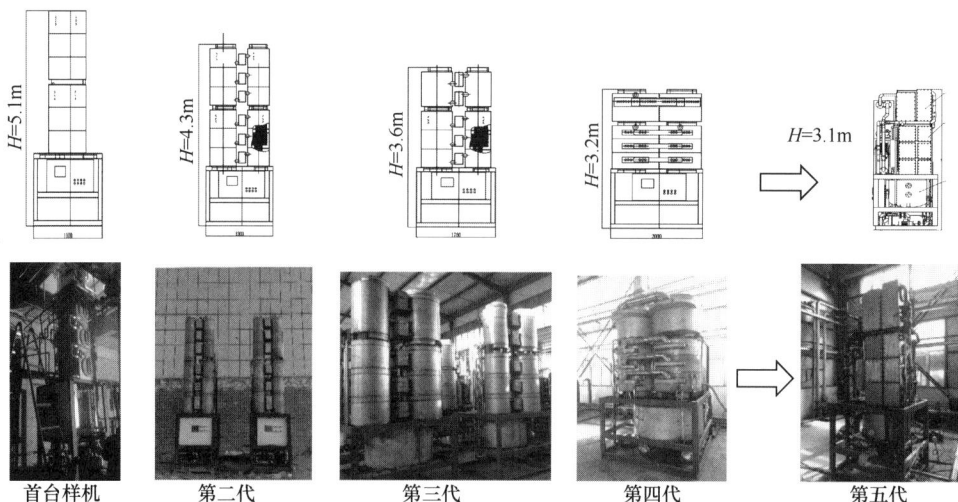

图 5.13　楼宇立式多段吸收式换热器的各代机组

1. 分段段数的确定

吸收式换热器采用分段设计可以实现冷凝器和蒸发器内更加匹配的换热过程，所分段数越多则冷凝过程和蒸发过程的㶲耗散越小，机组性能越好。然而，随着段数的增加，机组的制造复杂度明显提升，成本增加，机组尺寸也会增加，导致机组的适用性降低，因此合理选择分段段数对于机组的设计非常重要。

采用多段吸收式换热器稳态模拟的方法，对比不同段数热侧出水温度比较[4,5,13]，如图 5.14 所示。随着段数的增加，热侧出水温度越来越低，两段机组性能比传统单段机组有明显提升，而三段机组性能相比两段机组性能也有一定的提升；而随着段数的增加，每增加一段时性能提升幅度越来越小，当段数超过三段时，出水温度降低的幅度已经很小，因此，在多段吸收式换热器设计时，机组的段数一般不超过三段。特别是当冷凝器与吸收器串联或者机组应用于辐射底板为末端的系统时，由于冷凝器二

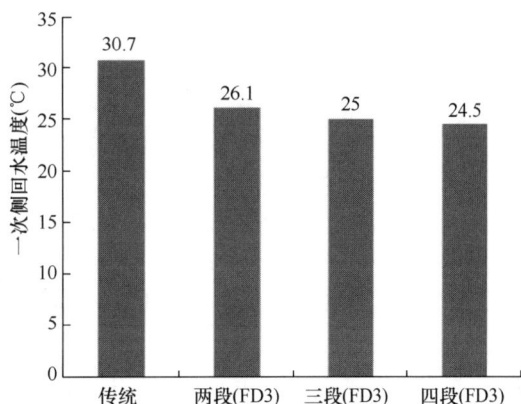

图 5.14　不同段数热侧出水温度比较

次网进出口温差小（3~5K），一般并不需要对发生-冷凝单元分段，而只需要对吸收-蒸发单元进行分段设计，从而简化机组加工流程，并降低机组制造成本。

2. 挡液方式的改进

吸收式换热器或吸收式热泵内的发生器与冷凝器之间，或者吸收器与蒸发器之间，均设有蒸汽流动通道，以支持发生器中水蒸气进入冷凝器被冷凝，以及蒸发器中蒸发的水蒸气进入吸收器中被吸收。在蒸汽通道上通常设有挡液装置，来防止水蒸气流动过程中夹带溶液液滴进入冷剂水侧，从而造成冷剂水的污染。传统吸收式换热器的发生器与冷凝器之间通常为上下结构，即冷凝器在上、发生器在下，这一设计中挡液装置往往比较容易设计，溶液难以从低处的发生器进入高处的冷凝器，但这一结构往往使得机组高度很高，适用于对于机组高度没有明确要求的大型卧式吸收式换热器。在楼宇吸收式换热器中，由于机组往往被设置于地下室，高度要求比较苛刻，机组中的发生器和冷凝器通常为左右结构，这就对挡液装置的挡液能力提出了较高要求。在较早的楼宇吸收式换热器设计中，机组曾采用内部百叶型挡板或者外置挡板挡液箱的设计，如图 5.15 所示，在正常运行中这些挡液装置完全可以满足机组挡液需求，然而由于挡液设计需要满足较高的蒸汽流动截面积以降低蒸汽流速，这类挡液装置通常需要设置多个板片，使最低点距离腔体底部较近，当机组出现积液现象后，溶液很容易通过挡液装置最低点进入冷剂水侧，造成冷剂水侧污染，导致机组性能迅速明显下降。

为了避免这一问题，对挡液方式进行了优化设计，在机组内部普遍采用了挡管型挡液装置[14]，如图 5.16 所示，挡管底部通常距离腔体底部较远，使得机组内部即使出现积液现象，也不会造成溶液对冷剂水侧的污染。

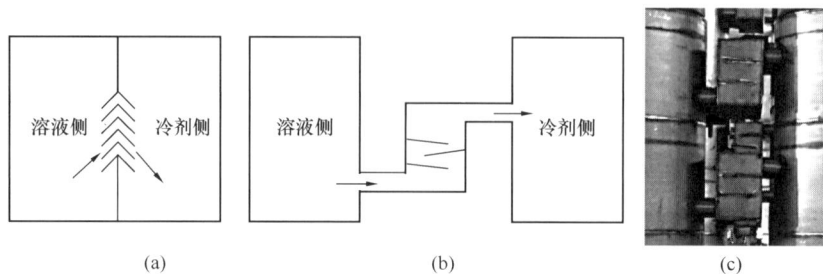

图 5.15　较早设计中的挡液装置

（a）百叶型挡板；（b）外置挡板挡液箱；（c）挡液箱实图

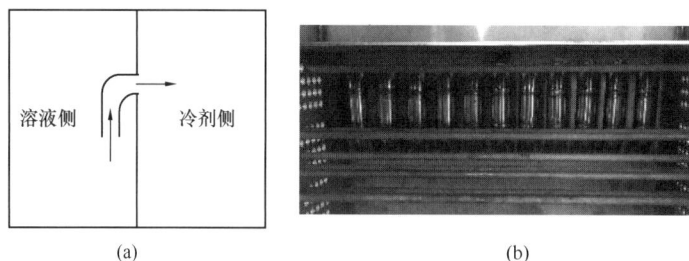

图 5.16　优化后的挡管挡液设计

（a）挡管挡液设计；（b）挡管侧面照

3. 换热管材料及整机形式改进

早期设计的楼宇吸收式换热器采用铜质螺旋盘管作为内部换热管，同时各器采用独立的圆筒形壳体作为外壳，整机主要由四个圆筒形的部件组成，如图 5.17 所示。采用螺旋盘管作为换热管可以有效降低流体在管内的流动阻力并减少焊点的数量，被广泛应用于小容量的吸收式热泵及吸收式换热器中。

图 5.17　采用螺旋盘管的圆筒机组

（a）螺旋盘管；（b）整机照片

然而，采用螺旋盘管的圆筒机组很难对管内水侧进行清洗和维护。随着使用时间的增加，管内逐渐积累水垢，一方面影响盘管的换热系数，另一方面使得管内的流动阻力逐渐变大。而圆筒结构的吸收式换热器中，各器为了保证机组内部长期运行的真空气密性，其外壳均为焊接密封，同时换热管在内部采用螺旋式结构，这一设计令机组在非供暖季难以进行管内结垢的清洗，同时采用圆筒设计时，如果长期运行后盘管某处出现真空漏点，则需要对整个反应器进行分解才能对内部换热管进行修补，甚至整个反应器都需要进行更换，这些问题都使得双筒结构机组的后期维护成本巨大。

再如，双筒结构的吸收式换热器外壳采用不锈钢作为材料，内部换热盘管采用铜作为材料，因此机组内存在两种金属材料相互紧密连接，并会与溶液接触，原理上可能发生电化学腐蚀，由于铜比不锈钢更加活泼，因此在机组长期运行后，理论上存在铜管因电化学腐蚀而出现盘管穿透，破坏机组真空工作环境的可能，从而影响机组的运行寿命。

基于以上双筒结构吸收式换热器长期运行中可能面临的问题，提出了方形直管结构立式多段吸收式换热器（图 5.18）。从整机结构上，新设计跳出了多代立式多段吸收式换热器采用的双筒结构，以及传统小型吸收式热泵常用的内部螺旋盘管结构，转而采用立式方形结构，内部采用直管换热管设计；从材料选择上，直管换热管的设计使得换热管可以选用与外壳相同的材料，甚至比外壳性质更加稳定的不锈钢材料。

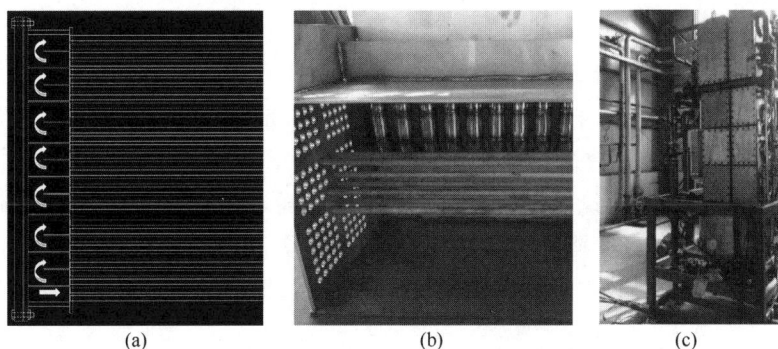

图 5.18　方形直管结构立式多段吸收式换热器
（a）多管程设计；（b）直管换热管；（c）机组照片

5.2.3　基本性能

本节以最新设计的方形机组为例，给出楼宇立式多段吸收式换热器的机组设计参数及实测机组变工况性能。

方形机组的设计一次侧供水温度为 90℃，二次侧供水温度为 50℃，回水温度为 40℃，在衡量机组成本与机组性能后确定一次侧回水温度设计值为 30℃，换热器效能 1.20。机组的供热量为 200kW，供热面积约为 5000m²。机组占地 1.5m²，高度 3.1m。

表 5.6 给出了方形机组的设计参数以及典型变工况参数。机组在超过设计供热量 10% 的工况，仍然能够保证一次侧回水温度在 30℃ 以下，换热器效能达到 1.21，机组性能超过设计值。同时，在表 5.6 中还列出了机组用于辐射地板末端供热的情况，在采用辐射地板末端供热时，二次侧的流量变大，二次侧供回水温差减半，机组冷侧与热侧流量比从 6：1 提高到 12：1，机组相应的一次侧回水温度更低，可以达到 27.5℃，换热器效能达到 1.25，性能更高。

方型机组相关参数　　　　　　　　　　　　表 5.6

参数	单位	设计值	高负荷率	中负荷率	低负荷率	辐射地板工况
一次侧供水温度（热侧进水）	℃	90	91	79.8	67.4	90.8
一次侧回水温度（热侧出水）	℃	30	29.4	32.2	29.5	27.5
二次侧供水温度（冷侧出水）	℃	50	50.8	48.3	41.8	45.3
二次侧回水温度（冷侧进水）	℃	40	40.1	40.2	36.3	40.1
供热量（换热量）	kW	200	220	166	133	224
换热器效能	—	1.20	1.21	1.20	1.22	1.25

5.3　第二类吸收式换热器

5.3.1　背景介绍

随着我国工业水平的持续发展，我国工业中化工、水泥、其他建材窑炉、有色金属冶炼和钢铁五大行业的能耗占工业总能耗比重约 70%，而这五大行业的热效率一般只有 20%～60%。据 2013 年的数据，在建筑能耗中主要分为四个部分，分别是农村住宅能耗、城镇住宅能耗、公共建筑能耗和北方冬季供暖能耗，它们的占比为 23.6%、24.5%、27.9% 和 24.0%。作为建筑能耗占比较大的北方冬季供暖能耗，末端需求温度一般为 40～50℃，但是目前消耗的能源以煤炭和天然气为主，形式以燃煤锅炉、燃气锅炉、热电厂为主。

如果我们将中品位的工业余热或者低温核能热源用于供暖，将节省大量能源，提高能源利用率。工业余热具有品位低与输送距离较长的特点，这就成为工业余热利用面临的挑战。

近些年，为了利用一、二次网之间温差形成的有用能作为驱动力，付林老师提出了第一类吸收式换热技术[15]。在此基础上，谢晓云、江亿等提出了第二类吸收式换热器，进而提出了利用两类吸收式换热器实现低品位工业余热长距离输送的系统，如图 5.19 所示。在热源侧使用第二类吸收式换热器将中温热提升品位，将小温差变换为大温差，同时可以利用更多中品位的废热，而在热用户处再利用第一类吸收式换热器将大温差变换为小温差，输送给热用户。在温差变换的过程中实现了热量的大温差输送，节约了输送成本和管道投资，另外也可以尽可能利用中品位热量。

上述系统既可以用于吸收中温的工业余热，也可以与各个工业流程相结合实现节能减

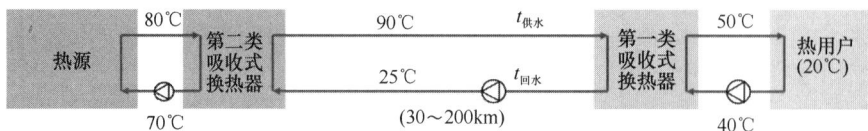

图 5.19　类"变压器"式热量长距离大温差输送系统原理图

排的目标。

在系统中，第二类吸收式换热机组作为系统的核心部件之一，功能上实现了对于中温热源的利用，通过热量变换的方式以达到更高的出水温度，与前述的第一类吸收式换热器相似，实现了热量变换的功能。在结构上，其表现为第二类吸收式热泵与一个水-水板式换热器的结合。

在应用方面，可以将第一类与第二类吸收式换热器加入到热电厂供暖系统中，如图 5.20 所示。在热电厂处，利用第二类吸收式换热器将抽汽输入的中温热量提升到高温热，在末端利用第一类吸收式换热器降低回水温度。该系统可以降低热电厂的抽汽温度多发电，也降低了输送初投资与成本。

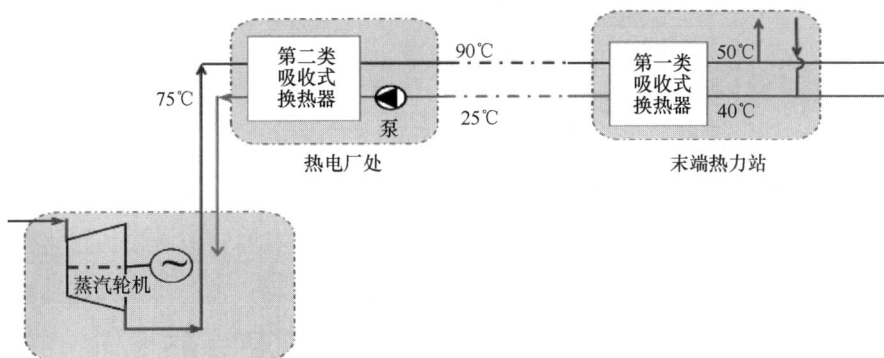

图 5.20 背压式热电机组供热系统原理图

对于其他应用场景，应用的原理基本类似，类似的应用还有泳池式低温核供热堆、钢铁厂冲轧水余热回收、电厂高温蒸汽品位提升、食品行业高温消毒、制冷提高辐射末端回水温度等。在应用时，由于吸收式换热器的成本等问题，需要进行详细的设计以及经济性分析。

5.3.2 机组流程及参数设计

1. 机组流程介绍

本节所介绍的第二类吸收式换热机组[15]，2017 年 5 月于赤峰改造完成，类似于前文中提到的大型立式吸收式换热机组，采用多段立式结构，最终实现大温度提升。

如图 5.21 所示，机组由六个主要部件组成，包括四个核心部件即吸收式热泵传统的发生器、吸收器、蒸发器及冷凝器，另为实现吸收式换热器的功能，需要溶液换热器和水-水板式换热器。附属部件包括溶液罐与冷剂水罐，因为采用竖直结构，机组除去一个溶液泵以及一个冷剂水泵外，其余部分均采用重力自流方式进行循环。图中可以看到，由于采用了多段方式（3+3），发生器、冷凝器、吸收器、蒸发器均用隔板分为三段，段与段间通过 U 形管连接以完成隔压。每一级均设置盘管于布液板之下，布液板均匀开孔，尽可能使溶液与管内水充分换热。

实际运行时，工作流程如下：热源侧水分三股，并联流入发生器，蒸发器以及水-水板式换热器，水在三个部件释放热量后混合最终排出。热汇侧水从冷凝器流入机组，其后进入水-水换热器提取热量，最后从吸收器流出达到最高温。冷剂水在冷凝器及蒸发器中

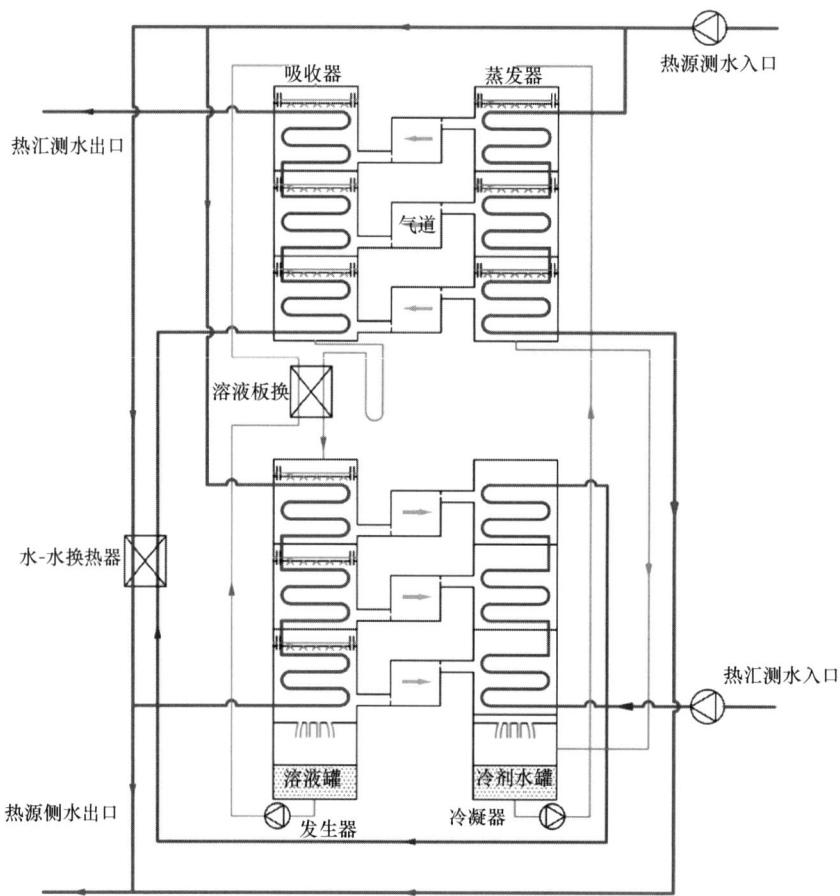

图 5.21 第二类多级吸收式换热器流程图

循环，同时溶液在发生器及吸收器中完成循环。

第二类吸收式换热器的换热过程如图 5.23 所示。

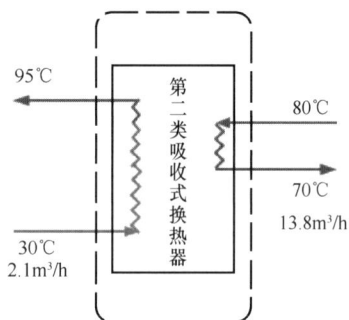

图 5.22 机组设计工况

2. 机组参数设计

机组设计参数通过 EES 软件进行模拟试算实现，由于篇幅所限不在此展示模拟过程，仅在此展示设计参数。设计所用模型作为依据将与实测结果进行比对。

图 5.22 显示了机组要求的外部典型工况参数。热源侧进/回水温度为 80℃/70℃，流量大小为 13.8m³/h，热汇侧进/回水温度为 30℃/95℃，流量大小为 2.1m³/h，设计机组换热量为 160kW。通过设计机组实现了流量极度不匹配下的换热过程，实现了大温升。

通过模拟程序试算，设计机组内部面积分配如表 5.7所示，图中下标表示不同的器件，数字表示不同级数，SHE 表示溶液板式换热器，WHE 表示水-水板式换热器。

机组内部面积分配（单位：kW/K）　　　　　　　表 5.7

KA$_{g1}$	KA$_{g2}$	KA$_{g3}$	KA$_{c1}$	KA$_{c2}$	KA$_{c3}$	KA$_{SHE}$
1.8	1.8	1.8	3.2	3.2	3.2	1.8
KA$_{a1}$	KA$_{a2}$	KA$_{a3}$	KA$_{e1}$	KA$_{e2}$	KA$_{e3}$	KA$_{WHE}$
2.1	2.1	2.1	2.3	2.3	2.3	12

机组设计换热过程在 T-Q 图中如图 5.23 所示，冷凝器与蒸发器压力被分割为三级不同压力，减小了由于三角形换热所带来的换热损失。同时，由于第二类吸收式热泵中溶液换热器的限制，发生器入口溶液过热而吸收器入口溶液过冷，最终会呈现出如图中所示的过程进行换热。

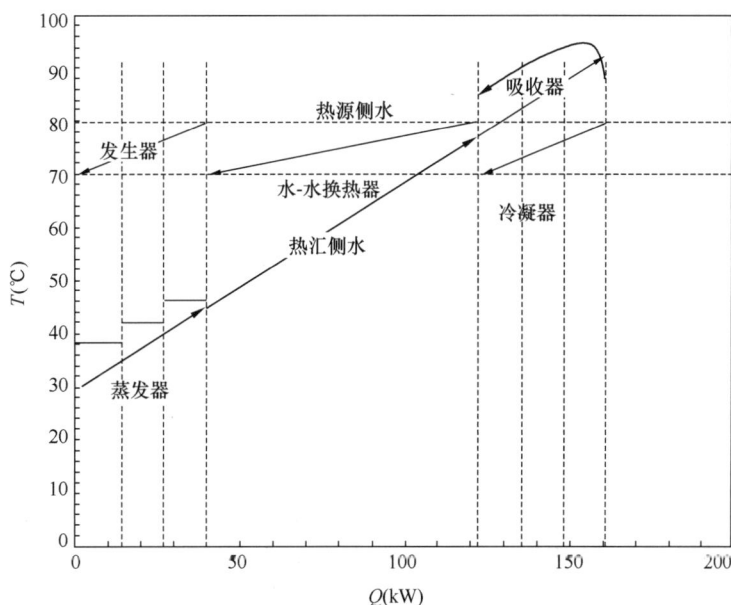

图 5.23　第二类机组换热 T-Q 图

5.3.3　机组实际性能表现

1. 机组测试介绍

根据前述设计及模拟结果，重新设计并改造了机组。图 5.24 所示为实际的"3＋3"第二类吸收式换热器机组，机组尺寸为 1.2m×1.2m×5.1m。

在为期一个月的测试期间，课题组完成了 20 多组独立实验，包括一些不稳定的工况，每次实验的长度保持在 3～6h。在试验中，冷却塔用作天然冷源，热源水通过蒸汽加热。由于冷却塔的性能受天气影响，因此测试过程需要很长时间才能达到稳定。通常认为该装置的内部压力在 30min 内，浮动不超过 5％时稳定。选择 20 组稳定的工况进行分析。

图 5.25 所示为选定的 20 组工况，可以看到所有工况下热不平衡率均控制在 20％以内。

图 5.24   测试机组

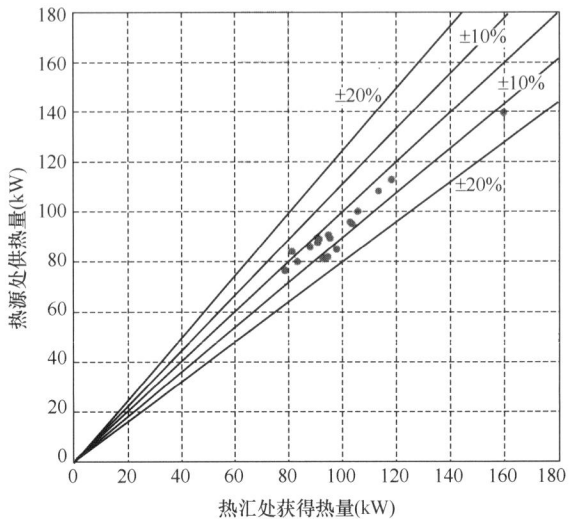

图 5.25   测试工况不平衡率

2. 机组测试结果

与第一类吸收式换热器类似，可以选取三个主要参数对实验结果进行评价，以图 5.26 所示实测典型工况为例。

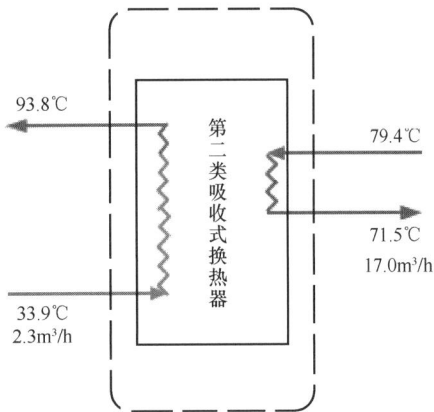

图 5.26   实测典型工况外参数

提升温度即热汇水的出水温度与热源水的入口温度之差，如图中所示 93.8℃－79.4℃＝14.4℃。

吸收式换热器效能 ε，前述章节提到主要用于衡量吸收式换热器的提升能力，对于该典型工况其值为 1.32，略微高于设计工况的 1.30，计算方式为

$$\varepsilon = \frac{t_{\mathrm{w,r,o}} - t_{\mathrm{w,r,in}}}{t_{\mathrm{w,s,in}} - t_{\mathrm{w,r,in}}} = \frac{93.8℃ - 33.9℃}{79.4℃ - 33.9℃} = 1.32$$

COP 为衡量吸收式热泵的主要参数，定义与第二类吸收式热泵 COP 定义类似。

给出部分机组实测结果进行分析，如表 5.8 所示，可以在典型工况下看到机组表现良好，COP 集中于 0.32～0.37 之间，同时提升系数 ε 维持在 1.25～1.31 之间。

部分典型测试工况　　　　　　　　　　　　　表 5.8

组别	热源进水（℃）	热源出水（℃）	热汇进水（℃）	热汇出水（℃）	总换热量（kW）	负荷率	流量比	提升温度（℃）	温度效率	COP
1	79.28	69.17	27.29	94.3	113.57	72.49%	6.32	15.02	1.288	0.37
2	77	67.48	28.21	91.48	103.6	66.31%	6.11	14.48	1.296	0.368
3	77.31	68.32	35.35	91.2	93.04	59.17%	5.8	13.89	1.307	0.381
4	79.44	69.55	29.12	93.7	105.74	67.49%	6.18	14.26	1.284	0.332

续表

组别	热源进水 (℃)	热源出水 (℃)	热汇进水 (℃)	热汇出水 (℃)	总换热量 (kW)	负荷率	流量比	提升温度 (℃)	温度效率	COP
5	77.96	68.15	28.68	91.32	106.2	68.16%	6.16	13.36	1.271	0.318
6	75.89	67.81	31.34	88.08	94.5	60.54%	5.91	12.19	1.285	0.355
7	76.86	68.48	31.58	88.22	96.01	61.09%	5.98	11.36	1.25	0.352

5.4 可拆板式降膜型吸收式热泵基本单元

传统吸收式热泵多采用的是管壳式结构，体积较大且造价相对较高，一定程度上限制了吸收式热泵的推广应用，基于此，笔者将紧凑度更高的板式结构应用在吸收式热泵中，研发了一种可拆板式降膜型吸收式热泵[17,18]。如图5.27所示，可拆板式降膜型热质交换模块由两个对称的换热模块组成，每个换热模块又由数个板对接组成的换热单元构成，每个换热单元中，布液器与板片直接相连形成整体，工质进入换热模块的入液腔1后，被分配到各个换热单元的贮液区5中，随着贮液区中的液位逐渐上升，工质液体漫过溢液堰4形成贴着板片的液膜并沿着板片向下流动，在工质通道6内与热媒进行间壁式传热并完成热质交换过程（吸收、发生、蒸发、冷凝），此后工质液体汇聚于出液腔8内集中流出热质交换器。对于常见的溴化锂机组而言，其工质侧为真空环境，而热媒侧为常压环境，在实际应用中往往要求在保证真空不被破坏的前提下实现常压热媒侧可以拆洗。类似于两手手指的交叉，这种对称交叉的结构可以在不破坏工质通道真空环境的情况下，实现热媒通道7的拆洗。由于吸收式热泵的吸收器、发生器、蒸发器和冷凝器本质上均为热质交换器，因此这种可拆板式降膜型热质交换器也可以作为这四个器，并组装成可拆板式降膜型

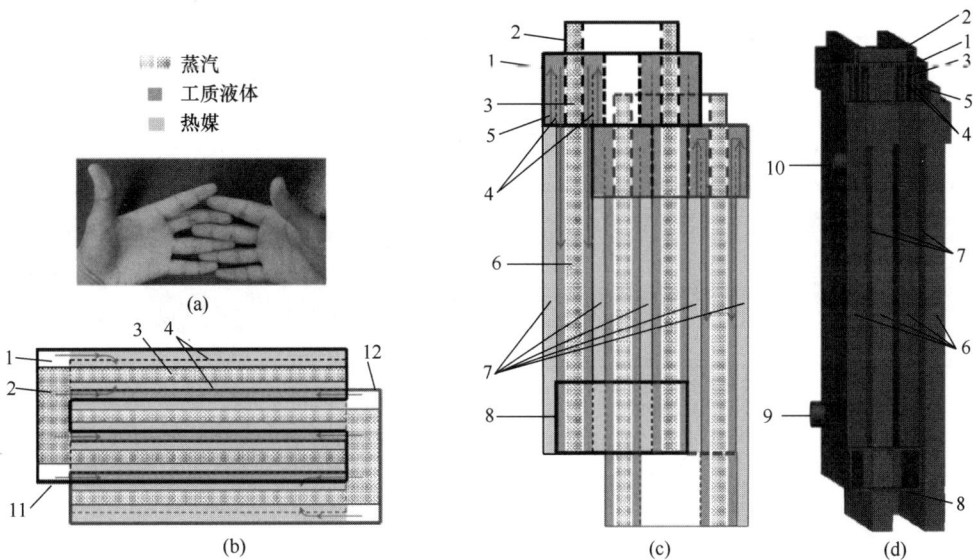

图5.27 可拆板式降膜型热质交换器示意图

（a）手指交叉类比可拆；（b）俯视图；（c）侧视图；（d）概念渲染图

1—入液腔；2—蒸汽腔；3—蒸汽通道；4—溢液堰；5—贮液区；6—工质通道；
7—热媒通道；8—出液腔；9—热媒入口；10—热媒出口；11/12—换热模块

吸收式热泵机组。

为了减少真空连接部件，可进一步将两个热质交换器通过蒸汽管连接成热质交换器对，一个热质交换器对可作为发生-冷凝器或吸收-蒸发器。近年来笔者所在的课题组研发了第一代可拆板式降膜型热质交换器对样机（DPF-AHP 1.0）及在此基础上进行布液优化后的样机（DPF-AHP 1.5）。下面从发生-吸收工况和蒸发-冷凝工况两个方面展示 DPF-AHP 1.0 和 DPF-AHP 1.5 两个版本样机的热质交换性能。

5.4.1　发生-冷凝工况

对发生器进行实验测试时，控制发生器热流密度为 $8.0kW/m^2$。如图 5.28 所示，当溶液流量从 1.8kg/(m·min) 升高至 5.8kg/(m·min)，发生器综合传热系数从 0.607kW/(m²·K) 升高至 1.008kW/(m²·K)，传质系数从 4.4×10^{-5}m/s 升高至 18.4×10^{-5}m/s。DPF-AHP 1.5 的传质系数相比于 DPF-AHP 1.0 有较大的提升，已经与传统横管降膜式的发生器传质性能相当。

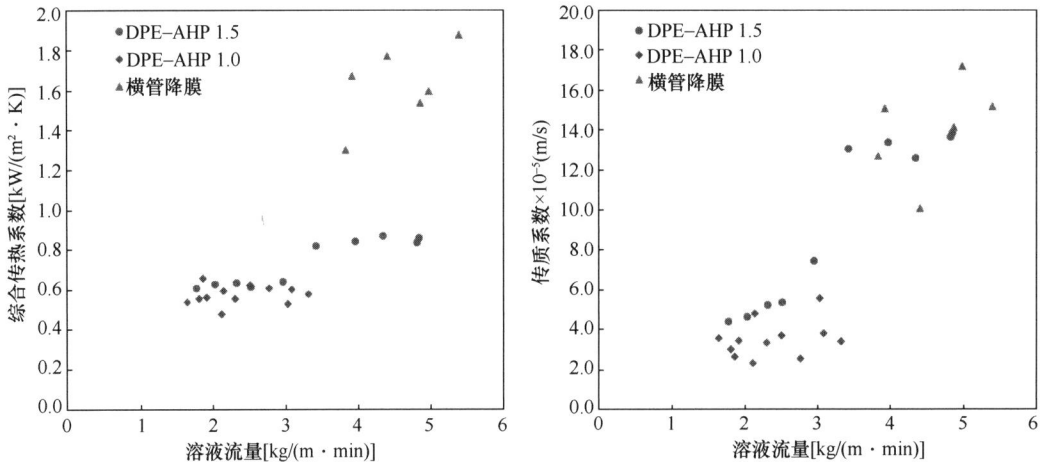

图 5.28　发生器热质交换性能

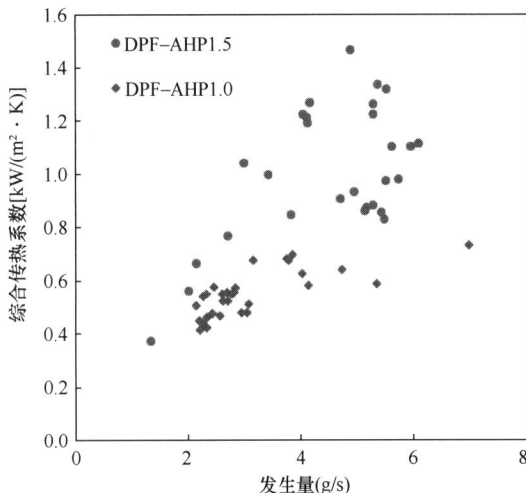

图 5.29　冷凝器综合传热系数

对冷凝器进行实验测试时，冷却水流量和冷却水入口温度分别限定为 1.0kg/s 和 20.8℃。如图 5.29 所示，随着发生量从 1.32g/s 升高至 6.08g/s，冷凝器综合传热系数从 0.372kW/(m²·K) 升高至 1.466kW/(m²·K)。DPF-AHP 1.5 的冷凝综合传热系数相比于 DPF-AHP 1.0 有明显改善。

5.4.2　吸收-蒸发工况

如图 5.30 所示，随着溶液流量从 2.7kg/(m·min) 升高至 7.4kg/(m·min)，综合传热系数从 0.235kW/(m²·K) 升高

至 $0.422kW/(m^2 \cdot K)$，传质系数从 $0.7 \times 10^{-5} m/s$ 升高至 $1.5 \times 10^{-5} m/s$。

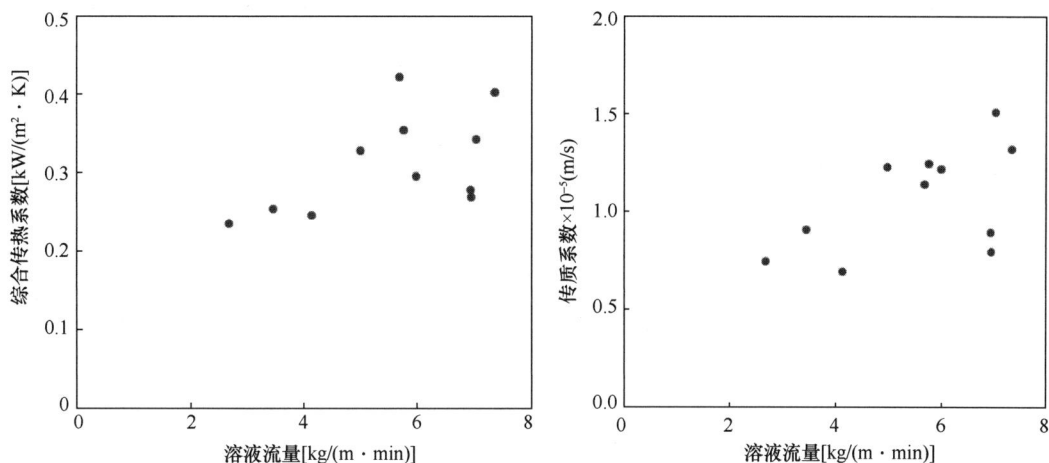

图 5.30　吸收器热质交换性能

将蒸发器热水流量限定为 $1.2kg/s$，如图 5.31 所示，在蒸发量从 $1.27g/s$ 至 $3.34g/s$ 的变化范围内，蒸发器综合传热系数在 $0.785kW/(m^2 \cdot K)$ 至 $1.173kW/(m^2 \cdot K)$ 范围内波动变化。

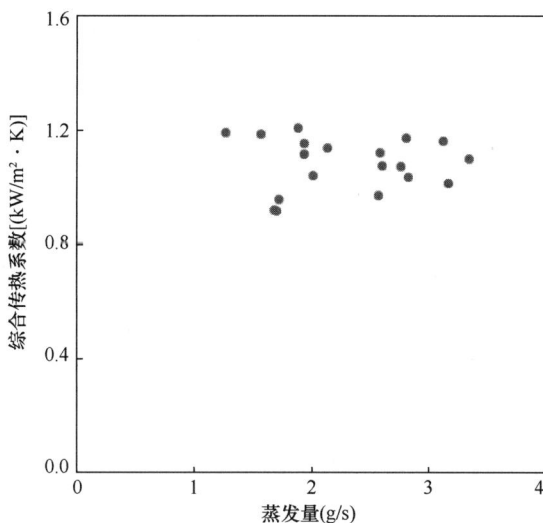

图 5.31　蒸发器综合传热系数

从目前的样机实验结果来看，这种新型可拆板式降膜型结构展示了替代传统管壳式结构的潜力，但是在布液与传热传质优化方面仍然有较大的提升空间，笔者所在的课题组将在未来在这一方向持续进行研究。

本章参考文献

［1］　李静原. 吸收式热泵中吸收器传热传质与匹配特性研究［D］. 北京：清华大学，2016.

［2］　WANG X Y, ZHAO X, FU L. Entransy analysis of secondary network flow distribution in absorption heat exchanger[J]. Energy, 2018, 147: 428-439.

[3] JIANG Y, XIE X Y, FU L, et al. A new type of fundamental unit of the absorption refrigerator realizing large temperature lift/drop[P]. CN101852510 B, 2013-8-21.

[4] WANG S, XIE X Y, JIANG Y. Performance analysis on the large temperature lift/drop multi-stage vertical absorption temperature transformer[J]. Refrig, 2013, 34(6): 5-11.

[5] WANG S, XIE X Y, JIANG Y. Optimization design of the large temperature lift/drop multi-stage vertical absorption temperature transformer based on entransy dissipation method[J]. Energy, 2014, 68: 712-721.

[6] ZHU C Y, XIE X Y, JIANG Y. Simulation of fluid flow characteristics of multistage vertical-type absorption heat exchanger[C]. ISHPC 2014, Maryland, USA, 2014.

[7] ZHU C Y, XIE X Y, JIANG Y. A multi-section vertical absorption heat exchanger for district heating systems[J]. Refrig, 2016, 71: 69-84.

[8] 才华, 谢晓云, 江亿. 多级大温差吸收式换热器的设计方法研究与末寒季性能实测[J]. 区域供热, 2019(1): 1-7, 25.

[9] 刘晓华, 谢晓云, 张涛, 等. 建筑热湿环境营造过程的热学原理[M]. 北京: 中国建筑工业出版社, 2016.

[10] WANG S, XIE X, JIANG Y. Experimental investigation of two-phase flow characteristics of LiBr/H2O solution through orifice plates in vacuum environment[J]. International Journal of Refrigeration, 2014, 38(1): 267-274.

[11] 谢晓云, 江亿, 王升, 等. 一种 U 形管隔压和孔板布液装置及方法: CN 104006569A[P]. 2014.

[12] 王升. 大温升/降吸收式换热器研究[D]. 北京: 清华大学, 2014.

[13] YI Y H, XIE X Y, JIANG Y. A two-stage vertical absorption heat exchanger for district heating system[J]. International Journal of Refrigeration, 2020, 114: 19-31.

[14] 江亿, 谢晓云, 王升, 等. 一种挡管型挡液及蒸汽流动装置及方法: CN104006587A [P]. 2014.

[15] 付林, 江亿, 张世钢. 基于 Co-ah 循环的热电联产集中供热方法[J]. 清华大学学报(自然科学版), 2008, 48(9): 1377-1380.

[16] HU J, XIE X Y, JIANG Y. Design and experimental study of a second type absorption heat exchanger[J]. International Journal of Refrigeration, 2020, 118: 50-60.

[17] HU T L, XIE X Y, JIANG Y. Design and experimental study of a plate-type falling-film generator for a LiBr/H2O absorption heat pump[J]. International Journal of Refrigeration, 2017, 74: 304-312.

[18] 胡天乐. 可拆板式降膜型热质交换器的研发及其关键问题研究[D]. 北京: 清华大学, 2020.

第6章 吸收式换热的运行调节与控制

6.1 吸收式换热器运行过程出现的典型问题及应对策略

6.1.1 工质自然流动相关问题

吸收式热泵和吸收式换热器正常运行中，内部存在两个循环：溶液侧循环和冷剂水侧循环。机组通常配备一个溶液泵和一个冷剂水泵，分别将溶液和冷剂水从溶液罐和冷剂水罐泵至发生器和蒸发器，这两个过程属于机械流动，机组内除此以外的溶液或冷剂水的流动过程大多以流体的自然流动形式完成，这包括：发生器出口的浓溶液经溶液板式换热器流至吸收器的过程、冷凝水从冷凝器流至蒸发器的过程、分段机组中溶液或冷剂水在相邻两段之间的流动过程等。相比机械流动，两腔体之间的自然流动过程更难主动调节，其流动过程完全由两腔体之间的压力差、自由液位的高度差以及流动阻力特性来决定，机组内部由于工况变化带来的压力或者液位的变化都会对自然流动产生较大影响，从而影响机组运行的稳定性，因此机组运行过程中最典型的问题就是工质自然流动的问题。

1. 压差反向现象

两个腔体之间上高下低的压力差是吸收式热泵和吸收式换热器内部工质自然流动最主要的动力，一般只有机组正常运行满足位置较高的腔体压力高于位置较低的腔体压力时才会在两个腔体间采用自然流动。当吸收式热泵或吸收式换热器的冷凝器与蒸发器之间、发生器与吸收器之间以及多段吸收式换热器的各段之间均满足上部腔体压力高于下部腔体压力这一条件时，采用自然流动设计简化机组运行调节控制策略。当两个腔体之间的压力差出现波动时，自然流动过程会受到相应的影响。更极端的情况是，两个腔体之间的压力差变为负值，即上部腔体的压力低于下部腔体，那么两个腔体之间的自然流动就会受到阻碍，我们称这一现象为压差反向现象。在实际机组运行中发现，机组稳定运行时均满足压力上高下低，自然流动较为稳定，而在两类特殊工况下则出现了压差反向现象：

首先是启动工况，现有启动策略是先依次开启冷剂水泵和溶液泵，待冷剂水和溶液循环稳定后，再通入冷热源。调试中发现，在循环冷剂水及溶液未通入冷热源的阶段，机组内部冷凝压力迅速降低，使得发生-冷凝单元最下段腔体压力低于吸收-蒸发单元最上段腔体压力，出现压差反向现象，反向压差达到1.5kPa或者更高，如图6.1所示，造成溶液从发生器向吸收器的流动不畅。

其次，在热源故障的变工况过程，一次网温度大幅降低，二次网温度由于房间热惯性而变化较小，发生-冷凝单元压力大幅降低，使得发生-冷凝单元最下段腔体压力再次低于吸收-蒸发单元最上段腔体压力，出现压差反向现象，反向压差达到2kPa以上，使得溶液流动受阻。

压差反向是机组内部特定传热传质过程造成的结果，什么工况下会出现压差反向？反

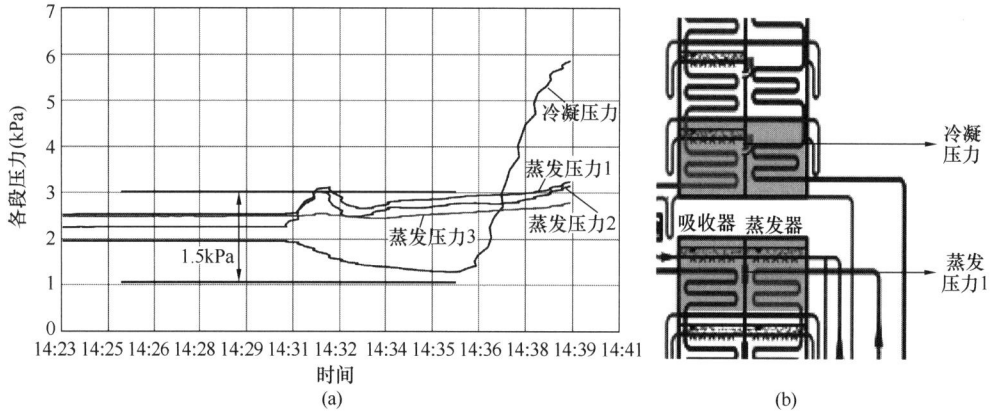

图 6.1　压差反向现象

(a) 压力变化及反向压差；(b) 压差反向的两个腔体

向压差有多大？针对这一现象目前缺乏足够的认识以反映其内在机理。

2. 腔体积液现象

机组内工质从高压腔体经隔压 U 形管自然流动至低压腔体，由于 U 形管进口压力高于出口压力，U 形管下降管液位一定会低于 U 形管进口液位。如果该流动受阻就会导致下降管液位不断升高，当液位升高至 U 形管进口以上时就会在与 U 形管进口相连的高压腔体底部产生积液，可能导致溶液溢液、冷剂水被污染、底部溶液泵和冷剂水泵吸空气蚀等问题。这一现象主要发生于两种情况：

首先是压差反向的工况，当压差反向时，U 形管出口连接腔体的压力高于 U 形管进口连接腔体的压力，导致 U 形管中自然流动受阻，当反向压差较大时，U 形管下降管液位高于 U 形管进口，上一段腔体出现积液，这一现象主要发生在前述启动过程或热源故障的过程，溶液从发生器到吸收器的流动受到阻碍，大量溶液聚集在发生器底部，积液达到 200mm 以上，不仅造成溶液罐内溶液量降低、溶液泵吸空，当积液高于发生器与冷凝器间挡液装置时，还造成溶液以溢液的形式进入冷凝器，污染冷剂水，造成不可逆的性能衰减。

其次是压差正向时出现的积液现象，当机组正常运行、腔体压力从上到下逐段降低时，在蒸发器侧发现了积液现象，这一积液现象往往出现在压力上高下低、上下压力差较大的工况，根据 U 形管两相流动出口压降特性，当上下压差较大时，U 形管出口剧烈闪蒸，压降随上下压差的增加而增加很多，此时若管内设计流速偏高，则出口压降就成为 U 形管自然流动的主要阻力，使得自然流动不畅，导致积液。

吸收式热泵或吸收式换热器内部的工质流动问题是内部压力变化和自然流动过程相互耦合的问题，一个压力的变化或一个腔体的积液现象将逐步影响整个机组其他部件的压力和流动过程，分析起来相对复杂，下一节将借助整机动态过程模拟进行更详细的分析。

6.1.2　污染问题

污染问题是指机组运行过程中，溶液通过飞溅、溢液或者蒸汽夹带小液滴的方式进入制冷剂侧使得纯制冷剂变成含有溶质的混合物，从而降低机组性能的问题。对于以溴化锂溶液为工质的吸收式热泵，当溴化锂溶液进入冷剂水中时，由于溴化锂溶质的沸点远高于纯水、难以挥发，进入到冷剂水侧的溴化锂很难再回到溶液侧，因此其对机组性能的影响是长期的、不可逆的。

污染问题使得蒸发器内循环喷淋的液体由纯水变成稀溶液，当蒸发压力不变时，循环喷淋液体的温度将会升高，其过程如图 6.2 所示，当污染使得循环喷淋液体的浓度由 0 上升到图中黑虚线所示浓度时，将使得喷淋液体的温度从 25℃上升至 30℃，使得蒸发器的制冷能力或低温余热回收能力降低。当喷淋液体浓度继续升高时，将导致蒸发器无法蒸发、吸收-蒸发过程停止。

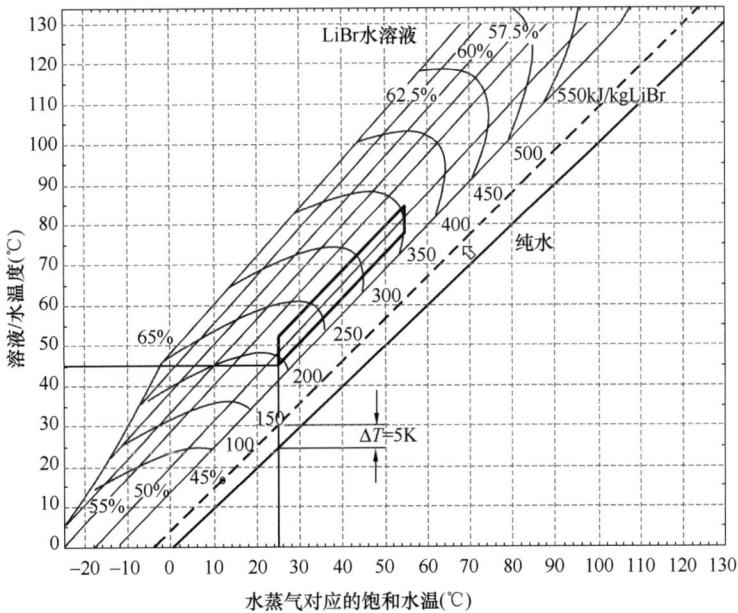

图 6.2　污染问题对蒸发器的影响示意

1. 溶液溢液造成的污染

当机组内部流动受阻形成腔体积液时，溶液可能直接从溶液侧和冷剂侧之间的蒸汽通道溢液至冷剂水侧造成污染；在发生器和冷凝器内，当积液液位较高时还可能堵塞蒸汽通道，导致两侧的蒸汽压力不同，由于发生器发生蒸汽而冷凝器冷凝蒸汽，则发生器与冷凝器间可能出现较大压力差，出现间歇性的气液混合物进入冷凝器的现象，造成冷剂水侧污染。由溢液形成的污染问题通常是在特定工况下出现的，如开机工况或热源故障工况，机组性能往往迅速降低，当该工况结束后，机组性能将会稳定在一个较低水平，不会持续降低。

在实际测试中发现，某吸收式换热器在热源出现故障后出现了压差反向现象，同时机组性能明显降低，出现污染问题，而机组性能在之后并未进一步变差，因此推测该污染问题属于溶液溢液造成的污染。通过一定的调节手段避免腔体积液，则可以避免这一问题。

2. 蒸汽夹带液滴造成的污染

当机组蒸汽通道上的挡液装置设置不合理时，尤其是机组溶液侧和冷剂水侧为左右结构时，蒸汽容易夹带溶液液滴通过蒸汽通道进入冷剂水侧，造成污染。这类污染问题往往是在机组长期运行中逐渐积累起来的，运行时间越长，蒸汽夹带的液滴越多，污染越严重，机组性能往往是逐渐变差的。

　　某双级吸收式换热器机组的低压级蒸发器随时间的增加逐渐不再工作。图 6.3 展示了该机组实测溶液进出口状态点。图中的"×"表示溶液进出口的对应状态，虚线代表与之相同的浓度线。高温的两个点是发生器，低温的两个点是吸收器。正常情况下，发生器出口与吸收器进口的溶液应在一条浓度线上，吸收器出口与发生器进口的溶液应在一条浓度线上，而图中明显出现了浓度线的偏移，具体表现为发生器出口的溶液浓度明显高于吸收器进口的溶液浓度。由于过液，导致蒸发器内的压力并非纯水对应的饱和压力，而是饱和溶液对应的压力，该压力相比纯水的蒸汽压会有所降低，从而导致了吸收器的状态点出现偏移。在低压侧蒸发器内取液体进行检验，能够确认其为盐溶液而非纯水。出现该现象的原因是蒸汽通道挡液装置设计结构的微小差别，导致溶液污染冷剂水，冷凝-蒸发侧不再是纯水的循环，而是溶液的流动，导致机组的性能下降。

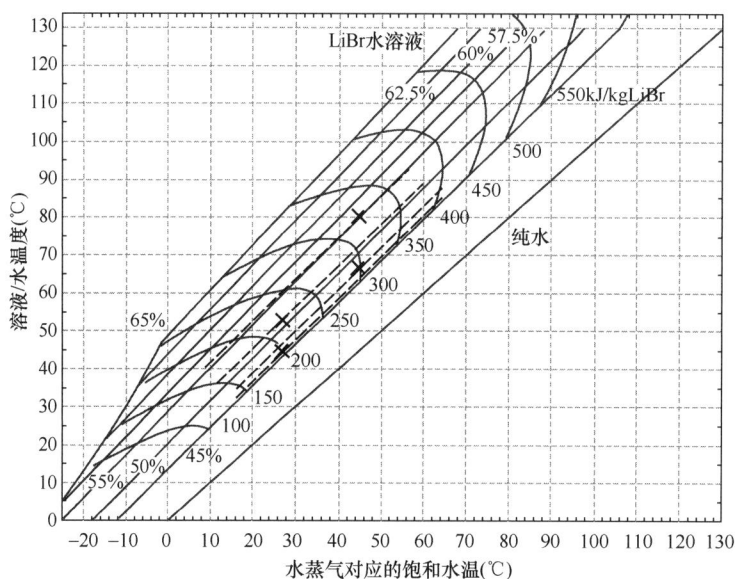

图 6.3　机组低压侧溶液进出口状态点示意图

　　通过状态点的确定，能够反算出过液的程度，以蒸发器内的溶液浓度表示，如图 6.4 所示。能够看出，蒸发器内溶液的浓度在一段时间内呈现出逐渐上升的趋势，从约 5% 上

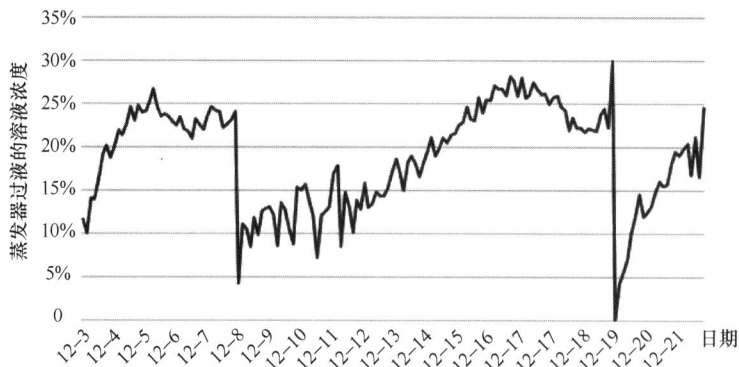

图 6.4　蒸发器过液浓度计算值变化曲线

升至 28%，即系统是逐渐过液而非一次性的过液。此外，溶液浓度在中间两个时段突然下降，这两个时段恰好是工作人员调试机组的时间，通过停机检修清洗被污染的冷剂水侧，从而使机组运行性能变高，但并未从根本上解决溶液污染的问题。

可以看出，这一类污染问题属于设计问题，无法通过调节控制或检修来彻底解决，只有重新修改机组挡液装置的结构才能避免。

6.1.3 结晶问题

结晶问题，是指由于系统在运行中的操作或控制不当，导致内部溶液析出晶体，从而影响内部溶液循环通路，甚至造成堵塞，最终影响系统的正常运行。对于吸收式换热器，由于常规运行时溶液浓度较低，一般出现的结晶现象均是在系统启动阶段造成的。应用在太原市的双级大温差吸收式换热系统中，一台 2MW 机组在 2019 年 1 月中旬出现了结晶现象，下面对出现该现象的原因进行分析，同时对避免该现象出现的系统操作方式进行说明。

该机组在结晶之前，由于热力站内停电，导致系统停止运行了一段时间，再次启机一段时间后，在溶液离开高压发生器经过板式换热器换热后的管路出现结晶，将管路堵塞导致系统无法正常运行。出现该现象的原因如下：系统在整体长时间停机后，外部的一次网、二次网水温与内部的溶液温度均降低至环境温度水平（约 0~10℃）后稳定了较长时间。重新启动机组时，一次泵、二次泵与机组内部的溶液泵、冷剂泵全部同时启动，机组本应按照正常工况运行，但此时二次网水温还未到供暖的温度，导致冷凝器内部的水温度过低，发生器内对应的压力较低。此时，高温的一次网水进入发生器后，发生器内的驱动浓度差变得相当大，导致溶液在高压发生器内大量蒸发，出口处的溶液浓度变得很高。而再经过溶液板式换热器降温后，在其出口处就出现了低温高浓度的溶液，极有可能超过了溶液的饱和浓度线，导致溶液在该处结晶。2MW 机组在高压侧的溶液板式换热器管路开始结晶，仅经过很短的一段时间就导致整根管路的溶液成为固体，致使系统无法正常运行。

融晶方法：在溶液管路中发生结晶现象后，需要采取一定手段进行熔晶，使系统重新回到正常工作的状态。一般常用的方法是将高温的稀溶液通入管路中，温度升高后，溶液的饱和浓度增加，可实现晶体的融化。但实际融晶的过程是非常缓慢的，以 2MW 机组为例，其高压发生器结晶后，将高温的液体通入溶液管路连续超过 12h 后，晶体才能够融化。因此，应当避免系统的结晶现象出现。对于正常运行的系统，一般不会出现结晶，而该事故的发生主要出现在系统启动时的不正确操作上。从 2MW 系统的事故中能够发现，出现结晶的核心原因是二次网水温过低，导致该现象出现的操作是将一次网水泵、二次网水泵及机组内部的溶液泵与冷剂泵同时开启，导致二次网水温还未升上去时就开始了溶液循环。因此，为了避免结晶，在机组因为各种原因停机后重启的操作中，应当先启动一、二次网的循环泵，利用吸收式换热系统的板式换热器，让一次网与二次网水先直接换热，二次网水温升高到正常的温度水平后，再开启系统的溶液泵与冷剂泵，开始内部的循环直至系统正常运行。

图 6.5 给出了不同一次网温度下，二次网为了避免溶液结晶所应达到的温度，当运行板式换热器工况将二次网进口温度升高至该温度以上时，即可调整至常规吸收式换热工况。

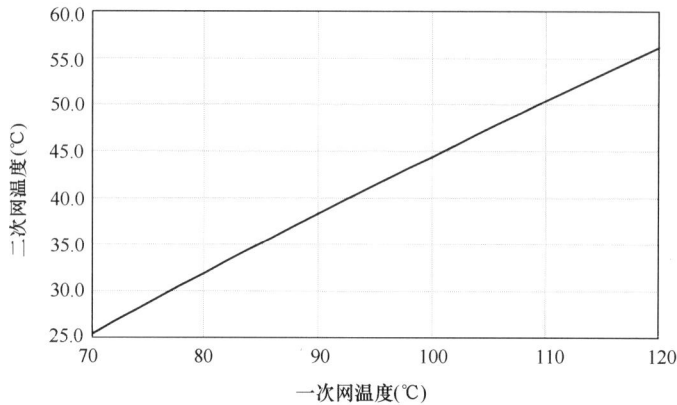

图 6.5 不同一次网温度对应的防止结晶的最低二次网温度

6.2 吸收式换热器的动态过程分析

吸收式热泵或吸收式换热器运行调节时发现的各类问题主要集中在内部的工质自然流动不畅及其造成的一系列问题，如溶液过液问题等，并且这些问题大多发生在非稳态的运行工况下。针对机组内部流动过程的研究需要综合考虑机组内部多个部件的传热传质过程、部件之间的自然流动过程、部件内部的自然流动过程等，机组内部的传热传质与流动过程相互耦合，非常复杂，需要建立可准确反映吸收式换热器内部自然流动过程的动态模型[1]，并基于该模型对整机在不同动态过程中的动态响应进行分析，以找到各工况下问题发生的原因以及响应的解决方案。

6.2.1 物理模型

1. 基本传热传质模型

现有研究中关于吸收式热泵降膜传热传质的模型大多采用单纯传热模型，即定义了传热系数和对数平均温差，再通过假设出口工质达到饱和状态来确定腔体压力等相关参数，对传质过程做了较多的简化，同时由于对数平均温差从原理上并不适用于存在三股流体的传热传质过程，使得这一模型的准确性较低，尤其在工况突变的动态过程中出口工质达到饱和的条件并不一定能够满足，因此该类模型并不适用于本研究。

李静原[2]对于吸收器采用了分布参数的三股流体传热传质模型，对吸收过程分别定义了传热系数和传质系数，对吸收器进行分段计算以避免定义平均温差和平均浓度差，该研究还通过实验得到了稳态工况下吸收过程的传热系数和传质系数。然而，该研究中的三股流体模型仅在稳态工况计算中适用，当进行动态模拟计算时，无法同时对传热传质过程及腔体压力进行准确计算。本书在此三股流体传热传质模型基础上进行改进，使其能够应用于吸收过程及发生过程的动态模拟计算。

模型建立的基本物理假设如下：

1）忽略机组与环境间的换热；

2）假设冷凝器及蒸发器换热盘管表面是饱和的冷凝水或冷剂水膜；

3）忽略蒸汽流动阻力；

4）假设单个腔体中的蒸汽充分混合；

5）忽略降膜过程液膜的质量变化及蓄热。

基于上述假设，针对吸收式换热器中的各个发生-冷凝单元以及吸收-蒸发单元分别建立纵向一维分布参数模型，其中认为每个发生-冷凝或吸收-蒸发单元为一个连通的腔体，具体模型如下。

发生-冷凝单元传热传质过程如图 6.6 所示。发生器换热管中的热水将热量传递给换热管，换热管再将热量传递给换热管外降膜流动的溶液，对溶液加热并提供溶液发生过程所需的汽化潜热，溶液表面存在一层饱和液膜，其温度与溶液主体温度相同，浓度达到腔体压力与溶液主体温度所对应的饱和浓度，主体溶液通过饱和液膜将水蒸气发生至发生-冷凝单元腔体中，完成发生过程；腔体中的蒸汽在冷凝器换热管的表面冷凝并形成一层饱和水膜，饱和水膜将蒸汽冷凝热传递给冷凝器换热管，换热管再将热量传递给管内的冷却水，热量被冷却水带走，完成冷凝过程。

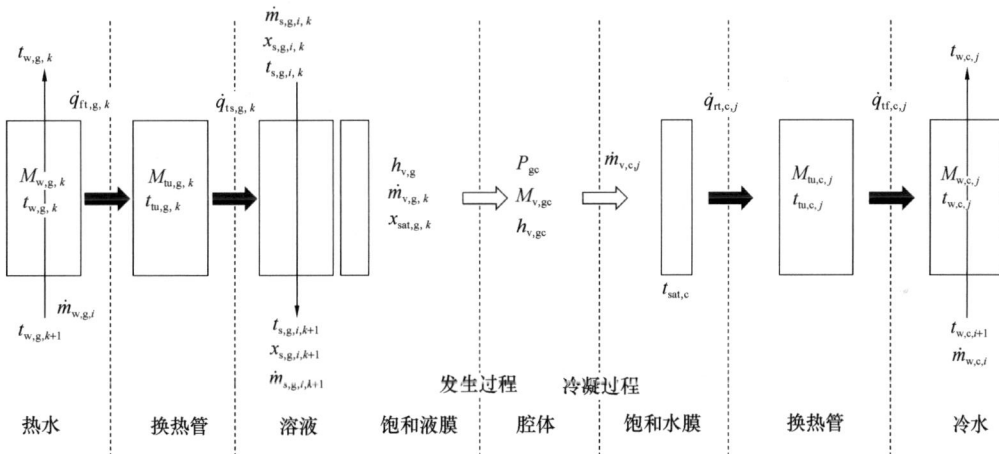

图 6.6 发生-冷凝单元传热传质过程

发生过程的溶液表面饱和液膜浓度由发生-冷凝腔体压力及溶液当地主流温度决定，依据溶液物性参数计算：

$$x_{\text{sat,g}} = f(P_{\text{gc}}, t_{\text{s,g}}) \tag{6-1}$$

发生过程传质量由传质系数 h_{m} 及饱和液膜与当地溶液主体浓度差决定，A_{g} 为发生器的换热面积：

$$\text{d}\dot{m}_{\text{v,g}} = (x_{\text{sat,g}} - x_{\text{s,g}}) \, \rho_{\text{s}} \, h_{\text{m}} \text{d}A_{\text{g}} \tag{6-2}$$

发生过程传热量计算为

$$\text{d}\dot{q}_{\text{ts,g}} = (t_{\text{tu,g}} - t_{\text{s,g}}) k_{\text{ts}} \text{d}A_{\text{g}} \tag{6-3}$$

$$\text{d}\dot{q}_{\text{ft,g}} = (t_{\text{w,g}} - t_{\text{tu,g}}) k_{\text{ft}} \text{d}A_{\text{g}} \tag{6-4}$$

冷凝过程传热管表面饱和冷凝水膜温度由腔体压力及水蒸气物性决定，A_{c} 为冷凝器的换热面积：

$$t_{\mathrm{sat,c}} = f(P_{\mathrm{gc}}) \tag{6-5}$$

冷凝过程传热量计算为

$$\mathrm{d}\dot{q}_{\mathrm{rt,c}} = (t_{\mathrm{sat,c}} - t_{\mathrm{tu,c}}) \, k_{\mathrm{rt}} \mathrm{d}A_{\mathrm{c}} \tag{6-6}$$

$$\mathrm{d}\dot{q}_{\mathrm{tf,c}} = (t_{\mathrm{tu,c}} - t_{\mathrm{w,c}}) \, k_{\mathrm{tf}} \mathrm{d}A_{\mathrm{c}} \tag{6-7}$$

吸收-蒸发单元传热传质过程如图 6.7 所示，蒸发器换热管中的热水将热量传递给换热管，换热管再将热量传递给换热管外降膜流动的冷剂水，对冷剂水加热并提供冷剂水蒸发过程所需的汽化潜热，冷剂水膜处于腔体压力对应的饱和状态，冷剂水膜蒸发的水蒸气进入吸收-蒸发单元腔体，完成蒸发过程；腔体中的蒸汽被吸收器盘管表面的饱和液膜吸收，相变热量通过溶液传递给换热管，最终被冷水带走，同时在浓度差的驱动下，饱和液膜与主体溶液进行传质，主体溶液变稀，完成吸收过程。

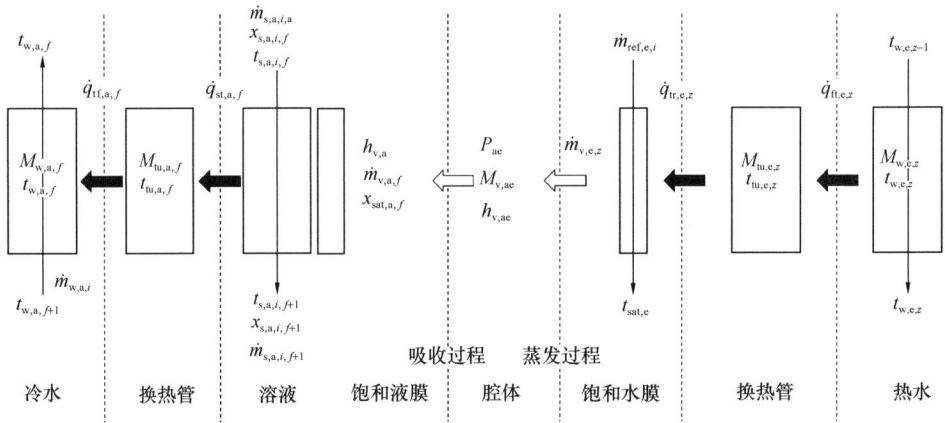

图 6.7　吸收-蒸发单元传热传质过程

吸收过程的溶液表面饱和液膜浓度由吸收-蒸发腔体压力及溶液当地主流温度决定，依据溶液物性参数计算：

$$x_{\mathrm{sat,a}} = f(P_{\mathrm{ae}}, t_{\mathrm{s,a}}) \tag{6-8}$$

吸收过程传质量由传质系数 h_{m} 及饱和液膜与当地溶液主体浓度差决定：

$$\mathrm{d}\dot{m}_{\mathrm{v,a}} = (x_{\mathrm{s,a}} - x_{\mathrm{sat,a}}) \, \rho_{\mathrm{s}} \, h_{\mathrm{m}} \mathrm{d}A_{\mathrm{a}} \tag{6-9}$$

吸收过程传热量计算为

$$\mathrm{d}\dot{q}_{\mathrm{st,a}} = (t_{\mathrm{s,a}} - t_{\mathrm{tu,a}}) \, k_{\mathrm{st}} \mathrm{d}A_{\mathrm{a}} \tag{6-10}$$

$$\mathrm{d}\dot{q}_{\mathrm{tf,a}} = (t_{\mathrm{tu,a}} - t_{\mathrm{w,a}}) \, k_{\mathrm{tf}} \mathrm{d}A_{\mathrm{a}} \tag{6-11}$$

蒸发过程传热管表面饱和冷剂水膜温度由腔体压力及水蒸气物性决定：

$$t_{\mathrm{sat,e}} = f(P_{\mathrm{ae}}) \tag{6-12}$$

蒸发过程传热量计算为

$$\mathrm{d}\dot{q}_{\mathrm{tr,e}} = (t_{\mathrm{tu,e}} - t_{\mathrm{sat,e}}) \, k_{\mathrm{tr}} \mathrm{d}A_{\mathrm{e}} \tag{6-13}$$

$$\mathrm{d}\dot{q}_{\mathrm{ft,e}} = (t_{\mathrm{w,e}} - t_{\mathrm{tu,e}}) \, k_{\mathrm{ft}} \mathrm{d}A_{\mathrm{e}} \tag{6-14}$$

2. 动态过程模型

动态过程计算模型需要考虑的动态因素包括：腔体压力的动态变化过程，各个储液部件的质量惯性，浓度惯性和热惯性，由储液惯性导致的布液流量变化，换热材料及流体热惯性等。

腔体压力的确定方法是此模型的重点,对于压力的处理,一条经典假设是假设出口工质处于饱和状态,从而提供了一个限制条件。而从原理上讲,工质出口处尤其是吸收过程工质出口饱和压力与腔体压力间将存在一个传质压差,压差大小与传质系数等因素有关,一般在 $500\sim1000\mathrm{Pa}$ 的范围,其量级与 U 形管流动两侧压差在同一水平,因此不可忽略。除了传质压差的影响以外,由于此动态模型将要针对一些极端工况进行模拟,其中如启动工况等过程天然地不能时刻达到出口饱和状态,因此本模型拟从腔体中水蒸气的积累角度来计算腔体压力的变化过程。

腔体内蒸汽质量变化为

$$\frac{\mathrm{d}M_{\mathrm{v}}}{\mathrm{d}\tau} = \dot{m}_{\mathrm{v,in}} - \dot{m}_{\mathrm{v,out}} \tag{6-15}$$

腔体内蒸汽比焓变化为

$$\frac{\mathrm{d}(M_{\mathrm{v}} h_{\mathrm{v}})}{\mathrm{d}\tau} = (\dot{m}_{\mathrm{v}} h_{\mathrm{v}})_{\mathrm{in}} - (\dot{m}_{\mathrm{v}} h_{\mathrm{v}})_{\mathrm{out}} \tag{6-16}$$

腔体内蒸汽比容为

$$v = \frac{V_{\mathrm{v}}}{M_{\mathrm{v}}} \tag{6-17}$$

腔体压力由蒸汽比容及比焓确定:

$$P = f(h_{\mathrm{v}}, v) \tag{6-18}$$

吸收式换热器内存在多个储液位置,包括溶液罐、冷剂水罐以及所有的布液槽,储液的质量惯性和热惯性是模拟中体现动态特性的重要因素。以溶液储液为例,储液的质量惯性、浓度惯性、比焓变化依次为

$$\frac{\mathrm{d}M_{\mathrm{s}}}{\mathrm{d}\tau} = \dot{m}_{\mathrm{s,in}} - \dot{m}_{\mathrm{s,out}} \tag{6-19}$$

$$\frac{\mathrm{d}(M_{\mathrm{s}} x_{\mathrm{s}})}{\mathrm{d}\tau} = (\dot{m}_{\mathrm{s}} x_{\mathrm{s}})_{\mathrm{in}} - (\dot{m}_{\mathrm{s}} x_{\mathrm{s}})_{\mathrm{out}} \tag{6-20}$$

$$\frac{\mathrm{d}(M_{\mathrm{s}} h_{\mathrm{s}})}{\mathrm{d}\tau} = (\dot{m}_{\mathrm{s}} h_{\mathrm{s}})_{\mathrm{in}} - (\dot{m}_{\mathrm{s}} h_{\mathrm{s}})_{\mathrm{out}} \tag{6-21}$$

式中,下标 s 代表溶液;x 代表溶液中溶质的质量分数;h 代表溶液的焓值。

3. 自然流动过程模型

自然流动是吸收式换热器内部工质循环的主要流动方式,包括孔板布液自然流动过程以及 U 形管隔压流动过程两类,本模型的重点是合理地刻画这两类自然流动过程。

孔板自然流动的阻力特性在现有研究中已有充分实验和理论研究,其中包括了孔板存在两相流时的阻力特性以及单相流动的阻力特性,由于吸收式换热器仅采用孔板进行布液而不参与隔压过程,因此可认为孔板流动为纯单相流动,其过孔流速仅与流体性质、孔板布液液位有关:

$$u_{\mathrm{s}} = f(\rho_{\mathrm{s}}, H_{\mathrm{s}}) \tag{6-22}$$

孔板布液液位 H_{s} 与流体密度 ρ_{s} 共同决定了孔板布液的驱动压差,驱动压差用于克服过孔阻力,式(6-22)中的关系可在真空下由实验测试得到,如图 6.8 所示,该结果适用于孔径为 $1.5\sim3\mathrm{mm}$ 的孔板。

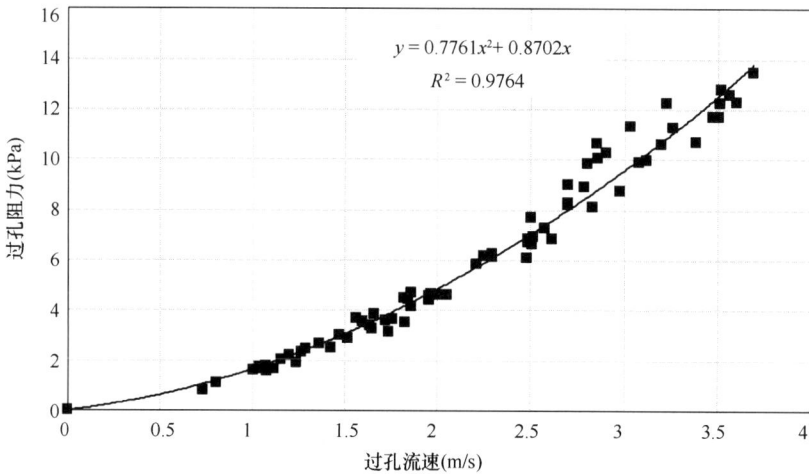

$$y = 0.7761x^2 + 0.8702x$$
$$R^2 = 0.9764$$

图 6.8 单相孔板流动阻力特性

U 形管自然流动模型是流动过程刻画的关键，模型需要能够反映 U 形管从空管到正常流动整个环节的液位实时变化，同时要能计算积液的工况，并兼顾两相流动的影响。

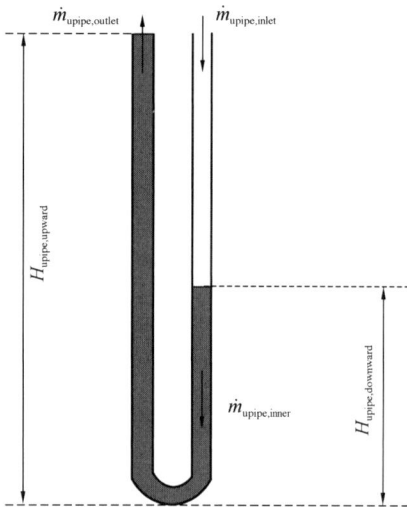

图 6.9 隔压 U 形管流动模型示意

图 6.9 是 U 形管流动模型的示意，U 形管可认为存在三个流量，一个是 U 形管进口流入的流量 $\dot{m}_{\text{upipe,inlet}}$，一个是 U 形管内部流动的流量 $\dot{m}_{\text{upipe,inner}}$，一个是 U 形管出口流出的流量 $\dot{m}_{\text{upipe,outlet}}$。其中，进口流量是相对于 U 形管独立的外部给定参数，这里不予讨论；内部流动流量是 U 形管流动最关键的流量，由 U 形管进出口的压力 $P_{\text{upipe,inlet}}$、$P_{\text{upipe,outlet}}$ 和 U 形管下降管与上升管的液柱长度 $H_{\text{upipe,downward}}$、$H_{\text{upipe,upward}}$ 以及流体性质确定，若流体出现两相流动，还将按照 U 形管两相流动特性计算流动阻力，然而由于现有机组已通过结构优化基本消除了管路内的气液两相流动，因此针对 U 形管内流量的计算大部分工况仅需进行单相流动的计算，需要说明的是，对于连接相邻两个发生器、冷凝器、吸收器或蒸发器的 U 形管出口处的两相射流阻力较难消除，因此对于存在正向上下压差的工况需首先计算出口阻力，并将其计入 U 形管内流量 $\dot{m}_{\text{upipe,inner}}$ 的计算中；U 形管出口流量是另一个关键流量，当上升管并未达到满管状态时，出口流量为 0，而当上升管达到满管状态后，出口流量等于 U 形管内流动流量。

U 形管从空管起直到稳定流动需要分别计算下降管和上升管的液柱长度变化，其中上升管液位由 U 形管内流动流量与 U 形管出口流量决定，而下降管液位由 U 形管进口流量与 U 形管内流动流量来决定，当下降管液位超过下降管总长度时还将由进口流量与管内流动流量来决定与进口相连的腔体底部的积液高度。U 形管自然流动计算流程如图 6.10 所示。

动态模拟采用 EES（Engineering Equations Solver）软件进行计算，EES 软件的优势在于内置丰富的物性函数可供直接调用，同时软件可自行生成计算逻辑求解方程组，对于多段吸收式机组的大量方程求解可省却繁杂的算法编写过程。

本模拟计算中的输入参数包括：冷热源的流量及进口温度、溶液泵和冷剂水泵的运行曲线、机组结构参数、由实验获得的传热传质系数；初值条件包括：溶液罐溶液温度和浓度、储液量，冷剂水罐冷剂水量、水温，各个 U 形管内初始液位，各腔体初始压力、蒸汽量、蒸汽温度，各部分换热管及管内水温。

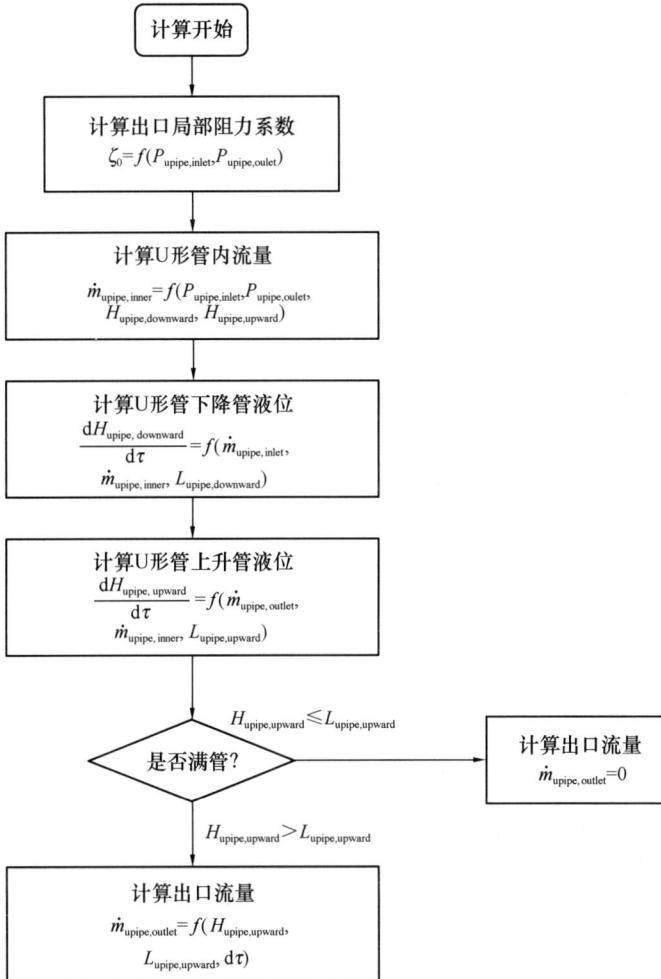

```
                    ┌──────────┐
                    │  计算开始  │
                    └──────────┘
                         │
         ┌───────────────────────────────┐
         │      计算出口局部阻力系数        │
         │  ζ₀=f(P_upipe,inlet, P_upipe,oulet)  │
         └───────────────────────────────┘
                         │
         ┌───────────────────────────────┐
         │       计算U形管内流量            │
         │  ṁ_upipe,inner=f(P_upipe,inlet, P_upipe,oulet,│
         │  H_upipe,downward, H_upipe,upward)│
         └───────────────────────────────┘
                         │
         ┌───────────────────────────────┐
         │     计算U形管下降管液位          │
         │  dH_upipe,downward/dτ=f(ṁ_upipe,inlet,│
         │  ṁ_upipe,inner, L_upipe,downward)│
         └───────────────────────────────┘
                         │
         ┌───────────────────────────────┐
         │     计算U形管上升管液位          │
         │  dH_upipe,upward/dτ=f(ṁ_upipe,outlet,│
         │  ṁ_upipe,inner, L_upipe,upward)  │
         └───────────────────────────────┘
                         │
                   H_upipe,upward≤L_upipe,upward
              ◇────────────────────►┌──────────────┐
              │ 是否满管? │         │  计算出口流量  │
              ◇          │         │ ṁ_upipe,outlet=0│
                         │         └──────────────┘
                   H_upipe,upward>L_upipe,upward
         ┌───────────────────────────────┐
         │       计算出口流量              │
         │  ṁ_upipe,outlet=f(H_upipe,upward,│
         │  L_upipe,upward, dτ)            │
         └───────────────────────────────┘
```

图 6.10 隔压 U 形管流动过程计算流程

6.2.2 启动过程动态响应分析

吸收式换热器的启动过程几乎是机组调节中可能遇到的最为复杂的动态过程，包括管路的充注、冷态循环、热态循环等过程。本节将采用前述动态模型对启动过程进行模拟，将模拟结果与机组实际测试的启动过程进行比对，验证模型的有效性，之后针对启动过程的问题提出更好的调控方案。

1. 启动过程动态响应实测分析

首先对启动过程的基本特点进行简单的介绍和剖析。本节选用最新研发的方形直管立式多段吸收式换热器进行启动过程的测试和分析，其由上到下包括一个发生-冷凝单元和三个吸收-蒸发单元，机组包括上述四个不同压力的腔体，由上到下各腔体压力分别称为冷凝压力、蒸发压力1、蒸发压力2、蒸发压力3。启动过程的外部冷热源温度变化如图6.11（a）所示，对应的各腔体压力变化如图6.11（b）所示。启动过程的基本控制策略是先开机循环冷剂水、溶液进行冷态循环，待内部冷剂水和溶液循环稳定后通入冷热源开始热态运行，其中在启动初期出现了如图6.11（b）所示的压差反向现象，在开机后发生－冷凝腔体压力大幅降低，使得机组出现冷凝压力低于蒸发压力的情况，那么发生器到吸收器的U形管流动受到反向压差的阻碍，使得U形管自然流动不畅，出现U形管进口端在发生器腔体底部大量积液的现象，积液导致多层盘管被浸泡，无法进行正常的降膜传热传质过程，同时积液过多还可能导致溢液污染冷剂水。

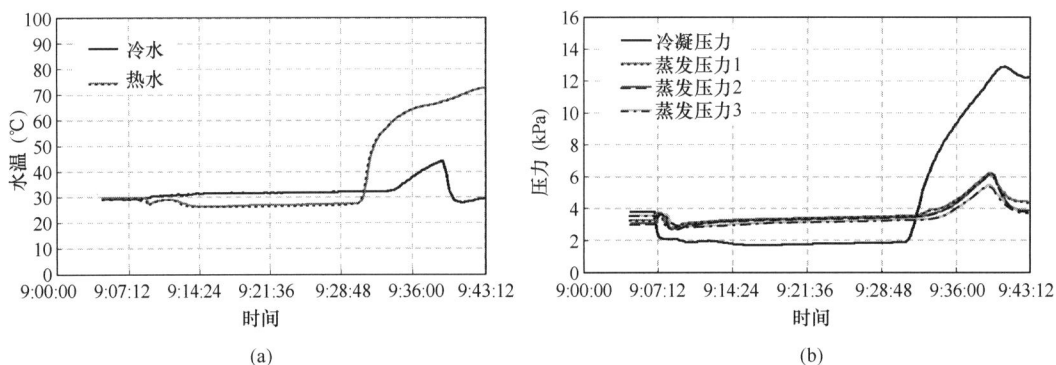

图6.11 实测启动过程进口温度、腔体压力变化
（a）冷热源温度变化；（b）腔体压力变化

依据调节策略，启动过程可分为两个阶段：冷态喷淋阶段和加热/冷却阶段。冷态喷淋阶段压力变化放大为图6.12（a），冷态喷淋阶段随着溶液和冷剂水循环的开始，工质从上到下依次流入各段的布液槽，各段布液槽液位逐渐积累，布液流量逐渐升高。从压力变化来看，当溶液进入各段存在明显的时间延迟。溶液进入各段吸收器后，由于溶液吸收腔体水蒸气使得腔体压力降低，进而达到新的冷态平衡。此外，通过图6.12（b）可以看

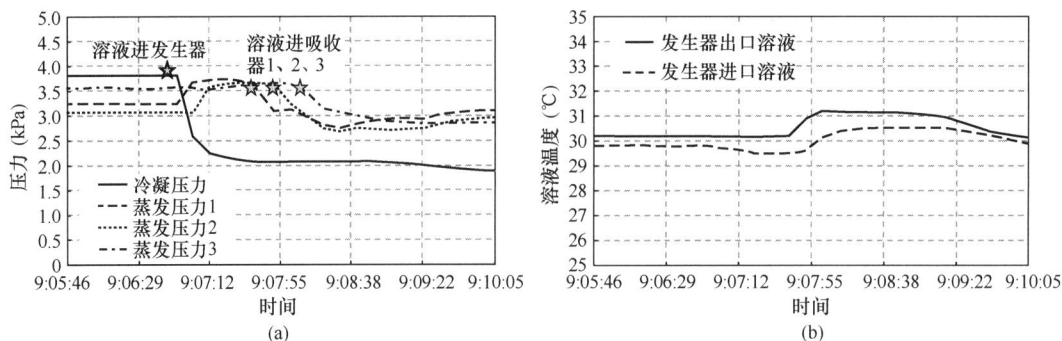

图6.12 实测冷态喷淋阶段
（a）压力变化存在明显延迟；（b）发生器溶液温度变化

到在冷态循环中，发生器内溶液出口温度出现一段明显升高段并明显高于进口温度，此时发生器内也出现了吸收过程，使得发生-冷凝腔体的压力迅速降低，低于蒸发压力，出现明显的压差反向现象，动态模型需要能够对这些过程进行相应的复现。

待冷态喷淋阶段工质流动基本稳定后，通过通入冷热源开始加热/冷却阶段，这一阶段各个腔体内布液槽液位相对稳定，随着发生器内热水温度的升高，发生过程开始，发生—冷凝腔体的冷凝压力逐渐升高，当腔体压力对应的水蒸气饱和温度高于冷凝器内通入的冷水温度时，冷凝器开始工作，这一时刻对应图6.13（a）中冷凝压力的升高变缓的点以及图6.13（b）中两条温度线的交点；由于冷凝压力明显升高，逐渐高于蒸发压力，使得压差反向现象逐渐消失，发生器底部积液现象逐渐消失，这一压力变化及积液现象的变化也应能够通过模型反映出来。

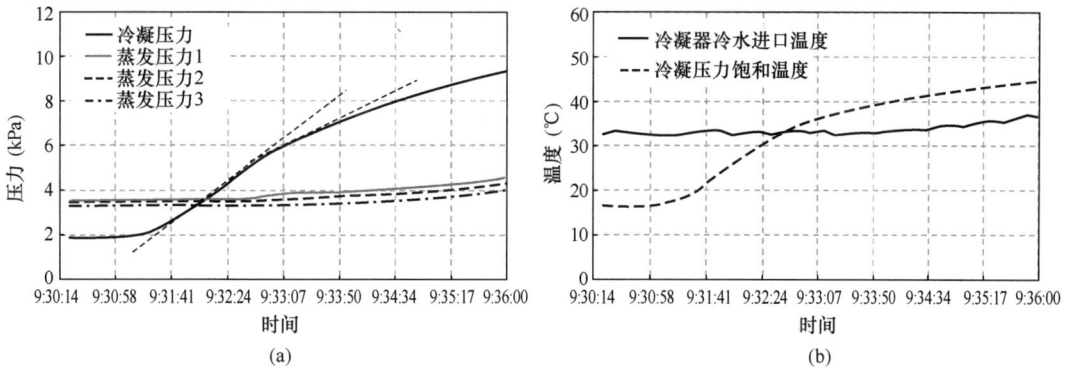

图 6.13 实测加热/冷却阶段
（a）压力变化；（b）冷凝器温度变化

2. 模型校验

采用动态模型对上述启动过程两个阶段分别进行模拟，并将与自然流动最相关的腔体压力变化与实测结果进行对比，结果如图6.14及图6.15所示。模拟结果与实测结果在数值和变化趋势上一致。

此外还利用动态模型对液位变化进行模拟，由于实验中难以对机组内部液位进行实时观测，这里仅从规律上与实测现象进行比对。发生器到吸收器U形管的管液位随时间的变化模拟结果如图6.16所示，其中图6.16（a）为冷态喷淋阶段的变化，图6.16（b）是加热/冷却阶段的变化。冷态喷淋开始时U形管内有一定的存液但不是满管，喷淋开始后下降管和上升管迅速达到满管，上升管达满管后可认为液位不再变化，下降管满管后开始在U形管进口处积液，由于腔体横截面巨大，因而液位变化惯性很大，速度明显变缓慢，但液位始终持续升高，按照发生器与吸收器腔体压力差，发生器内积液高度可达200mm。此时开始加热进入加热/冷却阶段，随着发生—冷凝腔体压力的升高，发生器积液慢慢降低并最终消失，与实际观测现象相符。积液消失后，液位变化的惯性消失，U形管下降管液位迅速降低至与U形管两端压力差相适应的水平，之后又开始随着压差的变化而缓慢降低。模拟所得液位变化规律体现了发生器底部积液的现象，并刻画了从启动设备、积液到积液消失的全过程，有效反映了机组内的自然流动特性。

3. 工质流动问题再分析

分析发生器底部积液带来的影响，发生器腔体的底面积与U形管的横截面积差距巨

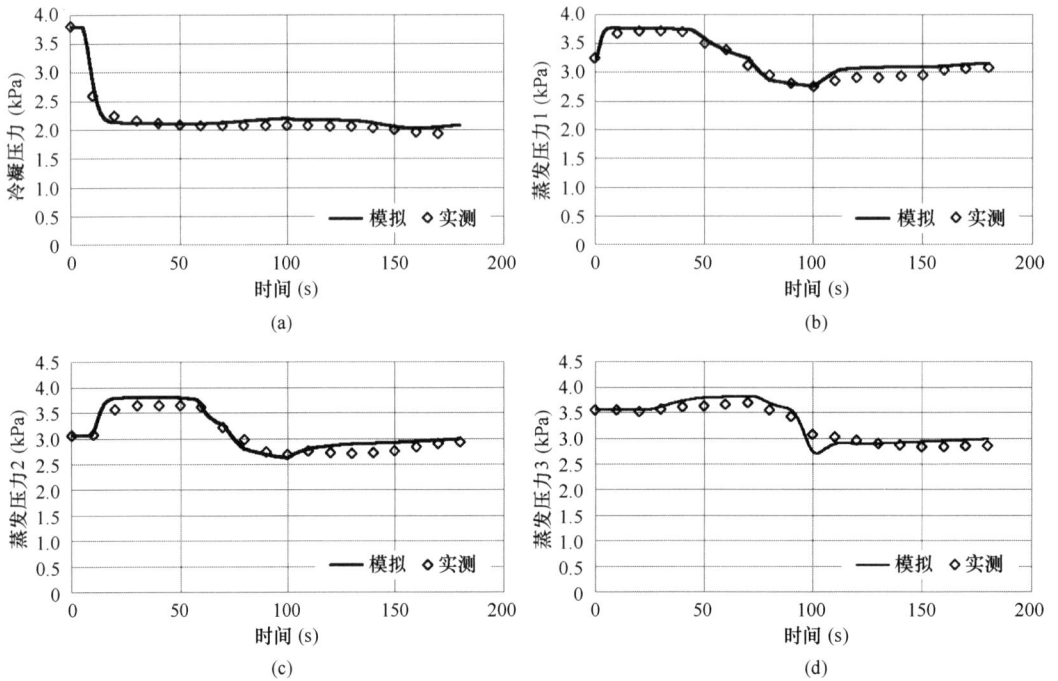

图 6.14 冷态喷淋阶段模拟实测压力对比

（a）冷凝压力；（b）蒸发压力 1；（c）蒸发压力 2；（d）蒸发压力 3

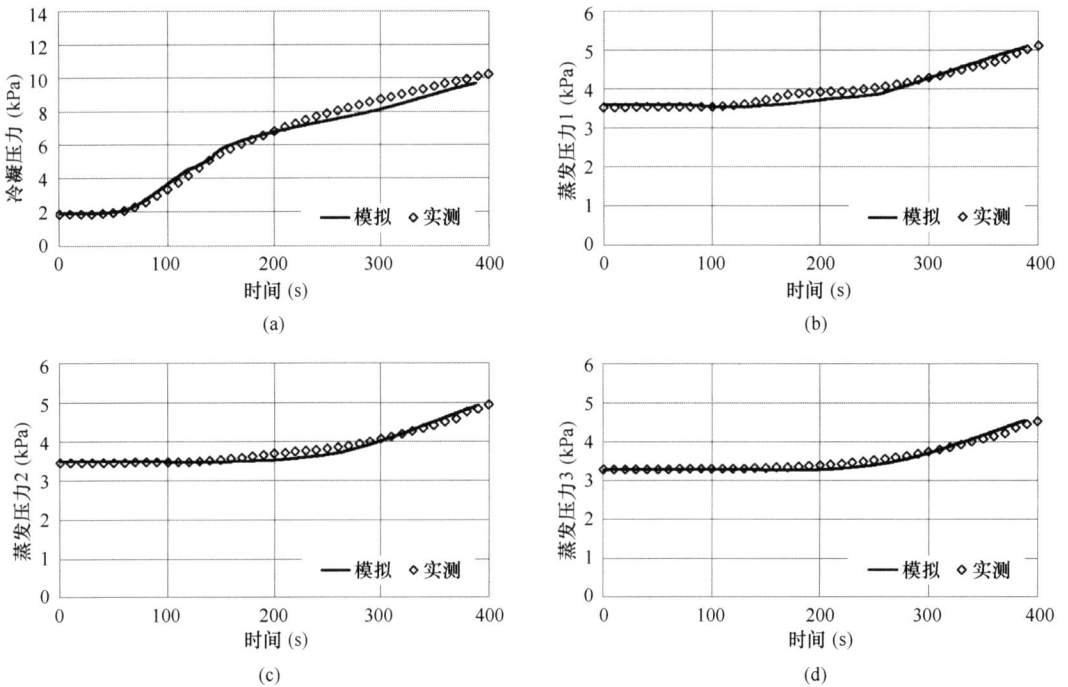

图 6.15 加热/冷却阶段模拟实测压力对比

（a）冷凝压力；（b）蒸发压力 1；（c）蒸发压力 2；（d）蒸发压力 3

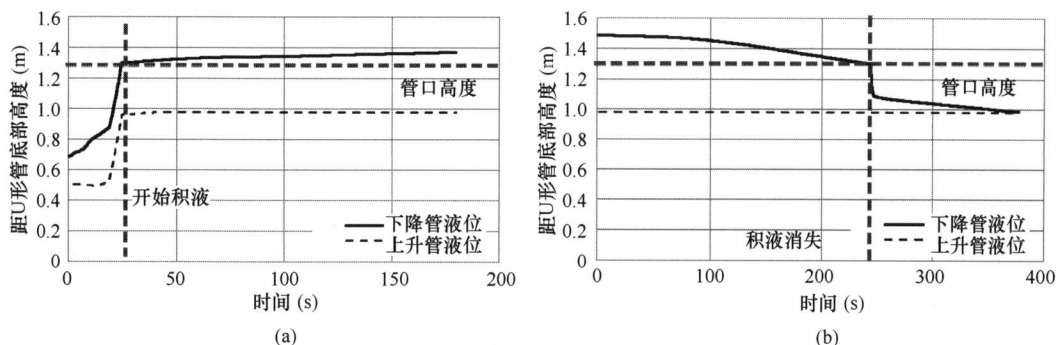

图 6.16 模拟发生器到吸收器 U 形管液位变化

(a) 冷态喷淋过程；(b) 加热/冷却过程

大，当积液发生后，积液的质量惯性很大，导致液位变化非常缓慢，难以跟上压力、压差变化的速度，其对机组内流动的影响体现在液位和流量的波动上，如图 6.17 所示。其中图 6.17 (a) 和 6.17 (b) 分别为冷态喷淋阶段及加热/冷却阶段发生器、吸收器 1～3 段布液槽布液液位变化，布液槽的布液液位决定了孔板的过孔流速并决定了每一段腔体内的溶液流量，液位越高则流量越大，各段布液槽运行稳定时，设计布液液位均为 30mm 时机组布液流量达到设计流量。从图 6.17 (a) 可以看出，在冷态循环开始时，由溶液泵将溶液从底部溶液罐泵至发生器布液槽的机械流动过程较为平稳，发生器布液槽液位升高的

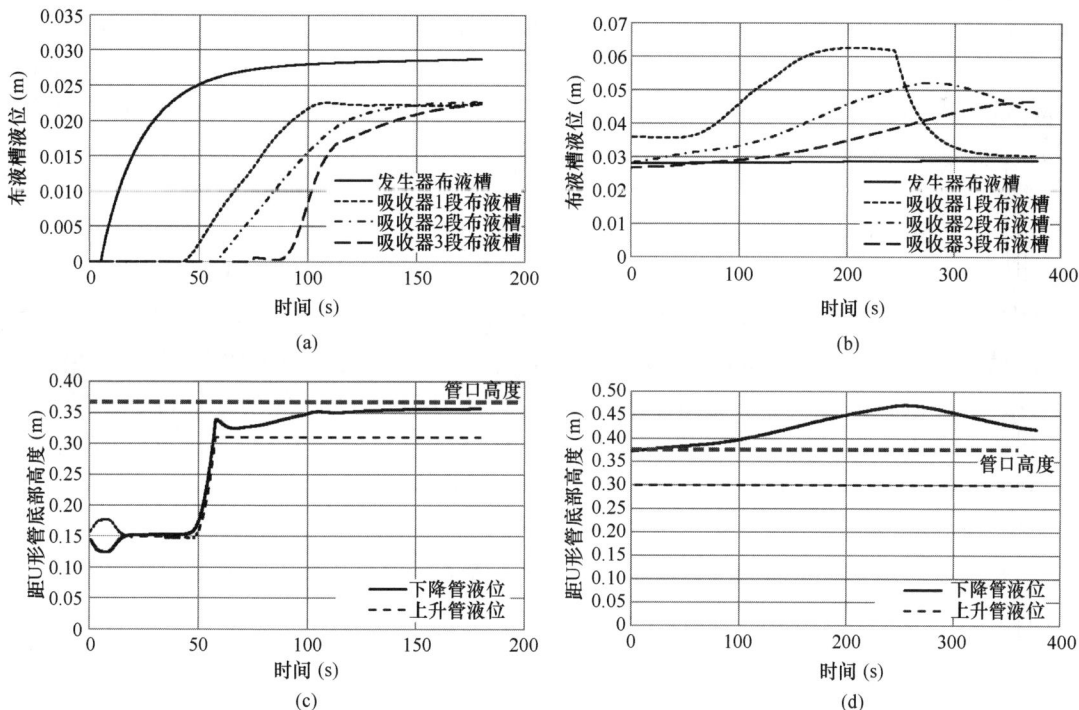

图 6.17 模拟启动过程各段布液及吸收器 1 到 2 段 U 形管液位变化

(a) 冷态运行布液槽液位变化；(b) 热态运行布液槽液位变化；

(c) 冷态运行吸收器 1 到 2 段 U 形管液位；(d) 热态运行吸收器 1 到 2 段 U 形管液位

同时布液流量增加，当布液液位接近设计值 30mm 时液位趋于稳定，这时发生器的溶液流量基本达到了溶液泵想要控制的流量。而冷态喷淋开始约 45s 后，溶液开始依次进入吸收器的 1、2、3 段，进入时间可从布液槽液位由 0 开始变化的时间读出。不同于发生器布液槽很快接近布液液位设计值，吸收器这三段的布液槽液位始终明显低于设计值 30mm，这说明发生器底部积液导致发生器向吸收器的溶液流动流量在较长时间内无法达到设定值，从而吸收器各段的溶液流量都偏小。从图 6.17（b）可以看出，在加热/冷却阶段开始后，发生器布液槽液位基本保持不变，发生器流量基本稳定，而吸收器第 1 段的布液液位则迅速升高，这是因为发生器开始加热后腔体压力升高，当发生-冷凝腔体压力高于吸收-蒸发第 1 段腔体压力并持续升高时，发生器底部的积液液位来不及反应，结果是这部分积液液位加速了发生器到吸收器 U 形管内流动，使得溶液迅速流向吸收器第 1 段布液槽，布液液位迅速升高，吸收器 1 段溶液流量迅速增加，使得吸收器 1 段到吸收器 2 段的 U 形管下降管液位从冷态喷淋时的未出现积液的高度（图 6.17c）迅速升高，并出现 100mm 高的积液，如图 6.17（d）所示。

发生器底部的积液在冷态喷淋阶段使得溶液难以流至吸收器，导致吸收器内溶液流量偏小，而在加热/冷却阶段随着发生器压力的迅速升高，发生器底部的积液又导致吸收器内溶液流量过大，使得更多地方出现积液现象，成为吸收式换热器启动过程流动不稳定的关键问题，如何能够避免发生器底部的积液现象呢？

4. 启动过程避免积液现象调控策略分析

发生器底部积液的原因是冷态喷淋阶段发生器的压力长时间大幅低于吸收器的压力，因此若想从运行调节方法上解决发生器底部积液问题，可从减少或消除发生器与吸收器的反向压力差和减少压差反向时间长度出发。由于每种调节方法所产生的影响不可准确预计，如果直接在实际机组中进行测试可能会造成冷剂水侧污染等问题而长期影响机组的性能，处理起来需要很大的时间和人力成本，因此可采用动态模型对不同调节手段的效果进行预估。

冷态过程发生-冷凝腔体与吸收-蒸发腔体最大的区别在于后者在蒸发器存在冷剂水的喷淋过程，这就使得吸收-蒸发腔体压力是溶液和冷剂水同时喷淋的平衡结果，由于溶液吸收水蒸气使得腔体压力降低而冷剂水蒸发使得腔体压力升高，因此冷剂水喷淋将会使得吸收-蒸发腔体压力偏高，如果冷态循环阶段不喷淋冷剂水，是否会让吸收-蒸发压力降低并消除发生-冷凝腔体与吸收-蒸发腔体之间的反向压力差？采用模型对此进行了模拟，与现有启动过程的唯一区别在于启动过程不循环冷剂水，结果如图 6.18 所示。循环溶液后，发生-冷凝腔体的冷凝压力仅由于流动延迟与下一段腔体（吸收-蒸发第 1 段）压力存在短暂的压差反向，随后两个腔体压力趋于一致，从而消除了发生器底部积液的条件。然而从图 6.18（a）的蒸发压力变化可以看出，没有了冷剂水的喷淋蒸发，溶液喷淋使得吸收-蒸发单元的压力降幅明显变大，这就导致相邻两段吸收器之间的反向压差变大，由于相邻两段吸收器之间 U 形管流动可利用的高差非常有限，因此很容易在吸收器发生积液，而积液使得溶液无法快速进入下一段腔体，使得相邻吸收器之间的反向压差长时间存在。在模拟中，吸收器第 2 段到第 3 段的 U 形管出现明显积液，如图 6.18（b）所示，一方面使得溶液不能顺利进入吸收器第 3 段，使得吸收-蒸发第 3 段腔体压力无法降低；另一方面从溶液溢液污染风险的角度，相比发生-冷凝腔体，吸收器每段腔体高度更低，与蒸发器之间的通气道高度更低，当吸收器积液时，更容易出现溶液溢液到冷剂水侧，造成冷剂水污染的问题，因此通过关闭冷剂水循环确实解决了发生器积液问题，却使得吸收器积液，带来了更大的风险，故此调节方法不能采用。

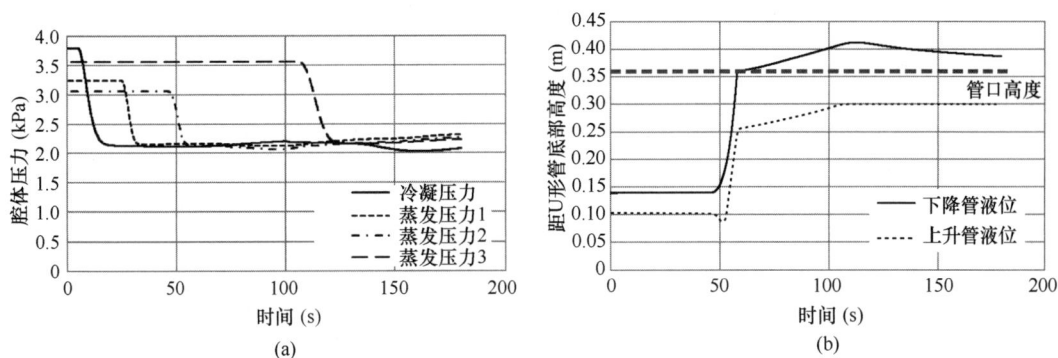

图 6.18 不循环冷剂水的冷态喷淋过程
（a）各腔体压力变化；（b）吸收器 2 到 3 段 U 形管液位变化

那么，是否可以缩短甚至消除冷态循环阶段，在喷淋溶液和冷剂水的同时通入冷热源，从而缩短发生器与吸收器之间压差反向持续的时间来消除积液呢？在模型中同时通入冷热源以及溶液和冷剂水，运行结果如图 6.19 所示。启动工况开始后，机组仅在前 20s

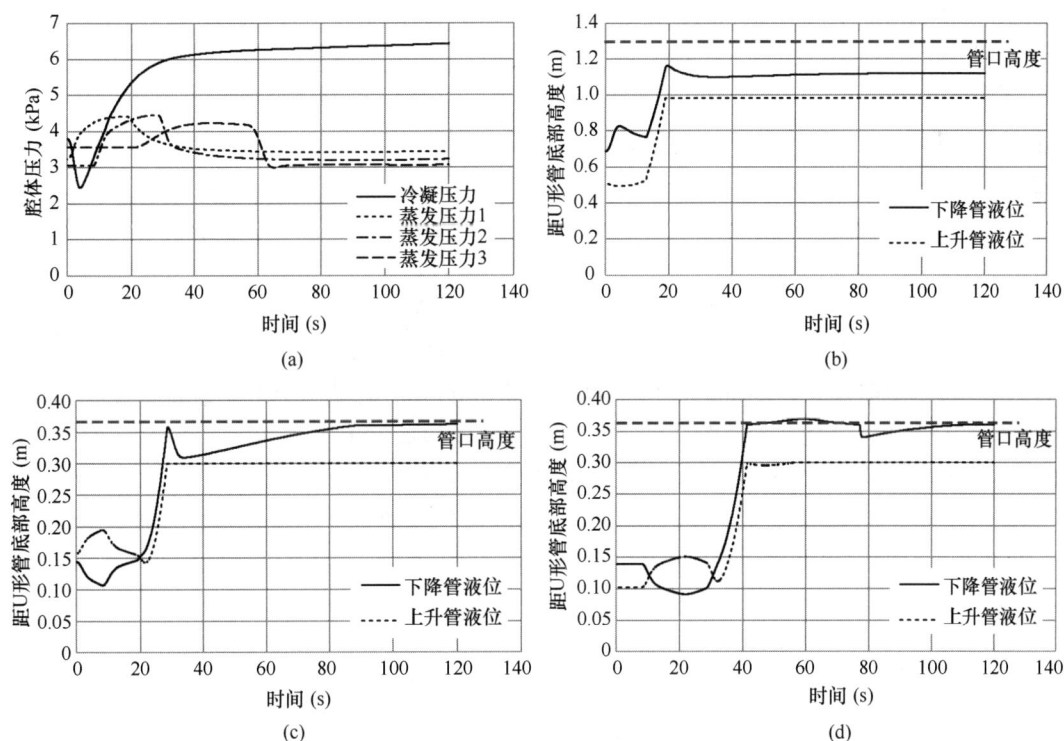

图 6.19 模拟喷淋溶液和冷剂水同时通入冷热源的启动工况
（a）压力变化；（b）发生器到吸收器 U 形管液位；
（c）吸收器 1 到 2 段 U 形管液位；（d）热态运行吸收器 1 到 2 段 U 形管液位

153

以内出现冷凝压力低于蒸发压力的压差反向现象，随后冷凝压力始终明显高于蒸发压力，而相应的发生器到吸收器的 U 形管液位也较快达到稳定，并不会出现积液的现象。同时，由于蒸发器侧冷剂水的喷淋，使得溶液进入各段吸收器后该段腔体压力的降低幅度变小，与图 6.19（a）相比，吸收-蒸发腔体第 1 段和第 2 段之间压差反向的时间由 20s 缩短至不到 10s，吸收-蒸发腔体第 2 段和第 3 段之间压差反向的时间由 60s 缩短至 20s，从而使得吸收器侧 U 形管不会出现明显的积液现象。

图 6.19 的模拟结果表明，启动工况下喷淋溶液及冷剂水的同时通入冷热源可以较大限度地减少相邻腔体之间压差反向造成的 U 形管积液等问题。

6.2.3　发生过程动态响应分析

吸收式换热器或吸收式热泵停机后，机组底部冷剂水罐的冷剂水将逐渐被溶液罐内的溶液所吸收，虽然这一过程非常缓慢，然而经过一个夏天的停机，冷剂水罐内的冷剂水将全部被溶液吸收，冷剂水罐被吸空，溶液罐内的溶液达到浓度最低的稀溶液状态，因此在供暖季初期机组正常运行前，首先需要进行发生工况的运行，将溶液中的冷剂水发生出来经过冷凝器冷凝成液态冷剂水流回冷剂水罐以支持冷剂水侧的正常循环。

发生工况属于一类特别的启动工况，其与启动工况最大的区别在于两点：发生工况中冷剂水罐没有冷剂水，因此发生开始阶段蒸发器侧不能循环冷剂水；同时，发生工况下溶液罐的溶液的浓度是机组全工况中能够达到的最低状态，其对发生器及吸收器中压力变化的影响可能与启动工况有所不同。这些区别会对压力及流动产生怎样的影响？这里依然通过动态模拟进行快速、可靠地分析和比较。

发生工况的动态模拟中，给定热侧进口温度为 58℃，流量为 3m³/h，冷侧进口温度为 35℃，流量为 18m³/h，溶液初始状态为温度 26.5℃，浓度为 21％，上述参数均来自某机组发生工况的实际初始参数。

模拟结果如图 6.20 所示，发生工况开始后，由于溶液喷淋的同时也通入了热源水，因此发生-冷凝腔体压力迅速升高，发生-冷凝腔体压力始终高于吸收-蒸发腔体压力，因此溶液从发生器向吸收器的流动是顺畅的，不会出现积液问题。吸收-蒸发单元的三段压力始终较为接近，未形成明显的正向压力差，这是因为蒸发器侧并没有冷剂水的喷淋，蒸发器内仅有来自冷凝器的极少量的冷凝水喷淋，喷淋量不到蒸发器冷剂水设计流量的 5％，蒸发器换热管外表面几乎为干管，使得每一段蒸发器的蒸发量非常小，无法帮助拉开三段之间的压力差。当将吸收-蒸发单元三个腔体的压力变化放大看后如图 6.20（b）所示，可以看到实际上吸收-蒸发第 1 段的压力在很长时间内均略低于另外两段的压力，出现了压差反向的情况，反向压差使溶液从吸收器第 1 段流向第 2 段的过程可能出现积液的风险，如图 6.20（c）所示。吸收-蒸发第 1 段腔体压力偏低的原因是溶液罐内初始温度偏低，当溶液罐内温度较多地偏低于冷侧水进口温度时，罐中温度较低的溶液在溶液板式换热器对发生器出口浓溶液进行冷却，使得浓溶液进入吸收器时的温度偏低，从而在吸收器第 1 段内吸收较多水蒸气，而当溶液离开第 1 段进入第 2、第 3 段时，其温度已经基本升高至与冷却水温度相当的水平，对于水蒸气的吸收量较低。图 6.20（d）中给出发生工况开始后进入吸收器的溶液温度变化，进入吸收器的溶液温度在前十分钟左右均低于吸收式换热器冷侧进水温度，而正是这段时间出现了吸收器侧压差反向现象。

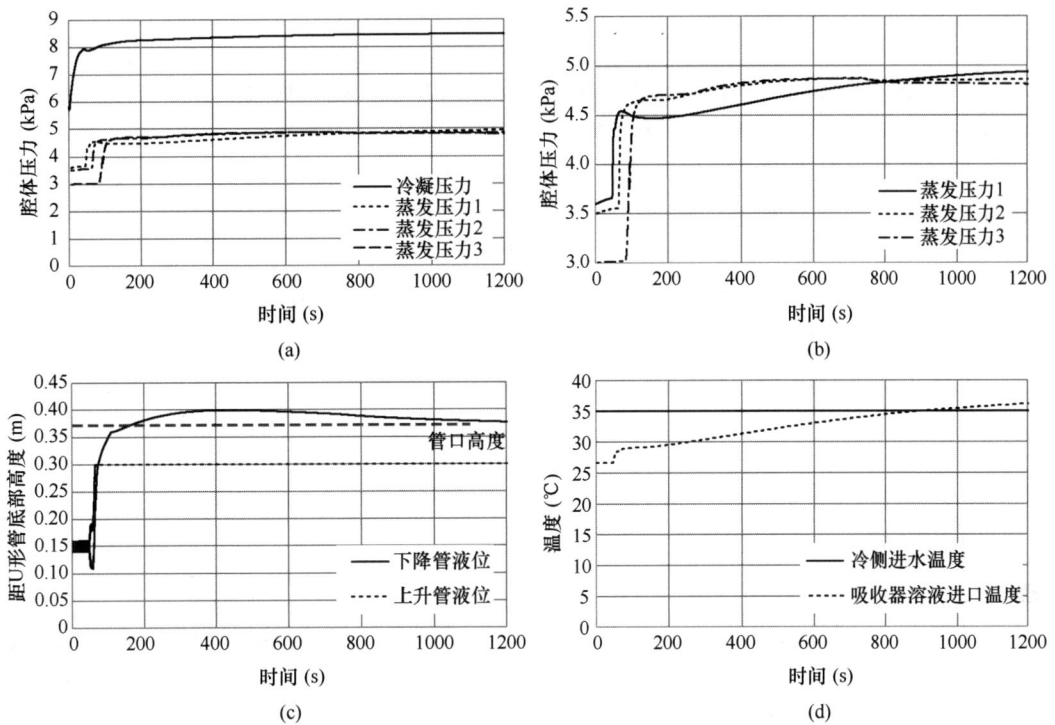

图 6.20 模拟典型发生工况参数变化

（a）压力变化；（b）吸收-蒸发段间压差反向；
（c）吸收器 1 到 2 段 U 形管液位；（d）溶液温度与冷水温度比较

由于没有冷剂水的喷淋过程使得蒸发过程不能正常进行，故吸收-蒸发单元三段之间的压力差本就较小，因此一种更直接的避免积液的调节手段是减小溶液循环量，若将溶液循坏量从设计值减小一半，则发生过棵的压力变化及液位变化如图 6.21 所示，尽管吸收器第 1 段与第 2 段之间仍然存在反向压差，但是由于溶液流量显著小于设计值，从而避免了积液现象。这一方法相当于牺牲了溶液发生冷剂水的速率而获得了流动过程的稳定。

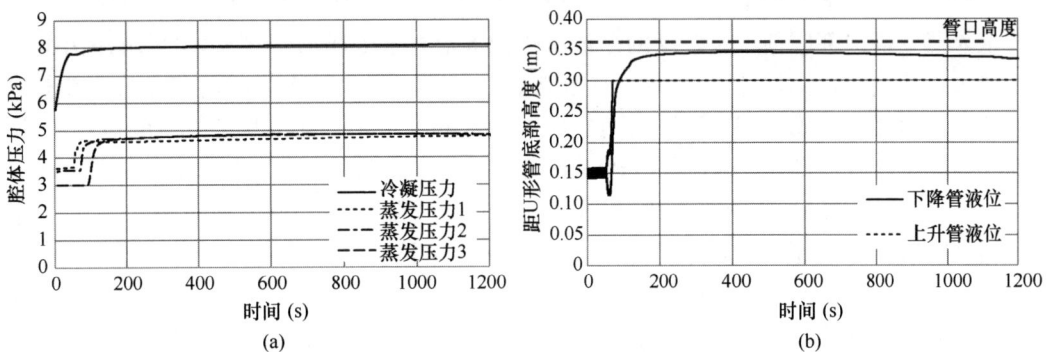

图 6.21 模拟溶液循环流量减半工况

（a）压力变化；（d）吸收器 1 到 2 段 U 形管液位

6.2.4 热源温度突降过程动态响应分析

每个供暖季机组运行中偶尔会遇到热源侧出现故障的情况，如果热源侧出现故障后末端并不知情，则末端将会依照正常模式运行，一次网增压泵继续运转，这时将在吸收式换热器处检测到一次网供水温度突然降低，一次网供水温度突然降低直接影响了发生器的正常运行。而此时，由于建筑拥有一定的蓄热能力，二次网温度在1~2h内并不会有较大的波动，因此一、二次网的温度相对大小甚至可能反转。那么这会对机组内部压力变化产生怎样的影响？对于流动稳定性又有怎样的影响？实际机组运行中的确监测到这类热源温度突变的工况，但由于监测间隔时间较长，监测数据并不能将机组内部发生的过程准确反映出来，因此仍然需要借助动态模型对这一过程进行模拟分析。

模拟分析中，机组起初运行在一次网供水温度88.4℃、流量$3m^3/h$，二次网回水温度40℃、流量$18m^3/h$的实测稳定工况，这时给一次网供水温度一个突变信号，使其在2min内由88.4℃降低至40℃，其他外部参数保持不变，以上参数均参考监测到的实际值，在此条件下计算机组内部的参数变化，模拟得到机组内部压力及液位变化特性如图6.22所示。当热源温度突然降低后，发生过程的驱动力逐渐消失，发生-冷凝单元腔体压力迅速降低，冷凝压力最终明显低于蒸发压力，在发生器与吸收器之间出现明显的压差反向，反向压差最高可达3kPa，如图6.22（b）所示，较大的反向压差使得溶液从发生器流向吸收器的过程受阻，发生器到吸收器U形管出现明显积液现象。与此同时，在吸收-蒸发单元三段之间的压力变化也存在压差反向的现象，如图6.22（d）所示，从压力变化来看，当热源温度降低一段时间后，吸收-蒸发单元从第1段到第3段的腔内压力先后出现了先增大后又回落的过程，这一过程使得一段时间内吸收-蒸发单元段间出现1~2kPa的反向压力差，使得吸收器段间U形管出现积液现象。

吸收-蒸发单元内各腔体压力先升高后降低的过程实际上是由发生器到吸收器U形管的积液问题而连带引发的问题。热源温度突降工况下，当发生器到吸收器的U形管出现积液问题后，溶液难以顺利流向吸收器，从图6.23（a）、（b）可以看出，吸收器的溶液进口流动出现了1段时间的断流，吸收器第1段的布液槽液位高度降到了0，这说明吸收器第1段的溶液喷淋出现了停滞，吸收过程无法顺利进行，而与此同时，冷剂水侧的喷淋主要依靠蒸发器内部冷剂水泵驱动的循环，冷凝水量对于冷剂水喷淋流量的影响很小，并且在热水板式换热器的作用下，蒸发器侧热水进水温度变化不大，因此蒸发过程变化不大，这就使得吸收-蒸发第1段腔体内的压力开始升高。由于吸收器第1段的流动断流，进而先后导致吸收器第2、第3段出现没液现象，吸收器第2、第3段布液槽液位相继消失，这就使得吸收器第2、第3段出现压力上升现象。随着发生器内积液液位越来越高，发生器到吸收器U形管内流动的驱动力不断增加，溶液流动重新开始。随着溶液先后进入吸收器的1、2、3段，相应腔体的压力开始迅速回落，然而由于流动的延迟性，压力先回落的腔体与下部腔体之间出现明显的反向压差，反向压差又导致该段出现积液现象，不利于溶液向下一段流动，从而使溶液需要更长时间才能进入下一段腔体，使得反向压差持续时间变长。

从上述分析可知，由于热源温度突降，使得发生器与吸收器之间出现反向压差，导致发生器出现积液，并进而引发吸收器各段之间相继出现反向压差和积液现象。在机组稳定

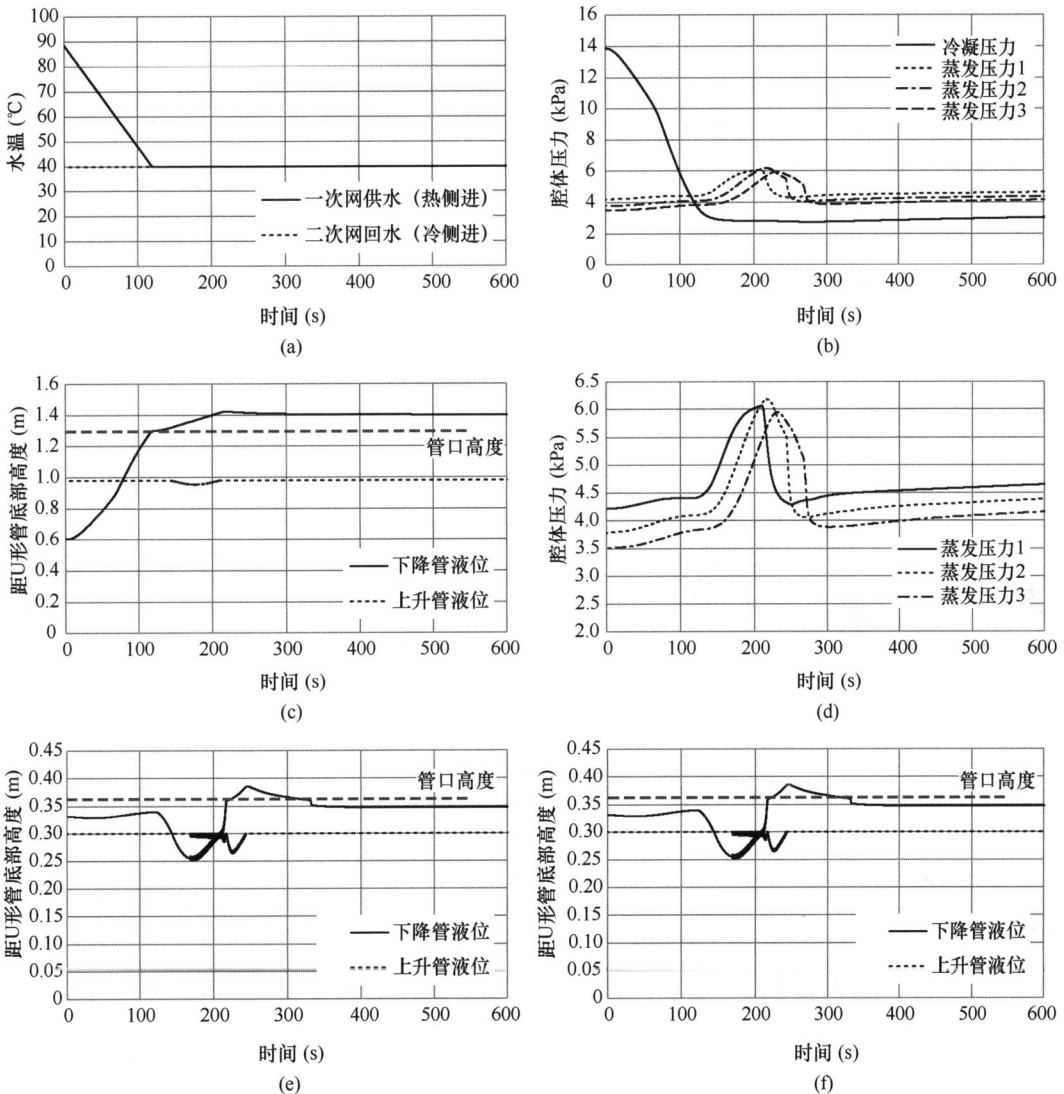

图 6.22　模拟热源温度突降工况

（a）热源温度突降信号；（b）发生-冷凝与吸收-蒸发压差反向；（c）发生到吸收 U 形管积液；

（d）吸收-蒸发段间压差反向；（e）吸收器 1 到 2 段 U 形管积液；（f）吸收器 2 到 3 段 U 形管积液

运行中若出现热源温度突然降低的情况，当降低幅度较小时，机组内虽然出现冷凝压力的大幅变化，但蒸发压力以及各部分流动仍然相对比较稳定，但热源温度降幅较大时，则会出现冷凝压力低于蒸发压力的压差反向情况，导致发生器积液，并进而相继造成吸收器各段之间出现压差反向和积液问题。上述过程中，对热源温度突降到不同温度时的现象判断很重要，换句话说，希望知道在机组运行中，如何判断某一热源温度是否会引起压差反向问题。

当机组热源温度突然降低时，发生器换热量大幅降低，由于发生器内热水与溶液是近似逆流换热，可用热水进口温度近似认为是发生器溶液出口温度，又由于发生过程基本停滞，则可认为溶液在发生器进出口浓度不变，因此可用溶液罐溶液浓度近似发生器出口溶

157

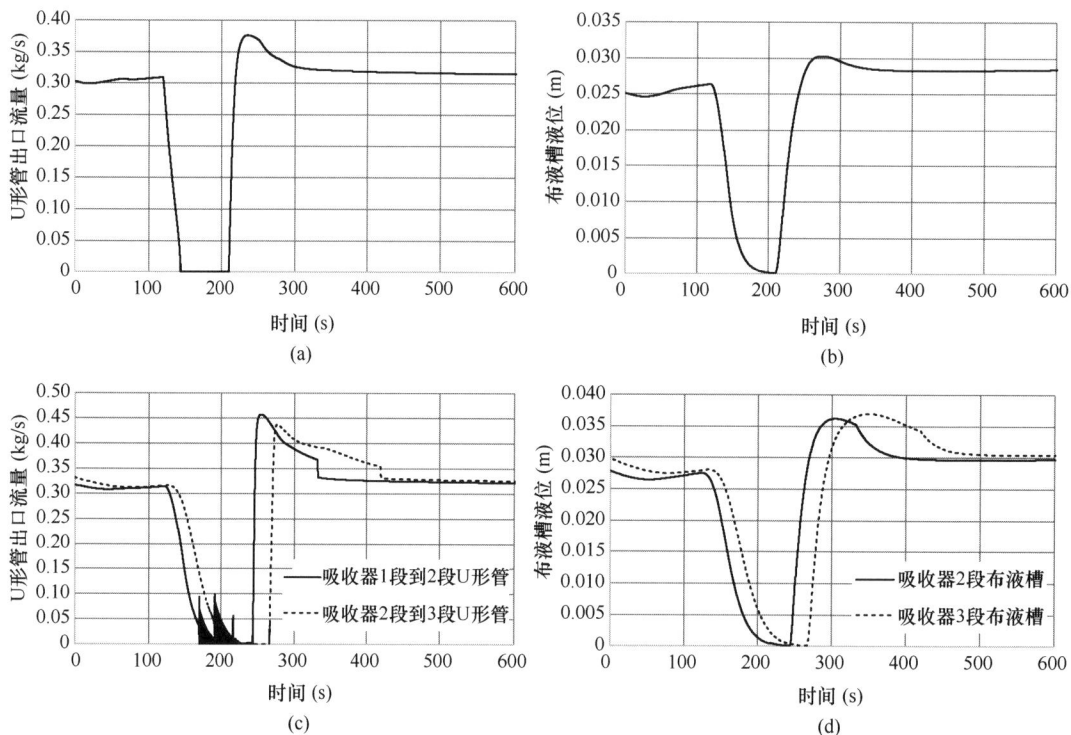

图 6.23 模拟发生器积液的连带影响

（a）发生到吸收 U 形管出口流量；（b）吸收器 1 段布液槽液位；

（c）吸收器 U 形管出口流量；（d）吸收器布液槽液位

液浓度，以及可用热水进口温度和发生器出口溶液浓度对发生过程停滞后发生-冷凝单元的压力进行估算，并与吸收-蒸发腔体压力进行比对，若低于吸收-蒸发腔体压力，则运行一段时间后必然出现发生器压差反向的情况。在这一分析过程中还需通过测量机组蒸发器侧的冷剂水出水温度近似计算各段蒸发压力，并利用吸收器出口溶液温度与蒸发压力近似估算溶液浓度。

计算过程如下：

测量蒸发器第一段以及最后一段冷剂水出水温度 $t_{e,ref,first,out}$ 和 $t_{e,ref,last,out}$，分别计算各温度下的饱和水蒸气压力即为该段的蒸发压力 $P_{e,first}$ 和 $P_{e,last}$：

$$P_{e,first} = P_{e,first}(t_{e,ref,first,out}) \tag{6-23}$$

$$P_{e,last} = P_{e,last}(t_{e,ref,last,out}) \tag{6-24}$$

根据最后一段的蒸发压力 $P_{e,last}$ 以及吸收器最后一段溶液出口温度 $t_{a,s,last,out}$，利用溶液性质计算溶液浓度 x：

$$x = x(P_{e,last}, t_{a,s,last,out}) \tag{6-25}$$

最后，根据溶液浓度和蒸发器第一段压力，利用溶液性质计算避免出现压差反向现象时机组可承受的热源最低温度 $t_{h,min}$：

$$t_{h,min} = t_{h,min}(P_{e,first}, x) \tag{6-26}$$

因此，实际上热源最低温度 $t_{h,min}$ 是一个关于三个温度的函数，只要机组中对三个温度进行监测，则可判断是否会出现压差反向的情况，即：

$$t_{h,min} = f(t_{a,s,last,out}, t_{e,ref,first,out}, t_{e,ref,last,out}) \tag{6-27}$$

以上述模拟计算为例，其稳定工况时，吸收器溶液出口温度为 42.6℃，蒸发器 1 段和最后一段冷剂水出口温度为 29.9℃ 和 26.7℃，计算得到 $t_{h,min}$ 为 46.2℃，即若热源温度低于 46.2℃，则会出现压差反向现象。这一分析计算的意义在于，给予机组控制逻辑或运行人员一种预判发生器侧压差反向是否发生的方法，从而可以在实际出现压差反向之前采取关停溶液泵等方法避免大量积液现象，基于上述方法得到最低热源温度并给予一定的余量，则可以更早地进行调节。关停溶液泵和冷剂水泵使得机组单纯依靠热水板式换热器侧进行供热，在避免腔体大量积液的同时依然保证了一定的供热量。

6.2.5 冷源故障动态响应分析

冷源故障是一类机组中不经常出现的工况，出现在机组二次水循环泵出现故障突然停泵或者运行人员进行了误操作关停二次水泵的情况。当机组稳定运行中突然关停二次水循环泵，则冷凝器及吸收器侧就没有了冷却水的循环过程，同时二次水与一次水进行换热的热水板式换热器也不能正常换热，这一变化对机组内的压力有什么影响呢？相较其他几类动态过程，这是一类更加极端的过程，预期可能造成较大的压力波动，因此不适合在实际机组中进行实验，仅通过动态模型进行模拟分析，了解这一过程的主要特性。

模拟计算中，从一个稳定工况出发，突然间二次水流量降至 0，则各个腔体的压力变化如图 6.24 所示。二次水流量降为 0 后，各腔体压力均明显上升，其中冷凝压力逐渐稳定到 25～30kPa 之间，吸收-蒸发单元第 1 段压力上升幅度逐渐变小，其压力数值在前故障发生后的几分钟内始终低于发生-冷凝单元压力，没有出现压差反向的情况。与此同时，在吸收-蒸发单元内部出现了不同的现象，故障发生一分多钟后吸收-蒸发第 2、3 段压力已经高于第 1 段压力，出现压差反向现象，并且随着时间的推移，这一反向压差越来越大。

故障发生后，机组内没有了冷源，冷凝过程及吸收过程基本停滞，使得各段压力均呈上升趋势，同时由于热水板式换热器不再正常工作，使得蒸发器热源进口（板式换热器热侧出口）温度逐渐升高，接近发生器热源出口温度，热源温度的急剧升高促进了蒸发过程，由于同温度下溶液的饱和压力要远低于纯水的饱和压力，因此蒸发压力的上限要远高于发生-冷凝单元的腔体压力上限。然而吸收-蒸发 1 段的变化过程存在例外，吸收器 1 段的溶液来自溶液板式换热器之后，溶液被来自溶液罐的相对温度较低的溶液冷却降温，这使得吸收器 1 段溶液进口温度较低，即使没有冷却水，溶液在吸收器 1 段内仍能进行短暂的吸收过程；与此类似，蒸发器 1 段的冷剂水来自冷剂水罐，冷剂水罐冷剂水温度上升存在较大的惯性，因此一段时间内其温度较低。溶液罐及冷剂水罐的热惯性共同作用使得吸收-蒸发一段的压力在故障发生后的上升趋势相对缓慢，因此出现了明显的压差反向现象，并在吸收器内造成非常严重的积液现象，由于吸收器各段高度本就较低，对于积液现象的容忍度很低，如图 6.24（d）中的积液现象实际早已造成严重的溶液溢液问题。

冷源出现故障或者误操作导致冷水泵关停是机组运行中非常严重的不稳定问题，将造成吸收-蒸发单元压力飙升、产生大量积液，因此机组系统中一旦检测到冷源故障应立即采取紧急制动关机，防止后续出现严重的溶液溢液、冷剂水侧被污染、机组整体性能降低

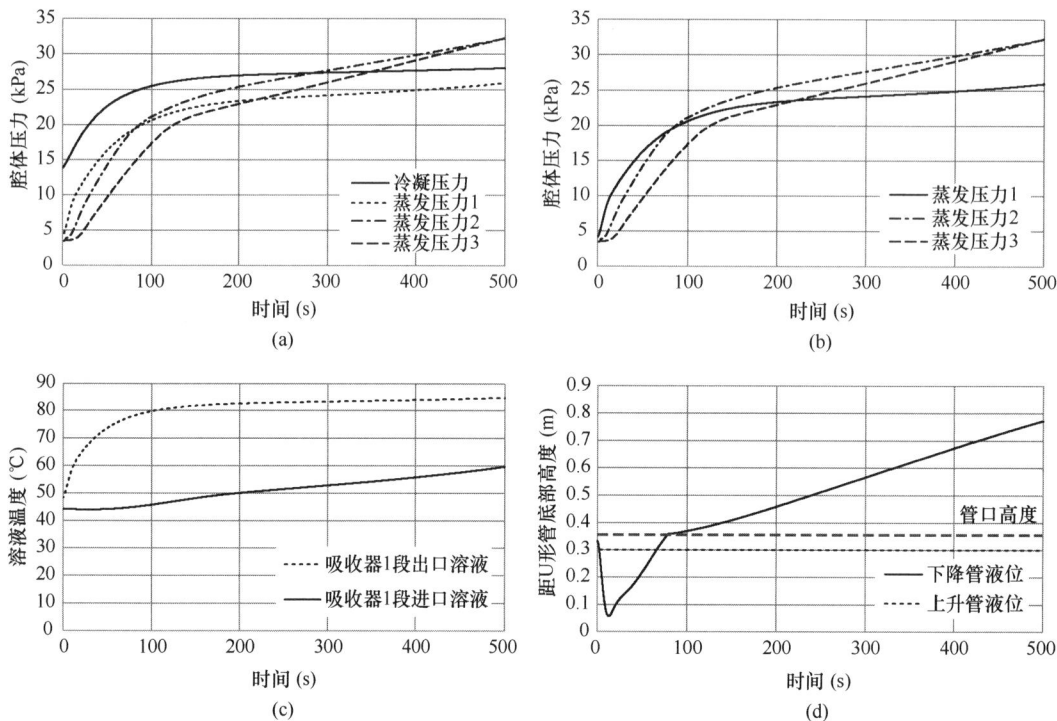

图 6.24 模拟冷源故障工况

（a）发生-冷凝与吸收-蒸发压差正向；（b）吸收-蒸发 1 段与 2 段压差反向；

（c）吸收器 1 段溶液进出口温度；（d）吸收器 1 到 2 段 U 形管液位

等问题。

以上内容，通过建立可细致描述机组内部各个自然流动过程以及传热传质过程的动态模型，对四种吸收式换热器应用中常见的非稳态工况进行了动态响应分析，解释了自然流动相关问题出现的原因，并给出了相应的控制方法。

6.2.6 动态过程分析小结

表 6.1 总结了压差反向现象出现的工况、出现位置及主要原因，从主要原因上看，发生-冷凝段与吸收-蒸发段之间的压差反向现象主要是由于没有热源或热源温度过低导致，是一种由于外界输入机组的参数不合适而出现的压差反向现象，需要通过控制热源温度及流量来消除；吸收-蒸发 1 段与 2 段之间的压差反向是由于特殊动态工况中溶液罐温度较低时通过溶液板式换热器控制吸收器溶液进口温度较低，即使冷源温度较高或者没有冷源输入吸收器时，吸收器第 1 段仍然能够吸收水蒸气而造成的，属于由机组内部热惯性引起的压差反向现象，调节起来较为被动，仅能通过调节溶液流量或者关闭溶液循环来缓解。除上述两种原因外，吸收-蒸发单元各段间还可能出现压差反向，其出现的原因可能是发生器与吸收器间压差反向造成积液的连带影响，当发生器与吸收器间压差反向解决后即可避免；也可能是调节手段不当未通入冷剂水造成的，可循环冷剂水来解决。

表 6.2 总结了底部积液现象出现的工况、出现位置及主要原因。其中，绝大多数情况属于机组动态运行中出现压差反向现象而造成的，随着压差反向现象的解决，积液问题迎

刃而解；冷态启动后通入冷热源而出现的底部积液现象属于发生器积液的连带影响，当发生器积液问题解决后，这一问题也得以解决。

压差反向现象及原因 表6.1

出现工况	出现位置	主要原因
冷态启动过程	发生-冷凝与吸收-蒸发间	缺少热源，凉溶液喷淋在发生器内出现吸收过程
热源温度突降	发生-冷凝与吸收-蒸发间	热源温度低，发生过程停止
发生过程	吸收-蒸发1段与2段间	溶液罐温度低，吸收器1段进口溶液温度低，吸收能力强
冷源故障	吸收-蒸发1段与2段间	溶液罐温度低，吸收器1段进口溶液温度低，吸收能力强
热源温度突降	吸收-蒸发各段之间	发生器积液导致吸收器溶液流量间断，各段相继出现压力大幅波动
冷态喷淋溶液	吸收-蒸发各段之间	不循环冷剂水使得溶液进入吸收器各段后压力相继骤降

底部积液现象及原因 表6.2

出现工况	出现位置	主要原因
冷态启动过程	发生器底部	压差反向
通入冷热源的启动过程	发生器底部	压差反向
热源温度突降	发生器底部	压差反向
发生过程	吸收-蒸发1段底部	压差反向
冷源故障	吸收-蒸发1段底部	压差反向
热源温度突降	吸收-蒸发各段底部	压差反向
冷态启动后通入冷热源	吸收-蒸发各段底部	发生器积液消失过程慢于压差建立，导致吸收器溶液流量迅速增加

此外需要说明的是，尽管本书的主体是立式多段吸收式换热器，但上述表6.1中出现于发生-冷凝与吸收-蒸发单元间的压差反向现象同样可能出现在常规吸收式热泵中，表6.2中出现于发生器底部的积液现象，同样可能出现在常规吸收式热泵或吸收式制冷机中。

6.3 吸收式换热器的控制与保护

根据前述关于机组运行中各类问题的分析，本节给出了表6.3所示的吸收式换热器控制与保护所必须涉及的策略。

吸收式换热器控制与保护策略 表6.3

项目	控制方法	原因
启动顺序	开机时，先通入冷热源，再通入溶液和冷剂水。长期停机后，冷却水温度较低时的开机过程需先切换至板式换热器工况，待冷却水温度满足要求后再正常启动	防止冷态喷淋工况发生器与吸收器间出现压差反向和积液问题。防止发生器出口溶液过浓，导致溶液结晶

161

续表

项目	控制方法	原因
运行调控	冷却水泵停机时，立即关停机组。 发生工况，溶液应减半流量循环。 热源温度突降时，切换至板式换热器工况	防止吸收器第 1 段底部大量积液造成的溢液问题。 防止吸收器段间压差反向造成吸收器积液。 防止发生器与吸收器间出现压差反向和积液问题

本章仅针对吸收式换热器实际运行中出现的新的问题提出相应的控制策略，并未涉及吸收式热泵常规的控制保护策略，如真空抽气系统的控制、溶液及冷剂水液位和流量控制、常规吸收式制冷机的防结晶控制等策略，相关内容可参考吸收式制冷机设计相关的书籍。

本章参考文献

［1］ 朱超逸．吸收式换热器在集中供热系统中的应用研究［D］. 北京：清华大学，2018.

［2］ 李静原．吸收式热泵中吸收器传热传质与匹配特性研究［D］. 北京：清华大学，2016.

第7章 吸收式技术的典型系统应用

吸收式换热器被广泛应用于电厂、供热系统，以及化工、钢铁、有色、建材、炼油等高耗能企业生产工艺过程中，用于回收低品位余热、提高能源利用效率。本章介绍吸收式换热器的五个最典型的应用方式，并结合实际案例给出其应用效果。

7.1 燃煤热电联产的余热回收

在热电联产系统中，汽轮机排出的低品位乏汽热量可占到热电厂总能耗的 $35\%\sim 60\%$，通过回收这部分余热，可以大幅度提高热电厂的总热效率，同时通过回收利用乏汽余热进行供热，也可以减少供热能耗。一般抽凝式热电联产机组汽轮机乏汽饱和温度一般不超过 50℃，这一温度品位与热网一次网回水温度接近，因此通过常规换热手段直接回收的余热量很有限。

在实际应用中，往往利用抽凝式热电联产系统中的高温抽汽驱动吸收式热泵机组回收乏汽余热。如图 7.1 所示，根据一次网回水温度与乏汽饱和温度的相对大小，有两种系统流程：1）当一次网回水温度高于乏汽饱和温度时，此时汽轮机抽汽进入吸收式热泵机组的发生器作为驱动热源，而汽轮机乏汽则作为低温热源，通过蒸发器（吸收式热泵机组中）和凝汽器之间的循环水进行回收，一次网回水进入吸收式热泵机组中的吸收器和冷凝器，被抽汽和乏汽释放的热量所加热，当一次网在吸收式热泵的出口温度尚不足以达到供热要求时，可以在汽水换热器中被抽汽加热到所需的供水温度；2）当一次网回水温度低于乏汽饱和温度时，此时一次网回水可以直接与汽轮机乏汽进行换热回收　部分乏汽余热，被乏汽预热后的一次网水继续进入吸收式热泵机组和汽水换热器中进行加热。

国内外有不少学者针对吸收式热泵的这种应用场景进行了分析和研究。当仅采用简单的单级单效吸收式热泵时，由于其提升能力有限，一次网水被吸收式热泵加热后的温度仍然较低，此时需要大量抽汽对其进行补热，效果不太理想。而双级吸收式热泵有较大的提升能力，但其 *COP* 较低（小于 1.40），对于抽凝式热电联产电厂来说，当进行乏汽余热回收时，要求在设计工况下，回收所有乏汽，尽量不再通过冷却塔排热，考虑到汽轮机抽汽比一般不超过 70%，在这两种实际运行的限制下，要求吸收式热泵机组整体 *COP* 不应低于 1.43（即 1/0.7）。直接采用单级单效吸收式热泵或双级吸收式热泵均无法达到较好的余热回收效果，于是有学者通过将单效、双效和双级三台吸收式热泵串联来实现较优的余热回收效果。笔者曾提出一种可变级数循环，其应用于抽凝式热电联产机组余热回收系统中，可以取得相较于传统循环更优的效果。

在一些工业余热回收和供热的应用中，往往需要在吸收式热泵的高低温热源温度间形成不同温度品位的吸收温度和冷凝温度以适应冷却水（即被加热水，如集中供热一次网水）的大温差加热的需求。基于此，笔者曾提出一种可变级数的吸收式热泵循环[1]。如图 7.2 所示，包含两个溶液循环（2C）的可变级数吸收式热泵循环包括一个共用蒸发器 E，

(a)

(b)

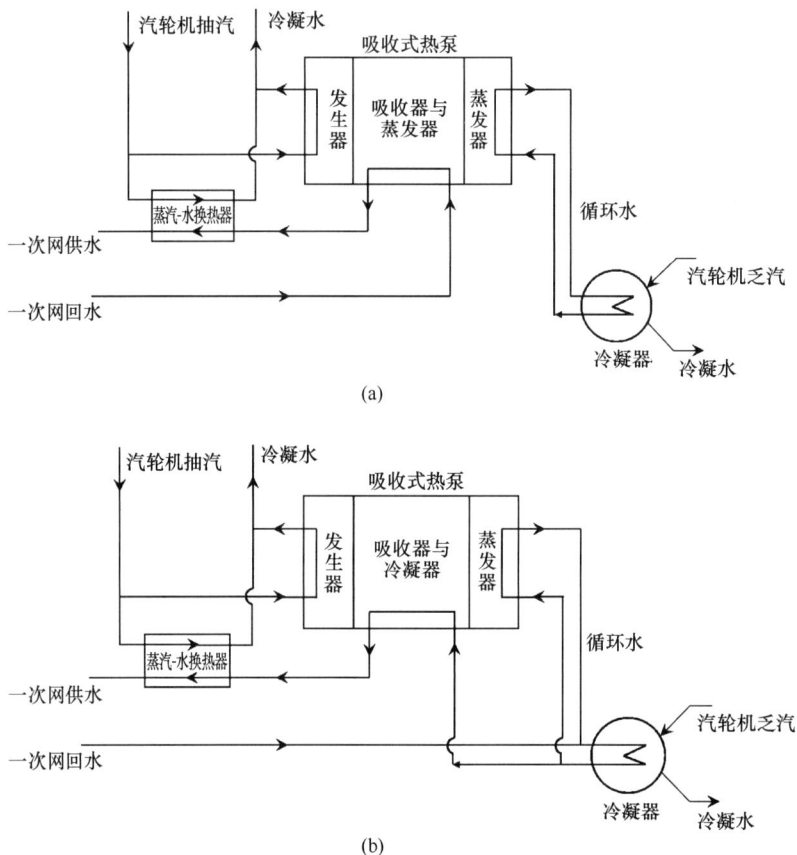

图 7.1 燃煤热电联产的余热回收流程

（a）一次网高回水温度工况；（b）一次网低回水温度工况

发生器 G、冷凝器 C、吸收器 A 和溶液换热器 SHE 在两个溶液循环中各有一个。G1 发生出来的蒸汽分成两股，一股进入第一个溶液循环的冷凝器 C1，一股进入第二个溶液循环的吸收器 A2，G1 不仅是第一个溶液循环的发生器，也是第二个溶液循环的蒸发器，两个溶液循环中冷凝得到的冷剂水均回流至蒸发器 E 中。于是冷剂水在第一个溶液循环中，完成的是一个完整的单级循环，而分流至第二个溶液中的冷剂水则完成的是一个完整的双级循环，通过控制 G1 与 A2 之间、G1 与 C1 之间的阀门来控制 G1 中冷剂蒸汽分流比 Z_{12}（即流入 A2 中蒸汽质量流量占 G1 总蒸汽质量流量之比），则可控制整个循环的级数。图 7.3 展示了可变级数（2C）吸收式热泵流程的 P-T 图。

对于一定的输入参数（表 7.1），图 7.4 展示了这种新循环可变级数的特性，随着冷剂蒸汽分流比 Z_{12} 从 0 增大到 1（流入 A2 的蒸汽不断增加），可变级数（2C）吸收式热泵的制热 COP 从 1.694（此时为单级流程）下降到 1.345（此时为双级流程），而吸收式热泵冷却水出口温度则从 105.8℃ 升高至 148.8℃，这也反映了吸收式热泵循环中 COP 和温度提升能力之间的相互制约关系。

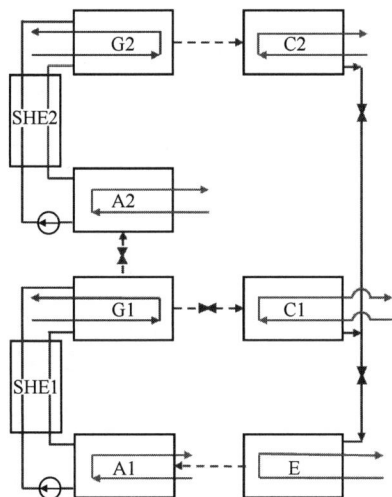

图 7.2 可变级数（2C）吸收式热泵流程

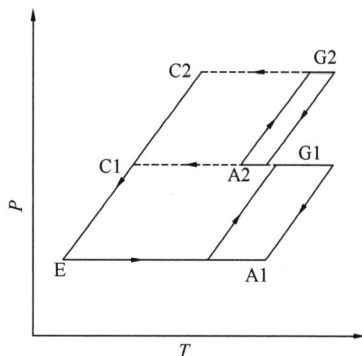

图 7.3 可变级数（2C）
吸收式热泵循环 $P\text{-}T$ 图

输入参数 表 7.1

参数	单位	值
发生温度	℃	172.4
蒸发温度	℃	28.0
冷却水循环流量	kg/s	22.15
冷却水入口温度	℃	40.0

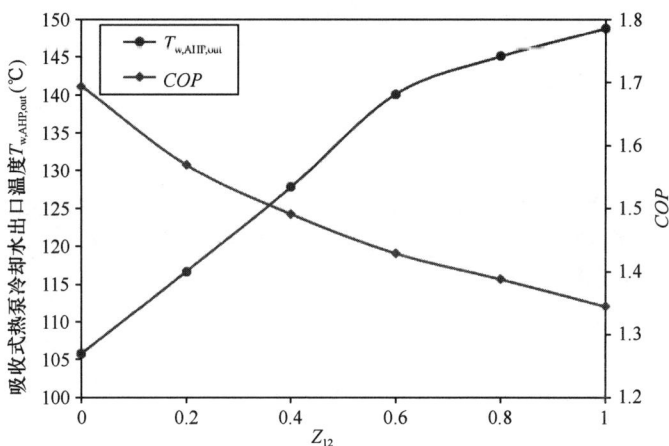

图 7.4 可变级数（2C）吸收式热泵流程性能

在需要时，可变级数流程的溶液循环数量还可继续增加，图 7.5 和图 7.6 分别展示了三个溶液循环的可变级数吸收式热泵循环的流程图和 $P\text{-}T$ 图，此时可以形成更多不同的温度品位，其级数可调节范围也从 1～2 扩大至 1～3。

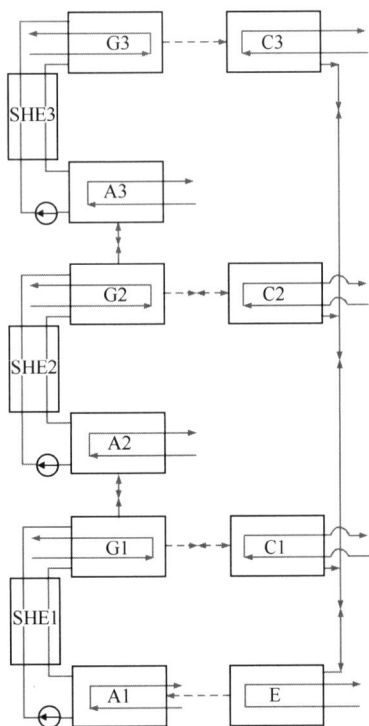

图 7.5　可变级数（3C）吸收式热泵流程　　　图 7.6　可变级数（3C）吸收式热泵循环 *P-T* 图

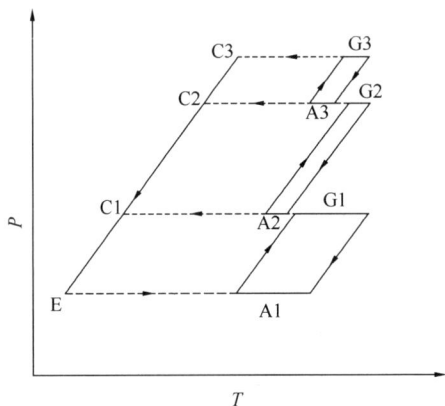

在表 7.2 给定的案例输入参数下，通过模拟对比分析单效吸收式循环、可变级数（包括 2C 和 3C）吸收式循环分别应用于上述热电联产余热回收系统时的运行效果。

案例输入参数　　　　　　　　　　　　　　　　　　表 7.2

参数	单位	值
汽轮机抽汽比 α	%	65
电厂冷凝器循环水出口温度	℃	40
电厂冷凝器循环水入口温度	℃	30
吸收式热泵蒸发温度	℃	28
一次网供水温度	℃	130
热负荷	kW	8372

图 7.7 展示了当一次网回水温度为 45℃时，不同吸收式热泵循环的加热流程，相较于传统的吸收式热泵流程，可变级数（包括 2C 和 3C）吸收式循环在高低温热源间营造了更多的不同温度品位，以适应一次网回水的大温差加热流程，同时其吸收式循环的级数可以根据实际工况进行灵活调节，从而缓解了 *COP* 和提升能力的矛盾。

图 7.8 对比了不同吸收式循环在不同一次网回水温度下的等效供热电耗，可变级数（包括 2C 和 3C）循环的等效电耗始终低于单效循环，当一次网回水温度为 50℃时，相较于单效循环，可变级数（2C）循环和可变级数（3C）循环的等效电耗分别降低了 8.5％和 15％，回水温度越高，节能优势越明显。

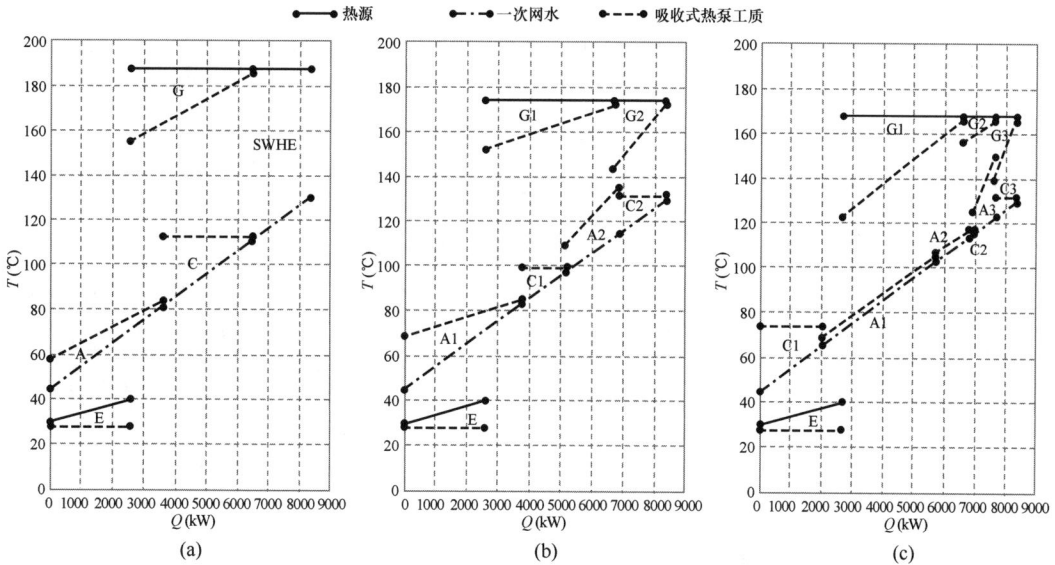

图 7.7 不同吸收式循环余热回收过程 $T\text{-}Q$ 图（一次网回水温度为 45℃）

（a）单效吸收式循环；（b）可变级数（2C）吸收式循环；（c）可变级数（3C）吸收式循环

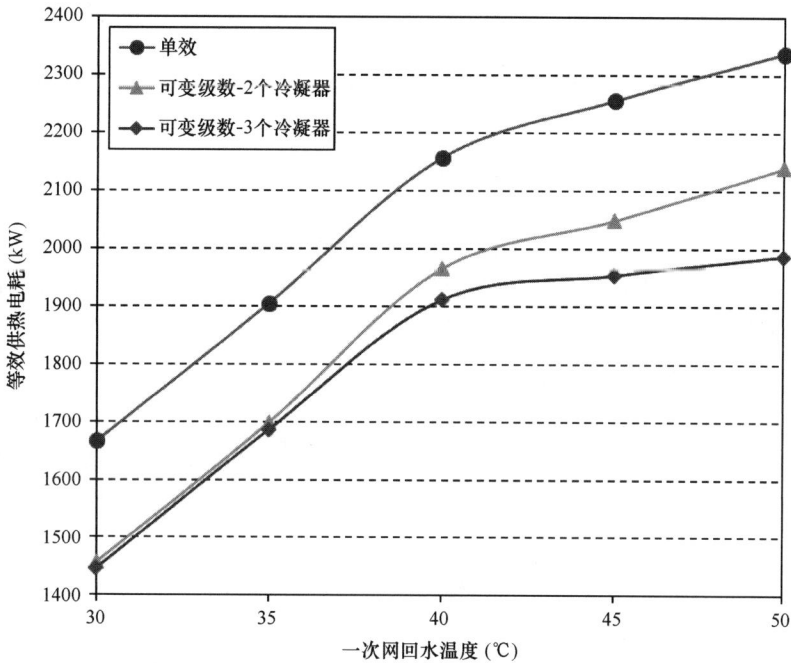

图 7.8 不同吸收式循环在不同回水温度下的等效供热电耗

7.2 低品位工业余热的回收与长距离输送

工业能耗是我国总能耗中最大的部分，而工业耗能大部分都以工业余热的形式排放，

167

在所排放的工业余热中，品位处在 30～80℃ 的低品位余热占工业余热的大部分，而这些低品位工业余热可以作为建筑供暖的热源，从而大大缓解供热热源紧张的状况，降低供暖系统的碳排放。另一方面，大部分工业一般都距离城市有一定的距离，需要将这些低品位的工业余热长距离输送到城市。如何实现低品位余热的长距离输送成为问题的关键。

7.2.1　利用两类吸收式换热器实现热量长距离输送的系统

利用两类吸收式换热器可以实现低品位热量的长距离输送，所构建的系统如图 7.9 所示。在热源侧安装第二类吸收式热泵，其功能是将小温差的低品位工业余热变换为大温差后通过热网长距离输送；而在末端安装第一类吸收式换热器，将大温差的热网热量变换为小温差后为建筑供热。由图 7.9 可见，利用两类吸收式换热器，就好比电力系统的变压器，在热源处，将热量自小温差变换为大温差，从而增加输送温差，减少管网的输送泵耗，提高管网输送能力；在末端，将热量自大温差变换为小温差，满足建筑供热所需要的大流量小温差的要求[2]。

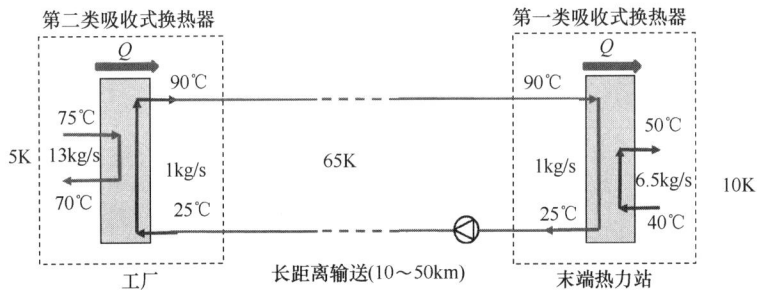

图 7.9　利用两类吸收式换热器实现热量长距离输送的系统

该系统可以用于背压机热量的长距离输送，如图 7.10 所示，和常规在热电厂处及末端热力站处利用板式换热器相比，利用两类吸收式换热器组合的系统，可以在保持与常规系统一样的热网输送温差下，显著降低背压机背压，如图 7.11 所示，背压机背压可以降低 40℃ 左右，从而使得电厂多发电，这也体现出该两类吸收式换热器供热系统的优势。

那么，中间输送温差可以被变换到多高呢？这实际取决于两类吸收式换热器的效能，

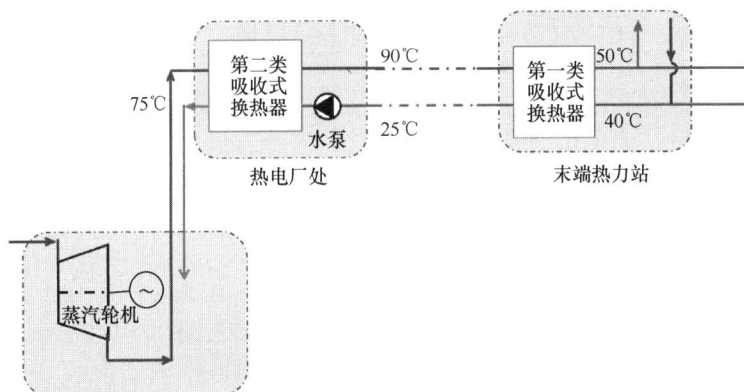

图 7.10　利用两类吸收式换热器实现背压机的长距离供热

中间输送温差可由式（7-1）写出：

$$t_{h,in} - t_{h,o} = K(t_{p,in} - t_{r,in})$$

$$(7-1)$$

式中，$t_{h,in}$ 和 $t_{h,o}$ 分别为长距离输送热网热水的供水和回水温度；$t_{p,in}$ 为热源处热水进口温度；$t_{r,in}$ 为末端侧用户回水温度；K 为放大系数，代表中间循环的热网的输送温差相比源汇侧温差的放大程度，其中：

$$K = \cfrac{1}{\cfrac{1}{\varepsilon_I} + \cfrac{1}{\varepsilon_{II}} - 1} \quad (7-2)$$

式中，ε_I 和 ε_{II} 分别为系统中末端第一类吸收式换热器和热源处第二类吸收式换热器的效能，两类吸收式换热器的效能越高，放大系数越大，即中间循环的热网水输送温差越大。

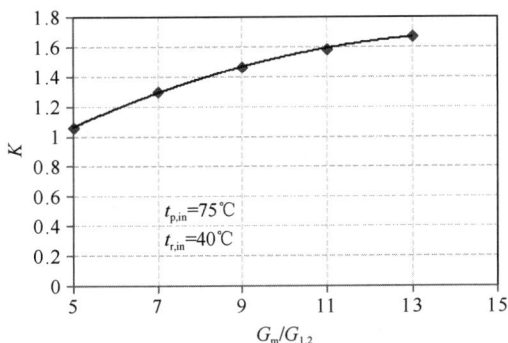

图 7.11 利用两类吸收式换热器长距离供热降低背压的效果

图 7.12 热量长距离输送系统上流量比的关系

图 7.12 给出了放大系数 K 随两类吸收式换热器的流量比的变化关系的案例，这里假设热源和热汇侧的流量相等。由图 7.12 可以看出，随着流量比的变化，K 值为 1.1～1.7，即中间循环流体的输送温差可以放大到源汇侧进口温差的 1.1～1.7 倍。

7.2.2 经济输送距离

上述利用两类吸收式换热器实现热量长距离输送的系统，通过增加两类吸收式换热器，使得中间管网的输送温差变大，若输送同样的热量，相比常规系统管网尺寸可以变小，输送能耗同时下降。考虑系统的经济性，比较由于增加两类吸收式换热器使得系统投资的增加和管网投资的降低，当二者平衡时，得到一个输送距离，我们称之为最小经济输送距离。当输送距离高于该最小经济输送距离时，适宜采用上述吸收式换热器系统，否则系统将变得不经济。

吸收式换热器和中间输送管网成本降低的平衡关系如式（7-3）所示：

$$c_n L_e D_0 - c_n L_e D_1 = 2c_{AHE} Q \quad (7-3)$$

式中，c_n 为单位管径单位长度的管道成本；c_{AHE} 为千瓦供热量对应的吸收式换热器成本；L_e 为最小经济输送距离；Q 为系统的供热量；D_0 为采用常规板式换热器所需要的中间输热管网的管径；D_1 为采用上述吸收式换热器系统后中间输热管网的管径。

Q 可用式（7-4）表示：

$$Q = \frac{\pi}{4} D_1^2 v \rho_w c_{p,w} \Delta T_1 \quad (7-4)$$

式中，v 为长输管网管内流速，m/s；ρ_w 为水的密度；$c_{p,w}$ 为水的比热；ΔT_1 为采用吸收式

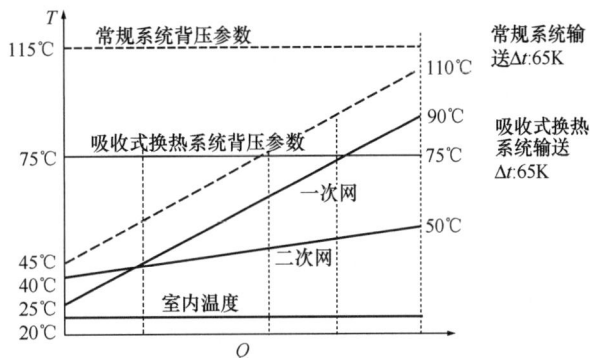

换热器系统的管网输送温差。

若采用常规板式换热器的长距离输送系统，其中间管网的流速与该吸收式换热器系统的管网流速相等，则可以得到：

$$L_{\mathrm{e}} = \frac{2C_{\mathrm{AHE}}}{C_{\mathrm{n}}} \frac{Q}{D_1} \frac{1}{\sqrt{\Delta T_1/\Delta T_0} - 1} \tag{7-5}$$

式中，ΔT_0 为采用常规板式换热器系统的管网输送温差。

对于采用常规板式换热器系统的管网输送温差，假设两侧换热器的最小换热端差为 Δt_0，则可以得到：

$$\Delta T_0 = (t_{\mathrm{s,in}} - t_{\mathrm{r,in}}) - 2\Delta t_0 \tag{7-6}$$

联立式（7-1），从而得到：

$$\sqrt{\frac{\Delta T_1}{\Delta T_0}} = \sqrt{K \frac{1}{1 - \dfrac{2\Delta t_0}{t_{\mathrm{s,in}} - t_{\mathrm{r,in}}}}} \tag{7-7}$$

最终得到最小当量经济输送距离（L_{e}/D_1）为：

$$\frac{L_{\mathrm{e}}}{D_1} = \theta_{\mathrm{c}} \frac{\pi}{2} v \rho_{\mathrm{w}} c_{\mathrm{p,w}} \frac{K(t_{\mathrm{s,in}} - t_{\mathrm{r,in}})}{\sqrt{K \dfrac{1}{1 - 2\varphi_{\mathrm{t}}} - 1}} \tag{7-8}$$

式中，$\theta_{\mathrm{c}} = C_{\mathrm{AHE}}/C_{\mathrm{n}}$；$\varphi_{\mathrm{t}} = \Delta t_0/(t_{\mathrm{s,in}} - t_{\mathrm{r,in}})$。

由式（7-5）和式（7-8）可知，吸收式换热器成本相比管网成本越低，即 θ_{c} 越小，最小当量经济输送距离越短；当输送热量给定，放大系数 K 越高，也就是两类吸收式换热器效能越大，最小当量经济输送距离越短。对比采用常规换热器的输送系统，换热器最小换热端差 Δt_0 越大，即常规换热器做的越差，即 φ_{t} 越大，最小当量经济输送距离越短。长途输送管网的管内流速 v 越高，同样管径输送热量越多，此时最小当量经济输送距离越长。上面各因素对最小当量经济输送距离的影响如图 7.13 所示。

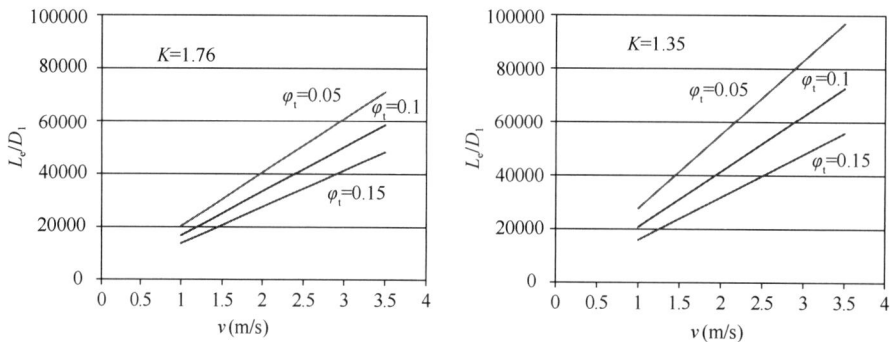

图 7.13 最小当量经济输送距离随管网流速和各个因素的变化关系

通过上述分析，给出了利用两类吸收式换热器实现热量长距离输送经济可行的设计原则，需要指出的是，上述分析并没有考虑管网输送温差变大导致的管网输送泵耗降低的益处，如考虑输送泵耗的降低，则上述最小经济输送距离可能进一步缩短。

7.3　大型热力站的吸收式换热器应用

7.3.1　相关背景

本节主要介绍应用在太原市内大型热力站的吸收式换热器[3,4]。太原市近年来使用的
太原-古交长输管网供热项目，从距离市区
37.8km 的古交热电厂获得热源，经大管道长途
输送至市内满足市内冬季的供暖需求。为了保
证项目的可行性，需要降低一次网水的回水温
度，从而实现大温差、小流量供热，减少管网
输配的费用，同时可回收热源电厂处的低品位
乏汽。而采用一般的板式换热器，只能将一次
网温度降低至 40℃水平，采用吸收式换热器，
能够将一次网温度降低至 20℃以下，在相同的
供热需求下，一次网流量是板式换热器的 75%，
能够有效降低输配费用，同时在热源处能够利
用乏汽直接对 20℃的回水进行加热，实现废弃
热源的有效回收。

为了实现以上目的，需对太原市内的现有
热力站进行改造，将采用板式换热器的传统热
力站更换为采用大温差吸收式换热器的热力站。
在 2018～2019 年供暖季，由本书课题组等单位
共同设计的一批双级立式吸收式换热系统在太
原市部分热力站得到安装与运行。该供暖季内
一共安装了 31 台机组，包括 1MW、2MW、
3MW、4MW、6MW、8MW、14MW 共七种不

图 7.14　双级吸收式换热器安装位置分布

同容量，包括 16 台 1MW 容量的机组与 15 台更大容量的机组。图 7.14 展示了机组的具
体位置分布，能够看到，大部分机组都在市区中心的热力站内。

为了测试双级立式吸收式换热器在太原市的实际供暖性能，课题组选择了五台不同容
量的机组进行运行性能的测试，选取的具体机型与位置如表 7.3 所示。通过测试以上机组
在整个供暖季节的各换热器进出口水温，来计算相关的运行性能参数，用以评价机组在不
同负荷率下的具体运行性能。

应用在太原大型热力站内的测试机组统计　　　　　　　　　　　　表 7.3

机组容量	机组所在热力站
1MW	同力计算机
2MW	分析科学研究院

续表

机组容量	机组所在热力站
3MW	王村小区
6MW	王村房管所
8MW	六味斋

7.3.2 系统外部参数测试结果

本节对 5 台不同容量机组的全供暖季实测一、二次网温度的测试结果进行展示。并根据测得的曲线计算对应的流量比与吸收式换热器效能，对系统的运行性能进行全供暖季的分析。

1. 1MW 机组运行性能

图 7.15 给出了同力计算机热力站 1MW 机组在整个供暖季的一、二次网进出口温度变化曲线。

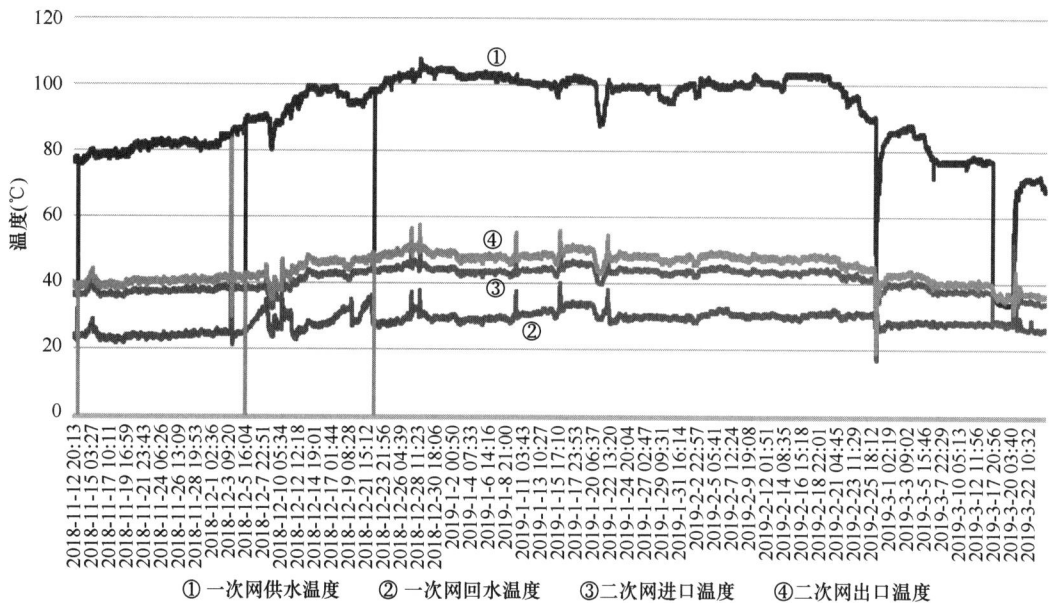

①一次网供水温度　②一次网回水温度　③二次网进口温度　④二次网出口温度

图 7.15　1MW 机组供暖季一、二次网实测水温变化曲线

在供暖季初末寒期，一次网供水温度在 75～85℃，二次网进出口温度分别在 35～40℃与 40～45℃的范围内，1MW 机组能够将一次网回水温度降低至 22～27℃的范围内。在供暖季严寒期，一次网供水温度上升至 100℃水平，二次网供回水温度分别上升至 50℃与 45℃水平。此时机组能够将一次网回水温度降低至 30℃水平。总体来看，1MW 机组能够在整个供暖季有效完成大温差换热机组的功能，能够在部分负荷下正常运行。根据曲线，机组在运行过程中出现一、二次泵停机，机组停机的工况，但经过较短时间机组均能重新回到正常运行工况。

图 7.16 与图 7.17 分别展示了 1MW 机组的二次网与一次网的流量比及吸收式换热器效能随供暖时间变化的曲线。

1MW 机组的二次网与一次网的流量比在 15～24 之间，相比标准工况的吸收式换热器流量

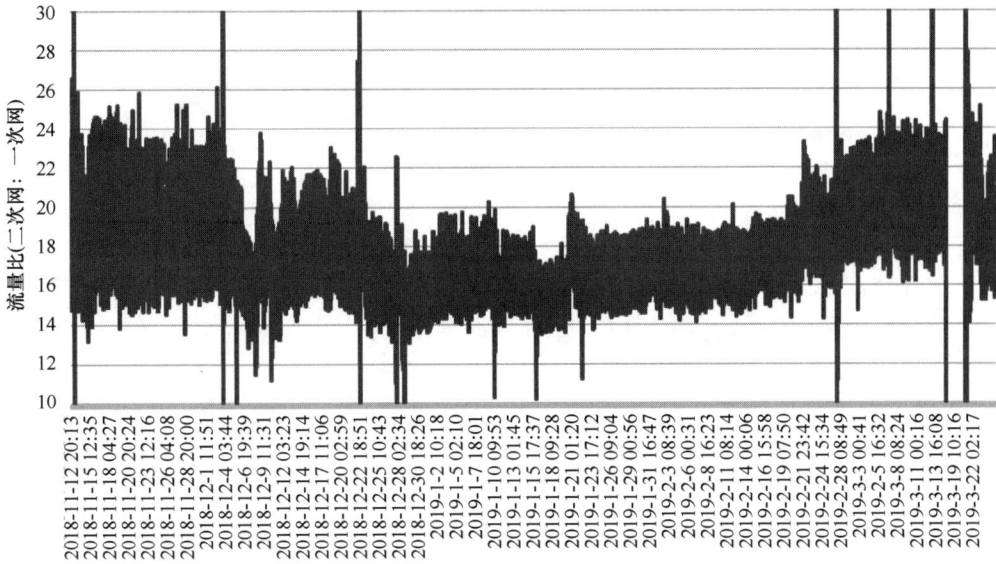

图 7.16　1MW 机组流量比随供暖时间变化曲线

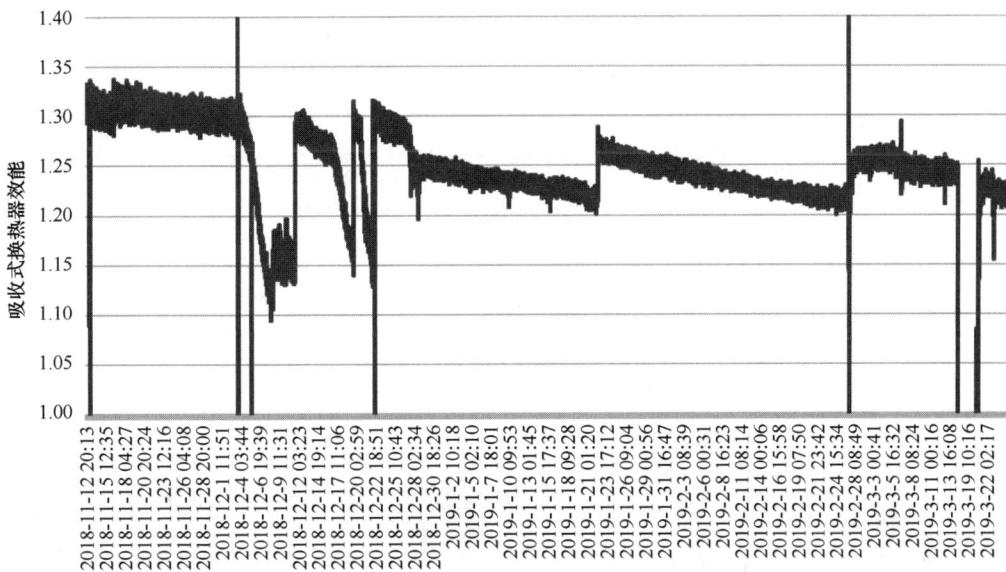

图 7.17　1MW 机组吸收式换热器效能随供暖时间变化曲线

比，该机组的流量比数值较大。在供暖季初末寒期，机组流量比约为 20，高于在严寒期机组的流量比 16。机组整体吸收式换热器效能水平在 1.2～1.35 之间。其中，初寒期的吸收式换热器效能在 1.30 以上，严寒期与末寒期的吸收式换热器效能在 1.20～1.30 之间，略有降低，这是机组内部溶液循环所致，但从外部工况来看，机组的整体运行性能较好，能够将一次网回水温度降低至一个较为理想的水平。

2. 2MW 机组运行性能

图 7.18 给出了分析科学研究院热力站 2MW 机组在整个供暖季的一、二次网进出口温度变化曲线。

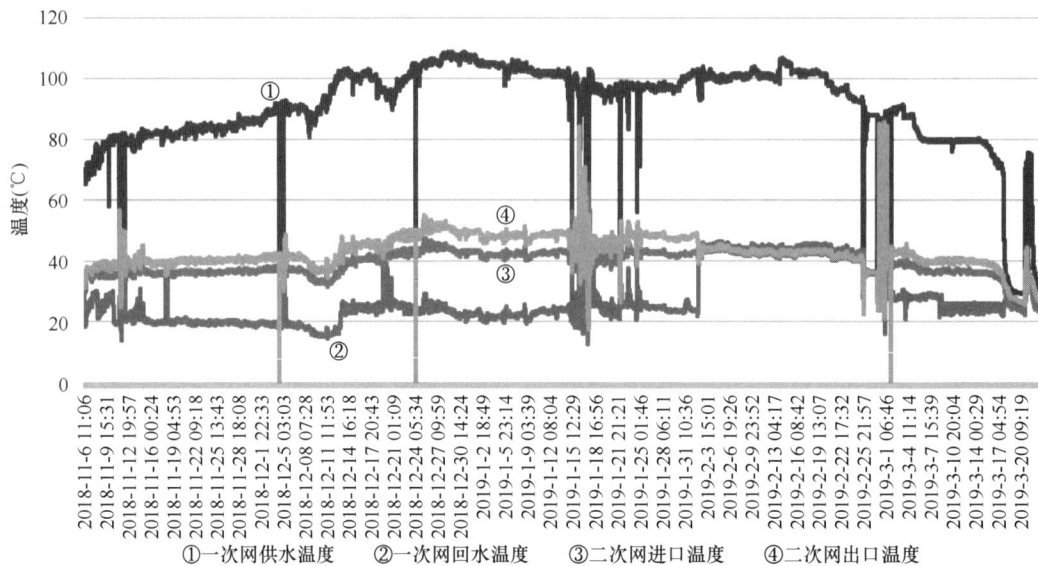

①一次网供水温度 ②一次网回水温度 ③二次网进口温度 ④二次网出口温度

图 7.18 2MW 机组供暖季一、二次网实测水温变化曲线

2MW 机组的一次网供水温度与 1MW 相似。在供暖季初末寒期，一次网供水温度在 80～90℃，二次网进出口温度分别在 35～40℃与 40～45℃的范围内，2MW 机组能够将一次网回水温度降低至 20℃的水平。在供暖季严寒期，一次网供水温度上升至 100～110℃，二次网供回水温度分别上升至 50℃与 45℃左右。此时机组仍能够将一次网回水温度降低至 20℃左右。从图中可以看到，在 2 月一整月间机组的二次网进出口温度与一次网供水温度均在 45℃左右，此时相当于机组并未运行。在其他运行时段，机组能够在满足供暖的前提下将一次网回水温度降低至较低水平。此外，在一次网供水温度较低时，机组仍能够正常且有效工作。

图 7.19 与图 7.20 分别展示了 2MW 机组的二次网与一次网流量比及吸收式换热器效能随供暖时间变化的曲线。

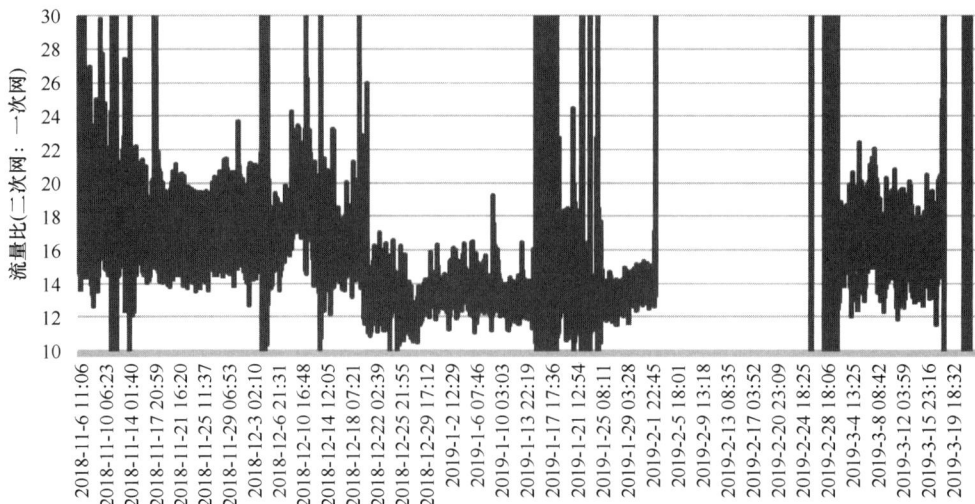

图 7.19 2MW 机组流量比随供暖时间变化曲线

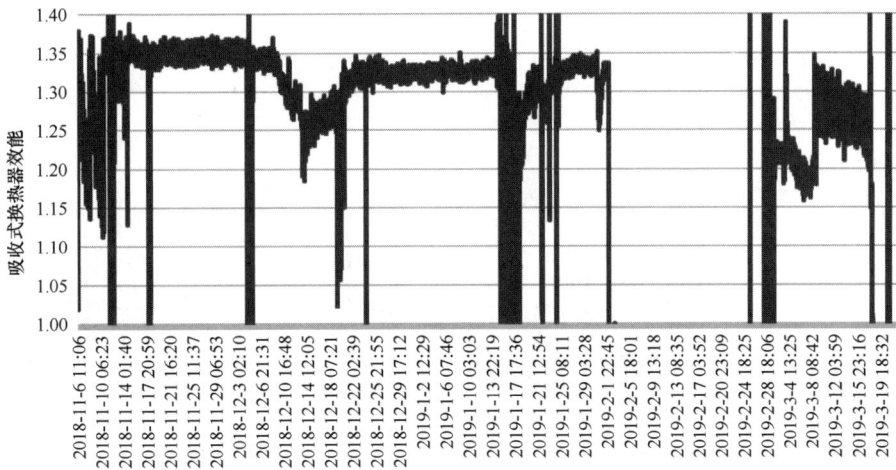

图 7.20　2MW 机组吸收式换热器效能随供暖时间变化曲线

　　2MW 机组的二次网与一次网流量比在 12～20 之间，相比于 1MW 机组，该机组的流量比更小。在初末寒期，机组流量比在 18 附近，在严寒期机组的流量比在 13 附近，均低于对应的 1MW 机组流量比。从机组吸收式换热器效能来看，机组整体水平在 1.30～1.35 之间。其中，初寒期的吸收式换热器效能稳定在 1.35 附近，严寒期的吸收式换热器效能在 1.32 附近，略有降低，但吸收式换热器效能处于优秀的水平。机组在二月停机一个月，再启动后吸收式换热器效能有所下降，在 1.20～1.25。这是内部溶液循环控制逻辑不当所致，但从外部工况来看，机组的整体运行性能很好，能够将一次网回水温度降低至一个非常理想的水平。

3. 3MW 机组运行性能

　　图 7.21 给出了王村小区热力站 3MW 机组在整个供暖季的一、二次网进出口温度变化曲线。

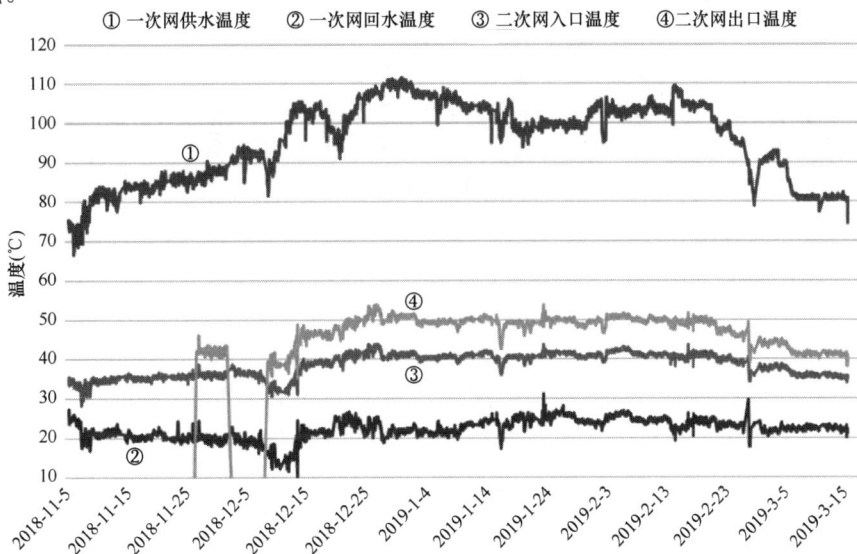

图 7.21　3MW 机组供暖季一、二次网实测水温变化曲线

图 7.22 与图 7.23 分别展示了 3MW 机组的二次网与一次网流量比及吸收式换热器效能随供暖时间的变化曲线。

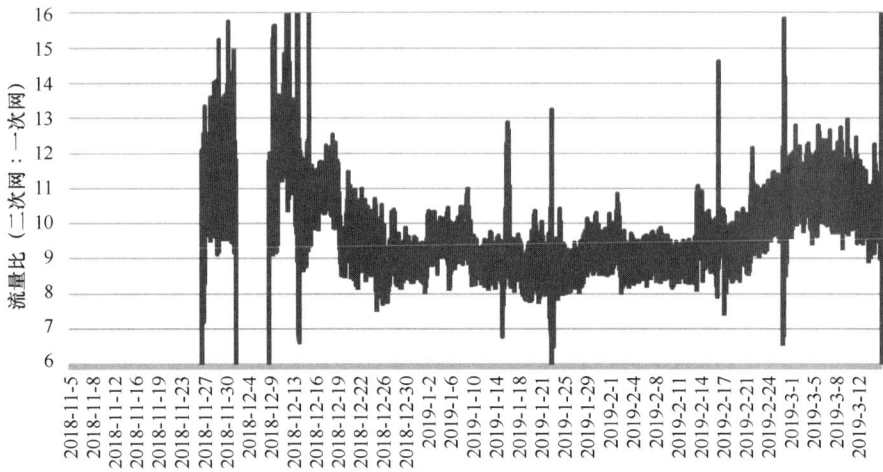

图 7.22　3MW 机组流量比随供暖时间变化曲线

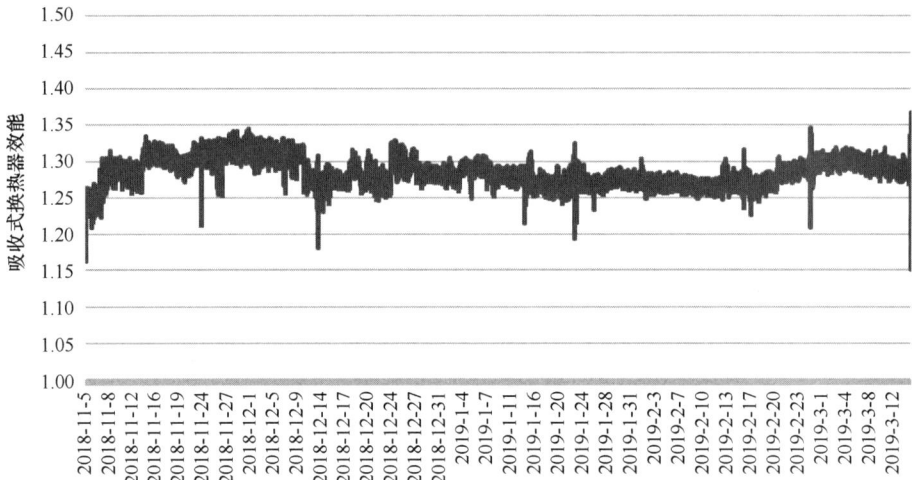

图 7.23　3MW 机组吸收式换热器效能随供暖时间变化曲线

3MW 机组实测负荷率在 90％以上，机组按照满负荷工况运行时，在严寒期，机组的流量比在 8～10 之间，在末寒期，机组的流量比上升至 10～12。从一次网回水温度曲线可以看到，机组能够将一次网回水温度降低至 20～25℃。从吸收式换热器效能来看，机组稳定在 1.25～1.35 之间。相比于其他大机组，该机组的效率略低一些，是由于机组负荷率较大所致。总体来看，机组在 80～110℃的一次网供水温度条件下，将二次网自 40℃（回水温度）加热至 50℃（供水温度），同时将一次网回水温度降低至 20～25℃，机组能够在供热时段较好完成降低一次网水温的目标。

4. 6MW 机组运行性能

图 7.24 给出了王村房管所热力站 6MW 机组在整个供暖季的一、二次网进出口温度变化曲线。

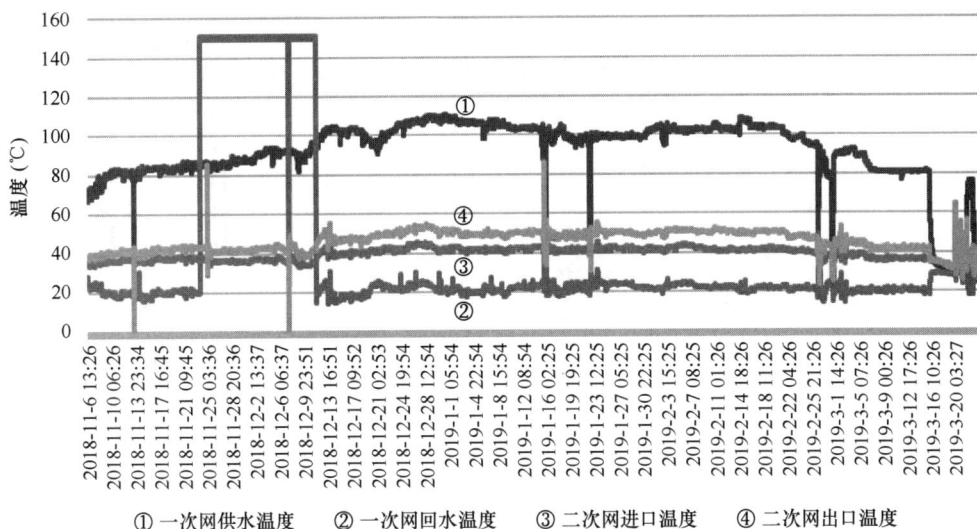

①一次网供水温度 ②一次网回水温度 ③二次网进口温度 ④二次网出口温度

图 7.24 6MW 机组供暖季一、二次网实测水温变化曲线

从上图中可以看到，6MW 机组在整个供暖季内均能非常稳定地运行。图中 11 月 20 日到 12 月 9 日内的一次网回水温度异常是由于温度测点异常所致，并非机组本身出现问题。6MW 机组的一次网供水温度与 2MW 机组相似。在供暖季初末寒期，一次网供水温度在 80～90℃，二次网进出口温度分别在 35～40℃ 与 40～45℃ 的范围内，该机组能够将一次网回水温度降低至 20℃ 左右。在供暖季严寒期，一次网供水温度上升至 100～110℃，二次网供回水温度分别上升至 50℃ 与 45℃ 左右。此时机组仍能够将一次网回水温度降低至 20℃ 左右。在整个运行期间，机组能够在满足供暖的前提下将一次网回水温度降低至较低水平。此外，在一次网供水温度较低时，即末寒期一次网供水温度为 70℃ 时，机组仍能够正常且有效工作。

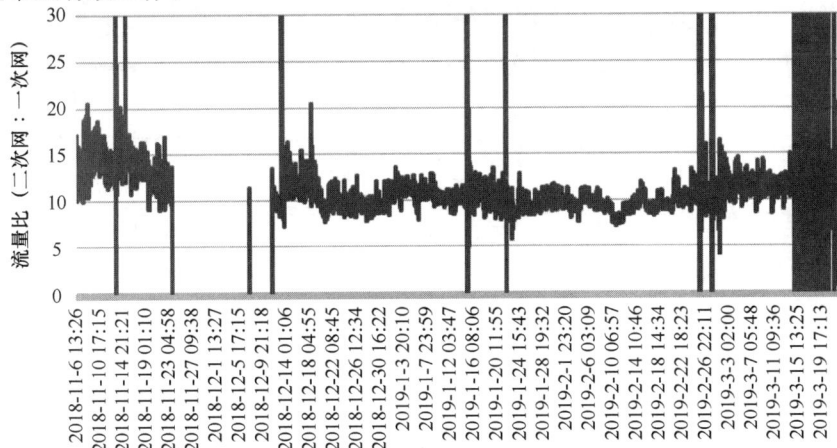

图 7.25 6MW 机组流量比随供暖时间变化曲线

图 7.25 与图 7.26 分别展示了 6MW 机组的二次网与一次网流量比及吸收式换热器效能随供暖时间的变化曲线。

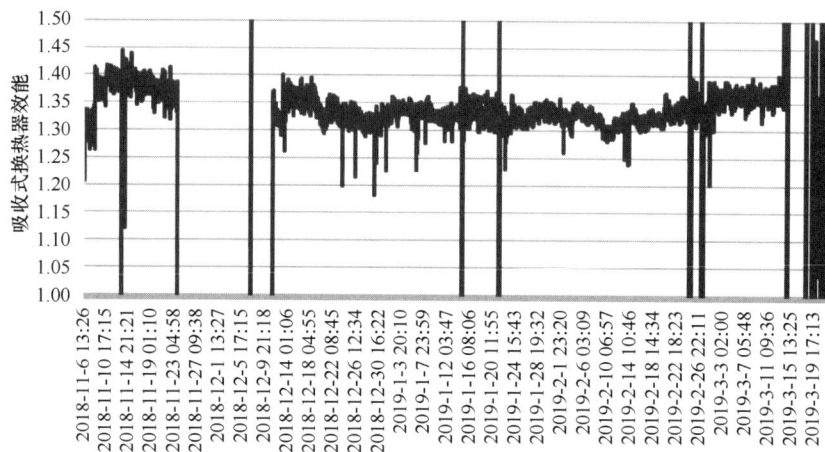

图 7.26 6MW 机组吸收式换热器效能随供暖时间变化曲线

6MW 机组的二次网与一次网流量比在 8～15 之间，比小容量机组的流量比更小。从曲线中能够看出，在初末寒期的流量比在 12 左右，严寒期的流量比整体在 10 以下。从机组的吸收式换热器效能来看，初末寒期的机组吸收式换热器效能在 1.35～1.4 之间，严寒期机组的吸收式换热器效能略有降低，在 1.3～1.35 之间。在最后的阶段机组已经停机，因此各水温、流量比及吸收式换热器效能测试结果出现异常。在机组正常运行的时段中，机组的整体运行性能很好，能够将一次网回水温度降低至一个非常理想的水平。

5. 8MW 机组运行性能

图 7.27 给出了六味斋热力站 8MW 机组在整个供暖季的一、二次网进出口温度变化曲线。

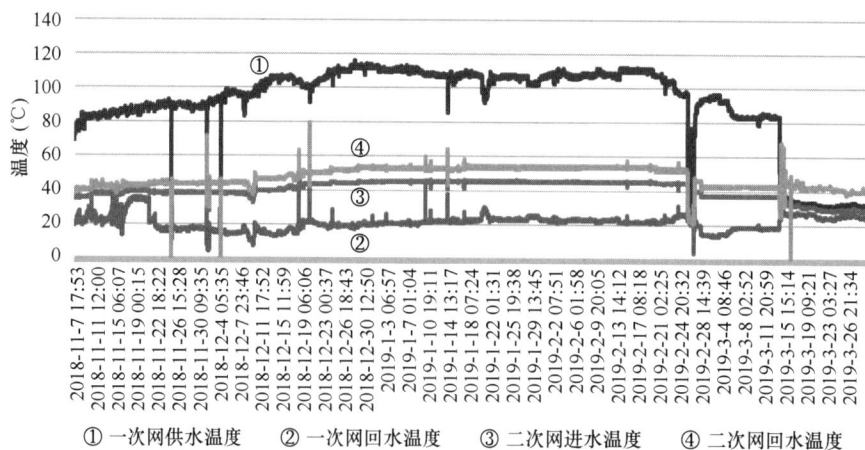

① 一次网供水温度　② 一次网回水温度　③ 二次网进水温度　④ 二次网回水温度

图 7.27 8MW 机组供暖季一、二次网实测水温变化曲线

从图中曲线中可看出，8MW 机组在初寒期启动阶段出现了一些问题，一次网回水温度波动较大，部分时间出现机组运行性能不佳的问题。在 11 月 22 日重新调试后，机组开始正常工作，并一直趋于稳定。8MW 机组的一次网供水温度与 2MW 机组相似，在供暖

季初末寒期，一次网水温在85℃左右。二次网的供回水温度分别在40~45℃与35~40℃的范围内，该机组能够将一次网回水温度降低至20℃以下的水平。在供暖季严寒期，一次网供水温度上升至100~110℃，二次网供回水温度分别上升至55℃与45℃水平。此时一次网回水温度有所升高，但机组仍能够将其降低至20℃左右。在3月19日之后，机组停止工作。在机组稳定运行的时段内，机组在满足供暖的前提下能够降低一次网回水温度至较低水平，运行性能良好。

图7.28与图7.29分别展示了8MW机组的二次网与一次网流量比及吸收式换热器效能随供暖时间的变化曲线。

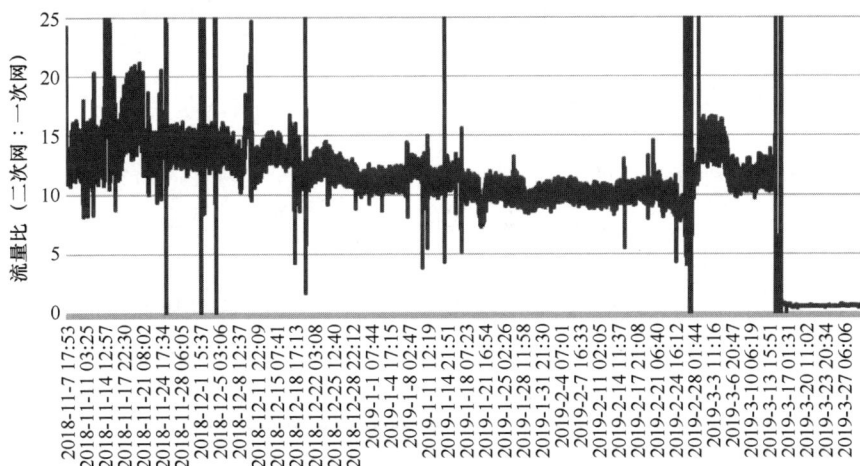

图 7.28　8MW 机组流量比随供暖时间变化曲线

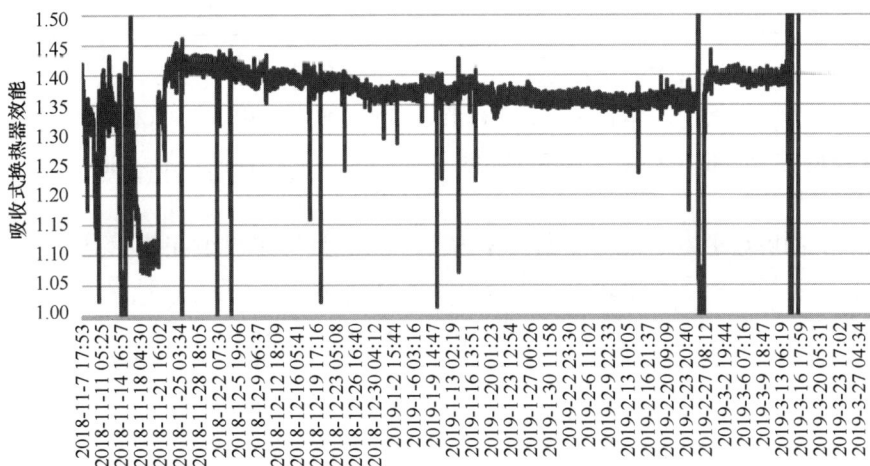

图 7.29　8MW 机组吸收式换热器效能随供暖时间变化曲线

8MW 机组的二次网与一次网流量比在8~15之间，该机组的流量比在所测试机组中是最小的。在初末寒期，机组流量比在12附近，在严寒期机组的流量比低于10，在9附近。均低于对应的其他小容量机组的流量比。从机组吸收式换热器效能来看，机组整体效能水平在1.35~1.4之间，是实测所有机组中运行效能最高的一台。其中，初寒期的吸收式换热器效能稳定在 1.4 附近，严寒期的吸收式换热器效能在 1.35 附近，略有降低，但吸收式换热器效能仍处于非常优秀的水平。机组在初寒期刚开机时，内部运行出现一定问题，导致实际机组测试结果出现异常，但经过调整后，机组能够在各个工况中都运行出一个非常好的效果。

7.3.3　性能分析

本节对实测的每一台机组，选择 1~3 个典型工况进行相关性能的计算。包括实测的系统负荷率，以及在不同负荷率下的实测流量比、供热量、吸收式换热器效能、一次网回水温度、机组各级与整体的 COP、板式换热器换热量占比等，用于对大型热力站的吸收式换热器性能调节进行相关指导。

1. 1MW 机组典型工况性能

1MW 机组在本供暖季的供暖负荷率为 10%（初末寒期）~30%（严寒期）之间，选取三个典型工况进行外部数据的详细分析，分别取 11 月 24 日 17.3% 负荷率、12 月 30 日 27.7% 负荷率，以及 3 月 22 日 9.8% 负荷率三个典型工况。

（1）工况 1：11 月 24 日

本工况实测供热量为 173kW，负荷率为 17.3%，计算出机组在该工况下运行的相关重要性能参数，如表 7.4 所示。

11 月 24 日工况 1MW 机组运行性能参数　　　　　　　　表 7.4

流量比	15.4	供热量	173kW
负荷率	17.3%	吸收式换热器效能	1.33
一次网回水温度	23.6℃	机组整体 COP	0.64
水-水板式换热器换热量	65.9kW	板式换热器换热量占比	38.1%

在供暖初寒期，机组实际负荷率在 17.3%，一次网供水温度 83.1℃，机组能够运行在一个较好的工况，将二次网自 38.3℃（回水温度）加热至 41.8℃（供水温度），满足实际的供热需求。同时将一次网回水温度降低至 23.6℃，吸收式换热器效能可达 1.33。

（2）工况 2：12 月 30 日

本工况实测供热量为 277kW，负荷率为 27.7%，计算出机组在该工况下运行的相关重要性能参数，如表 7.5 所示。

12 月 30 日工况 1MW 机组运行性能参数　　　　　　　　表 7.5

流量比	14.1	供热量	277kW
负荷率	27.7%	吸收式换热器效能	1.276
一次网回水温度	28.9	机组整体 COP	0.535
水-水板式换热器换热量	107kW	板式换热器换热量占比	38.6%

在供暖严寒期，室外温度降低，机组实际负荷率提高至 27.7%，机组实际未到较大负荷工况。此时一次网供水温度上升至 103℃，机组能够将二次网自 44.9℃（回水温度）加热至 50.3℃（供水温度），能够满足实际的供热需求。同时将一次网回水温度降低至

28.9℃，吸收式换热器效能可达 1.276。虽然相比初寒期性能有所下降，但实际运行也已经较好地实现了降低一次网回水的目标。

（3）工况 3：3 月 22 日

本工况实测供热量为 98.3kW，负荷率为 9.8%，计算出机组在该工况下运行的相关重要性能参数，如表 7.6 所示。

3 月 22 日工况 1MW 机组运行性能参数　　　　表 7.6

流量比	15.2	供热量	98.3kW
负荷率	9.83%	吸收式换热器效能	1.24
一次网回水温度	26	机组整体 COP	0.526
水-水板式换热器换热量	43.2kW	板式换热器换热量占比	44%

在供暖末寒期，室外温度升高，机组实际负荷率降低至 9.83%，同时，由于负荷降低，热源处提供的一次网供水温度下降至 67.4℃，机组能够将二次网自 34℃（回水温度）加热至 36.4℃（供水温度），同时将一次网回水温度降低至 26℃，吸收式换热器效能达 1.24。即虽然一次网供水温度降低至 70℃ 以下，品位下降，但实测的机组仍能够正常运行，满足供热需求下实现一次网回水温度降低的目标。因此该机组在部分负荷、一次网供水温度较低时仍能够正常运行。

2. 2MW 机组的典型工况性能

2MW 机组在本供暖季的供暖负荷率为 15%（初末寒期）～32%（严寒期）之间，遗憾的是，初末寒期的具体工况数据测试没有实现，因此无法看到该机组在更低负荷率下的数据，因此我们选取两个典型工况，包括严寒期高负荷与一般负荷率下的工况进行外部数据的详细分析，分别取 12 月 8 日 23.9% 负荷率、12 月 31 日 32.0% 负荷率两个典型工况。

（1）工况 1：12 月 8 日

本工况实测供热量为 477kW，负荷率为 23.9%，计算出机组在该工况下运行的相关重要性能参数，如表 7.7 所示。

12 月 8 日工况 2MW 机组运行性能参数　　　　表 7.7

流量比	19.7	供热量	477kW
负荷率	23.9%	吸收式换热器效能	1.325
一次网回水温度	15.9℃	机组整体 COP	0.548
水-水板式换热器换热量	148kW	板式换热器换热量占比	31%

在该时间段，属于供暖的一般时段，机组运行在 23.9% 的负荷率下，供热量为 477kW，实际的供热负荷小于机组的装机容量。这在所有的机组运行性能结果中均能表现出来。在此工况下，一次网进口温度 100.6℃，二次网进出口水温分别是 36.7℃ 与 40.7℃。机组能够将一次网回水温度降低至 15.9℃，达到 1.325 的吸收式换热器效能水平，很好地实现了机组降低一次网回水温度的目标。

（2）工况 2：12 月 31 日

本工况实测供热量为 640kW，负荷率为 32%，计算出机组在该工况下运行的相关重要性能参数，如表 7.8 所示。

12 月 31 日工况 2MW 机组运行性能参数 表 7.8

流量比	13.2	供热量	640kW
负荷率	32%	吸收式换热器效能	1.345
一次网回水温度	19.8℃	机组整体 COP	0.682
水-水板式换热器换热量	223kW	板式换热器换热量占比	34.85%

在供暖严寒期，室外温度降低，机组实际负荷率仅提高至 32%，可见实际的供热需求低于机组的装机容量，因此在设备安装时应当仔细核算该供热面积是否对应，否则仍会出现目前的现象，造成浪费。在此工况下，一次网供水温度上升至 110.7℃，二次网回水温度 43.1℃，供水温度 50.3℃，满足实际的供热需求。同时，机组能够将一次网回水温度降低至 19.8℃，吸收式换热器效能可达 1.345。在此工况下，机组的外部参数运行性能处于较好的水平。

3. 3MW 机组的典型工况性能

3MW 机组在本供暖季严寒期负荷率能达到 98%，在实测机组中属于唯一的一台高负荷率下运行的机组，因此，选取该高负荷率工况进行外部数据的详细分析。取 1 月 19 日 98% 负荷率的严寒期工况。

本工况实测供热量为 2939kW，负荷率为 98%，可计算出机组在该工况下运行的相关重要性能参数，如表 7.9 所示。

1 月 19 日工况 3MW 机组运行性能参数 表 7.9

流量比	8.01	供热量	2939kW
负荷率	98%	吸收式换热器效能	1.258
一次网回水温度	25.5℃	机组整体 COP	0.665
水-水板式换热器换热量	1171kW	板式换热器换热量占比	39.8%

在供暖季严寒期，该机组的一次网、二次网流量比相较于其他机组大大降低，为设计参数的水平。在此工况下，一次网进口水温 102.1℃，二次网的进出口水温分别是 50.3℃与 41.2℃。机组能够将一次网回水温度降低至 25.5℃，达到 1.258 的吸收式换热器效能水平，机组运行工况良好。

4. 6MW 机组的典型工况性能

6MW 机组在本供暖季的供暖负荷率变化较大，从 5%（初末寒期）升高至 47.5%（严寒期），因此，选取位于以上边缘的两个典型工况，包括严寒期与末寒期负荷率下的工况来进行外部数据的详细分析，分别取 12 月 30 日 47.5% 负荷率与 3 月 23 日 4.66% 负荷率两个典型工况。

（1）工况 1：12 月 30 日

本工况实测供热量为 2850kW，负荷率为 47.5%，计算出机组在该工况下运行的相关重要性能参数，如表 7.10 所示。

12月30日工况6MW机组运行性能参数 表7.10

流量比	7	供热量	2850kW
负荷率	47.5%	吸收式换热器效能	1.318
一次网回水温度	19.8	机组整体COP	0.765
水-水板式换热器换热量	794kW	板式换热器换热量占比	27.86%

该换热站的6MW机组与其他机组略有区别。该机组在实际运行中，水-水板式换热器使用了两套，导致一次网发生器的流量流经与机组配套换热器的一次网流量不同，在上表中已经有所展示，这也是板式换热器换热量占比低的原因。同时，整个系统的供热量会比测试值更高一些。在此工况下，一次网进水109.8℃，二次网进出口水温分别为41.5℃与51.9℃，满足供暖需求下，机组能够将一次网出口回水温度降低至19.8℃，吸收式换热器效能达1.318，运行性能较好。

（2）工况2：3月23日

本工况实测供热量为279kW，负荷率为4.66%，计算出机组在该工况下运行的相关重要性能参数，如表7.11所示。

3月23日工况6MW机组运行性能参数 表7.11

流量比	19.4	供热量	279kW
负荷率	4.66%	吸收式换热器效能	1.426
一次网回水温度	19.7	机组整体COP	0.599
水-水板式换热器换热量	49.9kW	板式换热器换热量占比	17.87%

在供暖末寒期，负荷降低，该机组的实测负荷率降低至5%以下。此工况相当于使用一个拥有足够大换热面积的吸收式换热器进行供热，能够得到非常好的换热性能。该工况在一次网入口水温72℃下，将二次网水温从35.4℃提升全37.7℃，并将一次网回水温度降低至19.7℃，吸收式换热器效能可达到1.426。即机组能够在较低的一次网供水温度（低于75℃）下正常工作，变工况调节性能良好。机组应当在初末寒期也投入使用。

5. 8MW机组的典型工况性能

8MW机组在本供暖季的运行较为稳定，且实测数据与6MW机组运行情况非常相似，因此选择严寒期的一个典型工况进行相关外部参数分析，说明机组的运行性能即可。以下选择12月31日工况进行分析。

本工况实测供热量为4115kW，负荷率为51.4%，计算出机组在该工况下运行的相关重要性能参数，如表7.12所示。

12月31日工况8MW机组运行性能参数 表7.12

流量比	9.93	供热量	4115kW
负荷率	51.4%	吸收式换热器效能	1.363
一次网回水温度	20.1	机组整体COP	0.73
水-水板式换热器换热量	1468kW	板式换热器换热量占比	35.7%

在供暖季严寒期，该换热站供暖区域负荷率较大，机组运行在 51.4％的负荷下，供热量为 4115kW。8MW 机组的流量比与 6MW 机组相近，接近于设计工况的参数。在此工况下，一次网进口水温为 112.9℃，二次网的进出口水温分别是 44.8℃与 53.7℃。机组在满足实际供暖负荷需求下，能够将一次网回水温度降低至 20.1℃，达到 1.363 的吸收式换热器效能水平，实测运行工况良好。

7.3.4　系统创新应用

应用于热力站的吸收式换热系统，还可以在供热模式上进行创新。

（1）对于大型高层建筑，对其供暖设计需要考虑设备的承压问题。一般每10～20层后就需要进行间连隔压，以防止系统压力过高而出现问题。对于在热力站采用传统板式换热器进行热量交换的系统，其二次网管路仅有一根，必须采用间连隔压的方式实现高层建筑的供暖。而对于本节所测试的吸收式换热系统，能够在模式上有所创新。将建筑按比例分成三个供热区域，每个区域采用单独的二次网管路进行供暖。由于进入吸收式换热系统换热的二次网管路分成三根，且三根之间互不影响，若将每根管路能够提供的热量进行对应，就能实现不采用间连隔压的方式供热。将高层建筑划分成多个区域，每个区域采用单独的二次网供热，从而实现供热的创新型应用[5]。

（2）在供热一次网管路的末端大热力站内，若附近存在较大的供热需求，则可以利用该热力站内的一次网水进行供热，进一步降低其温度。具体方式为：在该热力站安装燃气驱动的直燃式吸收机或与电动热泵耦合的吸收式换热器，一次网水经过蒸发器后进一步降低水温，而燃气与一次网水的热量用于供给附近的建筑供热需求。相比于直接使用燃气锅炉供热，该方式利用燃气驱动，进一步回收了一次网水的热量，使一次网回水温度进一步下降，在扩大供热规模的同时能够增大在热源处直接回收低品位余热的热量。若没有燃气，也可采用电动热泵进一步降低一次网回水温度，而电动热泵的供热量可用于就近小区的供热。

7.4　楼宇吸收式供热系统

7.4.1　楼宇吸收式供热系统

集中热力站是我国常见的供热模式，也是常规吸收式换热器的应用场景。集中热力站的供热量一般在 4～12MW，同时为 10～40 栋楼供热，因此出现庭院管网复杂、电耗高、楼栋间流量分配不均导致冷热不均、过量供热以及管路失水严重等问题[6]。楼宇供热在我国是近年来新兴起的一种供热模式，实际上在北欧已经较为普及，采用小型楼宇热力站进行分栋供热，取消集中热力站，取消复杂庭院管网，具有水力调节性能好、电耗低、单栋楼调节能力强等诸多优势，在芬兰、挪威、瑞典等国已是非常成熟的技术。常规的大型卧式吸收式换热器由于单机容量较大，仅能用于传统的集中热力站供热模式，而楼宇立式多段吸收式换热器的研发为楼宇吸收式供热模式[7]的推行提供了技术支持。该模式如图 7.30 所示，将楼宇立式多段吸收式换热器置于每栋楼旁，为单栋建筑供热，一次网铺设至每栋楼旁的换热器处，二次网仅在换热器及该栋建筑的用户末端间循环，在实现楼宇供热的同时使得一次网回水温度降低至 30℃以下。

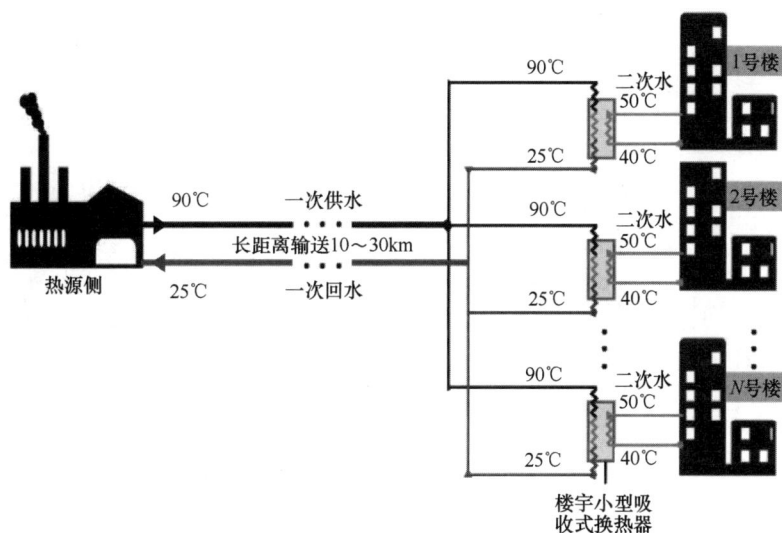

图 7.30　楼宇吸收式供热系统

楼宇吸收式供热将楼宇供热与吸收式换热的优势相结合，不仅降低了一次网的回水温度，还提高了单栋建筑的调节性能，避免因水力失调出现的过量供热问题，也利于分栋热计量的实施，同时由于每栋楼是独立的二次网系统，使得传统系统中的偷水、漏水问题易于排查、监控，可解决集中供热系统的诸多顽疾。

7.4.2　楼宇式吸收式热力站

楼宇吸收式热力站在已有的楼宇立式多段吸收式换热器的基础上，在有限的空间内集成了一个常规换热站所包含的设备及功能（图 7.31）。机组内部在水系统上配置了二次网循环泵、一次网增压泵、管路过滤装置、补水定压装置等部件，在数据监测方面安装了一次网及二次网的进出口温度、压力传感器，同时在一次网管路安装了电磁流量计，在补水定压管路安装了补水流量监测流量计，楼宇吸收式热力站内置具有数据远程监测功能的电控柜，建立了数据监测平台，从而可以实时监测分散于城市各处的楼宇吸收式换热站运行状况。热力站对外仅有一次网和二次网进出水管路接口，仅需将管路依次对接即可完成热力站管路安装，大大简化了热力站的管路施工。对于置于室外的机组，机组外壳采用了保温材料，从而保证了内部管路及仪器不被冬季严苛的环境损坏。

与常规大型集中热力站不同，集成了上述设备及功能的楼宇吸收式热力站外形尺寸与前面介绍的楼宇立式多段吸收式换热器本体尺寸基本相当，占地面积很少，高度也仅有3m 左右，这使得楼宇吸收式热力站可以被任意安装于每栋楼旁的空地甚至地下车库当中，不再需要建设专门的集中热力站。

由于楼宇吸收式热力站分布于每栋楼旁，其补水定压没有条件采用传统定压水箱加补水泵的方式，因此采用了新的补水定压方式，即采用一次网热水对二次网进行补水并采用压力罐定压（图 7.32）。由于传统集中热力站二次网系统较为复杂，管路经常存在漏点，同时户内存在偷水现象，这些都导致传统集中热力站的补水量较大，而采用楼宇吸收式热力站时，管路漏水的可能性大大降低并且容易排查，户内偷水现象也将被有效监督，因此系统运行中

(a)　　　　　　　　　　　　　　　　　　(b)

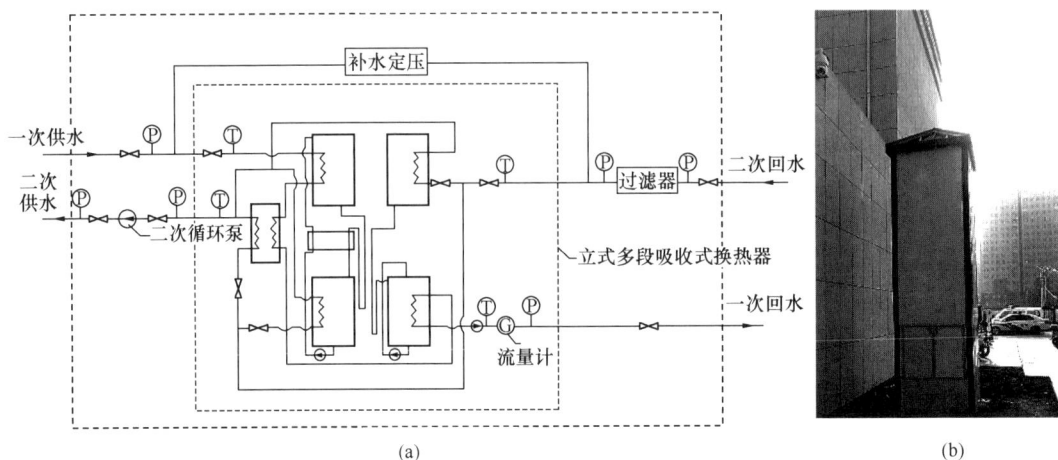

图 7.31 楼宇吸收式热力站
（a）楼宇吸收式热力站系统图；（b）置于楼旁的楼宇吸收式热力站

并没有大量补水的需求，不会对一次网补水量造成影响。上述新型补水定压方式已被应用于部分不具备设立常规补水定压系统的楼宇吸收式热力站项目中，在实际运行中发现，补水流量示数仅在清洗过滤器等管路维护后出现较小的变化，正常运行中几乎不需要补水。实测该项目的补水量仅为 $1.67kg/m^2$，不到常规集中热力站补水量的 10%。

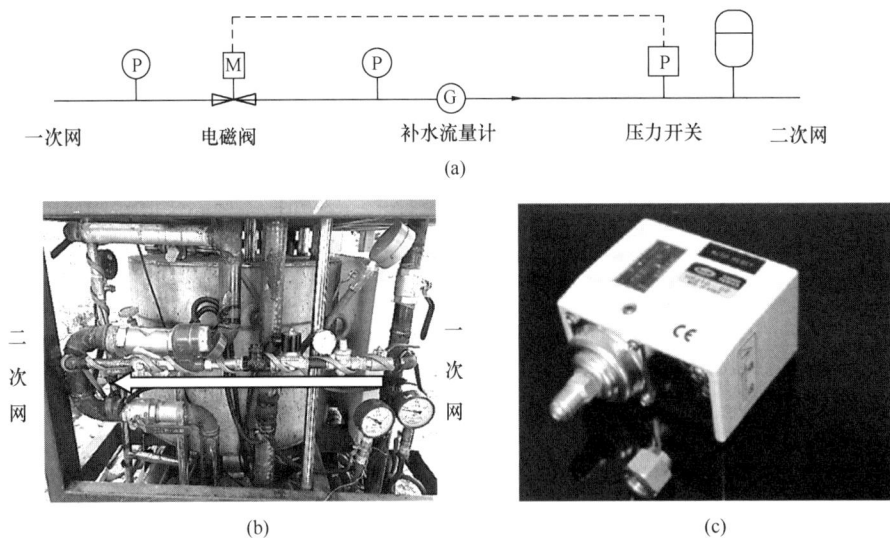

(a)

(b)　　　　　　　　　　　　　　(c)

图 7.32 新型补水定压方式
（a）补水系统原理；（b）补水管路；（c）压力开关

7.4.3 楼宇吸收式供热示范工程

清华大学本书课题组与内蒙古富龙供热工程技术有限公司、赤峰和然节能技术有限公司合作研发的机组于 2013 年起便应用于我国北方多个城市的供热项目中进行应用示范，供热建筑包括住宅、办公楼、交通枢纽等，本节选取两个最新的项目介绍其应用情况。

　　机组于 2017—2018 年供暖季及 2018—2019 年供暖季分别应用于内蒙古赤峰市以及呼和浩特市的两个楼宇吸收式供热项目中，其中赤峰市项目采用 9 台机组为某小区多栋建筑的高、中、低区分别供热，供热面积 36000m²；呼和浩特市项目采用 2 台机组为两栋办公建筑分别供热，供热面积 8000m²。机组被分散安装于每栋楼旁为单栋建筑供热，通过机组内的数据采集和远传系统实现数据的远程实时监测。图 7.33 给出了两个项目长期运行实测结果，其中赤峰市项目机组的换热效率较高，达到 1.25～1.28[8]；呼和浩特市项目机组的换热效率在 1.15～1.23，性能略低，这主要是由于该项目实际供热参数比设计参数更加苛刻，二次网与一次网的流量比偏小且一次网供水温度较低导致。总体来看，两个项目均能将一次网回水温度降至二次网回水温度之下，同时机组可以在外部参数大幅变化的条件下长期稳定运行。本节仅涉及机组在工程中的实际运行结果，关于机组本身在各类

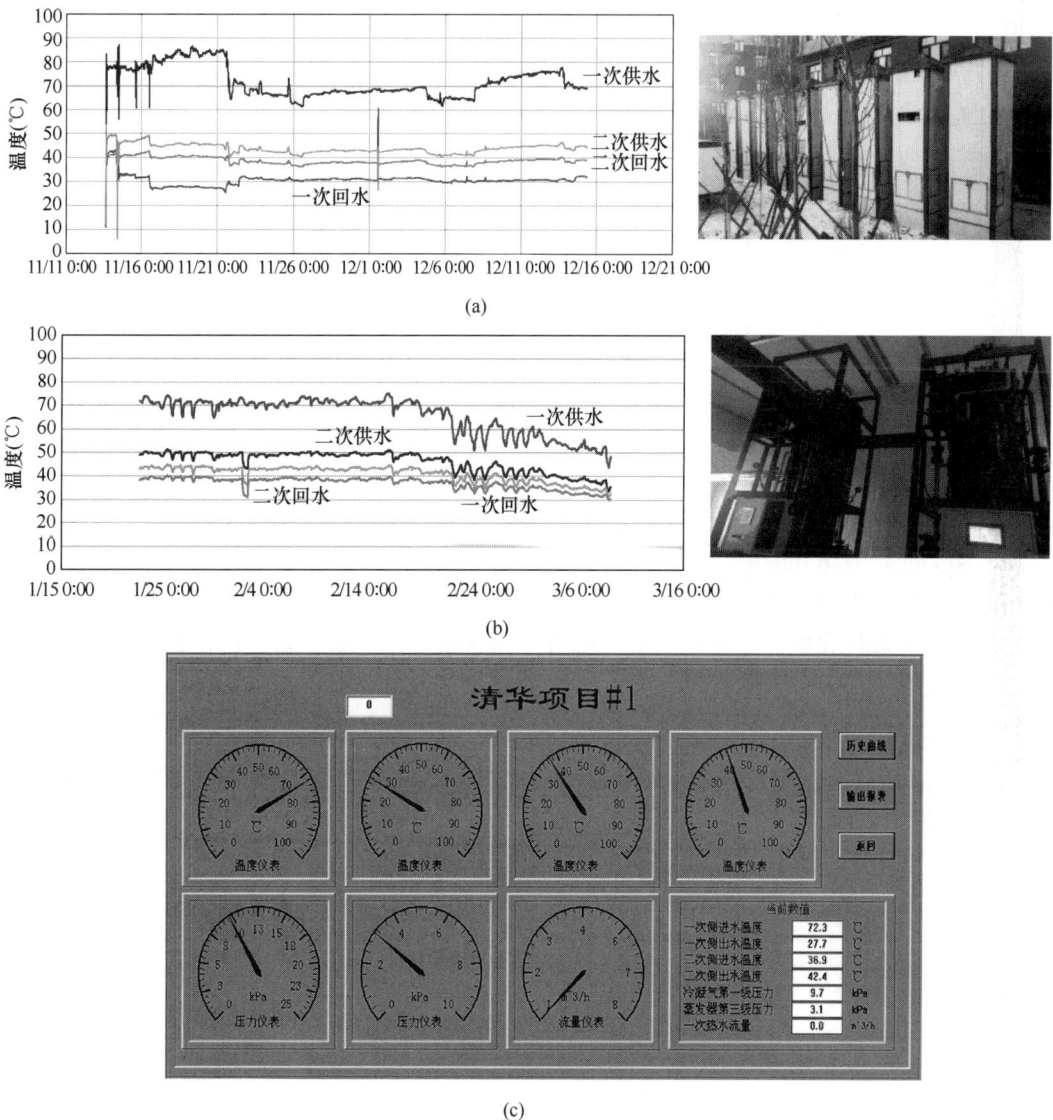

(a)

(b)

(c)

图 7.33　项目实测一、二次网参数

（a）赤峰市项目；（b）呼和浩特市项目；（b）远程监测系统界面

工况条件下的性能详见第 5 章。

一个值得注意的问题是在集中供热系统末端楼宇吸收式热力站侧的负荷自由调节特性，机组负荷调节特性越简单则越适于操作。图 7.34 (a) 模拟比较了常规板式换热器与立式多段吸收式换热器通过调节流量来控制供热量的特性曲线，从模拟结果看，吸收式换热器负荷率随流量变化基本呈线性关系，这一关系优于常规板式换热器，图 7.34 (b) 在楼宇立式多段吸收式换热器实际运行中对此进行了测试，其趋势与模拟结果吻合。同时可以看到，楼宇立式多段吸收式换热器的实际负荷调节范围很大，其负荷率与热源流量的线性关系在 20%～100% 额定流量下均成立。

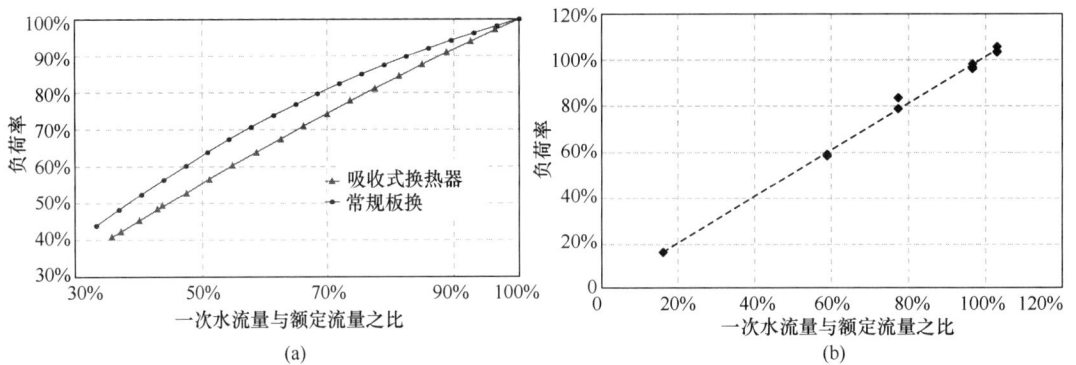

图 7.34　负荷率与一次网流量变化关系
(a) 模拟常规板式换热器与吸收式换热器对比；(b) 实测吸收式换热器调节特性

7.4.4　经济性分析

采用楼宇吸收式换热的模式，可以替代目前常规的小区集中热力站的供热模式，从而取消了集中的热力站和庭院管网，从投资成本上看，省去了集中热力站的建设费用，庭院管网由原来的二次网变为一次网，庭院管网的投资也会降低；增加的投资仅为楼宇吸收式换热机组与常规板式换热器相比增加的部分。从运行费用上看，首先由于取消了复杂的庭院管网，楼栋的供热不均问题不再存在，从而减少了庭院管网由于不均匀供热带来的热损失；并且大大减少了偷水、漏水量；此外，二次泵的泵耗也会大幅度降低。下面以一个 17 万 m² 的小区为例，对楼宇吸收式供热和常规热力站的供热方式进行综合的成本对比与投资回收分析，如表 7.13 所示。

楼宇吸收式换热机组与常规集中式热力站的成本对比　　　　　　　　表 7.13

项目	集中热力站供热	楼宇吸收式换热站
供热面积（m²）	170000	170000
供热量（kW）	8500	8500
一次供水（℃）	90	90
一次回水（℃）	45	25
二次供水（℃）	50	50
二次回水（℃）	40	40
庭院总流量（m³/h）	732	113

项目	集中热力站供热	楼宇吸收式换热站
管网平均直径（mm）	250	100
庭院管网长度（m）	1000	1000
初投资	—	—
庭院管网材料＋铺设（万元）	153	63.1
换热站建设成本（万元）	52.9	0
换热机组成本（万元）	133.7	0
吸收式换热站成本（万元）	0	340
吸收式换热站成本（元/W 供热量）	0	0.4
总初投资（万元）	339.6	403.5
运行费	—	—
整个供暖季耗热量（GJ）	62900	56610
热价（元/GJ）	22	22
整个供暖季热费（万元/年）	138.4	124.5
电耗（kWh/年）	340000	117504
电价（元/kWh）	0.8	0.8
电费（万元/年）	13.6	9.4
投资回收期（年）	—	3.4

从上表的案例可以看出，对于一个 17 万 m^2 的小区，楼宇吸收式换热的模式比常规热力站集中供热的模式，总投资增加了 63.9 万元，热费和水泵的运行费共节省 18.1 万元/年，投资回收期约为 3.4 年。可见，现有的集中热力站供热的模式，改为楼宇吸收式换热之后，约 3 年半就能通过减少热损失和节省二次泵耗来回收增加的投资，此时还没有计算通过楼宇吸收式换热模式降低一次网回水温度从而可在热源处回收低品位余热的好处，以及降低的碳排放。

如果考虑楼宇吸收式换热机组降低一次网回水温度回收电厂或者工厂余热的话，电厂与热力公司之间结算热费时，热量按照［流量×比热×（供水温度－40℃）］来核算，电厂和热力公司之间的热价按照 20 元/GJ 核算的话，楼宇吸收式换热机组比常规热力站集中供热每年能节省的热费约为 3 元/（m^2·年），这样 1 年左右就能回收所有的投资，之后每年都可节省 4 元/（m^2·年）的运行费用。

可见，采用楼宇吸收式换热具有较高的经济性。

7.5 化工和食品的速冷过程

7.5.1 化工和食品速冷流程介绍

除了余热回收与供热系统，吸收式换热器还适用于化工和食品工业的速冷流程。在化工行业中，一些工艺需要将高温物料迅速冷却到常温或者低温。在食品和饮料行业中，饮料、牛奶等消毒流程（UHT 消毒、巴氏消毒等）后也包括了速冷过程。常规的速冷流程一般采用冷却水和制冷机对高温物料进行逐步冷却，如图 7.35 所示的一个简化的饮料 UHT 消毒和速冷流程。图 7.36 为消毒和速冷流程的 T-Q 图。

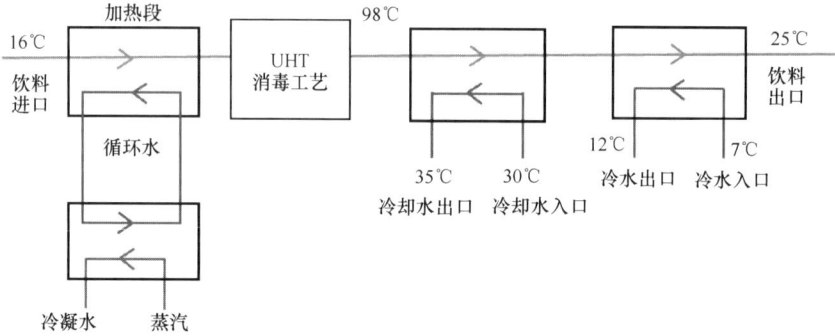

图 7.35　饮料的消毒和速冷简化流程

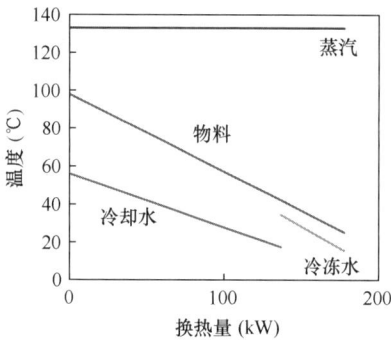

图 7.36　消毒与速冷流程 T-Q 图

在消毒和速冷流程中，物料的加热和速冷都需要消耗大量的能量。目前对于这样的先加热后速冷的流程，一些研究集中于流程中具体设备的节能改造，如李勇提出通过提高系统中制冷机和水泵的效率降低系统能耗[9]，余军和洪琛等提出通过回收蒸汽冷凝热量提高系统效率[10]。除此之外，应用较为广泛的还有通过增加系统热回收环节，回收消毒后物料的热量用于消毒前的预热过程[11]，如图 7.37 所示。然而，这些策略目前对降低系统能耗的效果均较为有限。

事实上，化工和食品的速冷过程是一个典型的先加热后冷却的流程。消毒后的高温物料可以作为一个良好的热驱动制冷流程的驱动源，这样就可以免去电制冷机的使用，从而

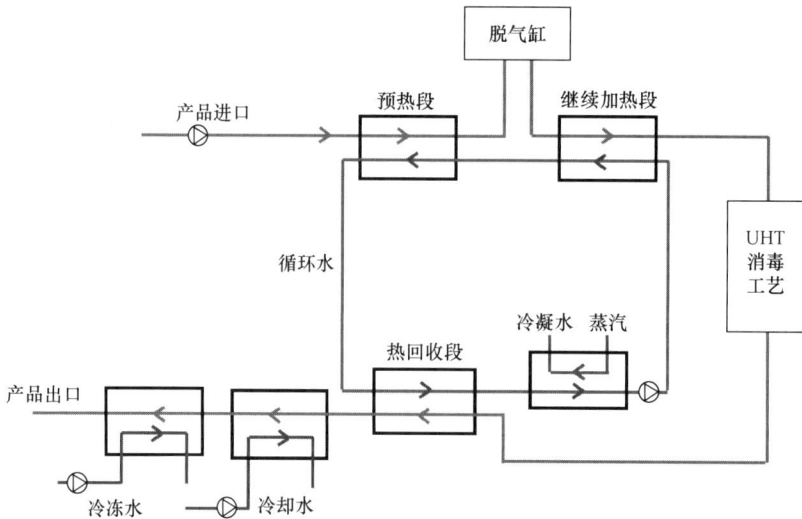

图 7.37　带有热回收的 UHT 消毒流程

节省大量电能。因此,吸收式热泵系统恰恰非常适合这样的系统。

7.5.2 吸收式换热器用于化工和食品的速冷过程

通过吸收式热泵系统与现有消毒系统结合的方式,可以利用消毒后的高温物料作为热源,驱动吸收式机组提供冷量,用于进一步冷却物料,从而免去电制冷机,减少大量电耗。由此,基于现有的 UHT 消毒流程实地测试,设计了采用吸收式热泵系统对 UHT 消毒后的饮料等液体物料进行速冷的流程,具体流程如图 7.38 所示[12]。常温物料首先经过加热段,加热到 UHT 消毒所需温度,然后进入消毒流程进行消毒,消毒后的高温物料依次进入吸收式热泵中的发生器,热回收段换热器,蒸发器,被梯级冷却到常温,离开速冷流程。吸收式热泵的冷凝器和吸收器中通入冷却水,用于排出热量。除此之外,还通过热回收换热器回收一部分高温物料的热量,用于预热下一轮的常温物料,提高系统能源利用率。图 7.39 给出了一个该系统的 T-Q 图示例。

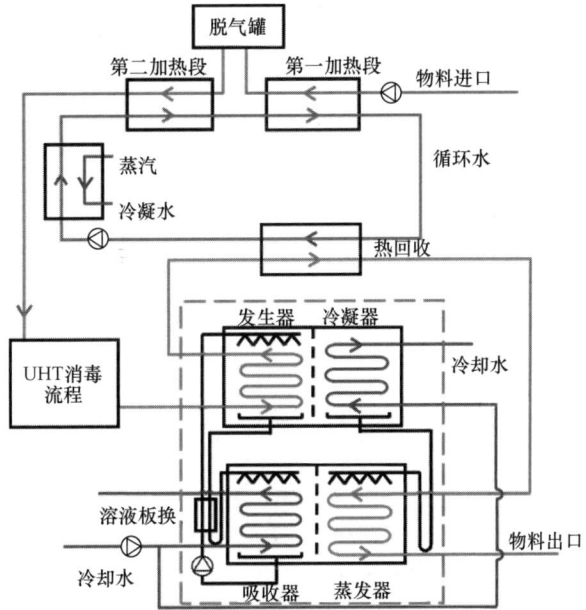

图 7.38 吸收式热泵系统用于饮料速冷过程

事实上,在实际的工程应用中,对于食品、饮料等卫生条件要求较高的生产工艺流程,往往需要考虑工艺的安全性。因此,虽然吸收式热泵本身在正常工作的条件下,可以保证稳定和安全运行,但为了保险起见,物料与吸收式热泵可以不进行直接换热,而是需要经过换热器的二次换热。因此可以考虑采用图 7.40 所示的系统,在发生器和蒸发器外部接入间接换热器,通过循环水首先与物料换热,循环水再进入发生器和蒸发器中换热。

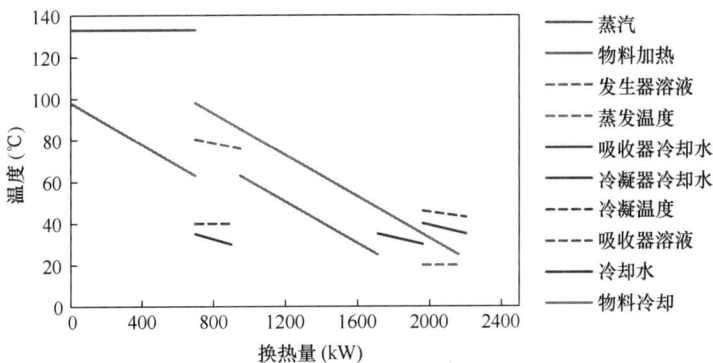

扫码可看彩图

图 7.39 吸收式热泵系统用于饮料速冷过程的 T-Q 图

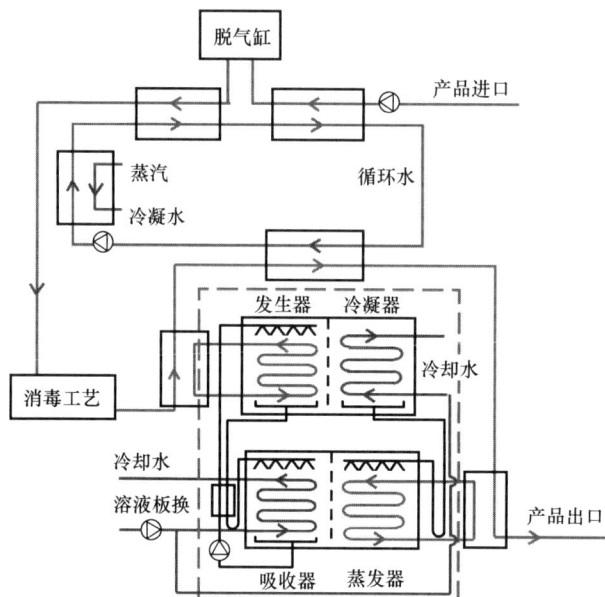

图 7.40　增加间接换热的吸收式热泵系统用于饮料速冷过程

7.5.3　流程比较

1. 电动热泵流程

为了更加清楚地描述吸收式热泵用于化工和食品行业速冷流程的节能效果，以饮料消毒及速冷流程为例，将该流程与带有热回收的原流程以及采用电动热泵的速冷流程进行能耗比较。首先介绍利用电动热泵的速冷流程，如图 7.41 所示。

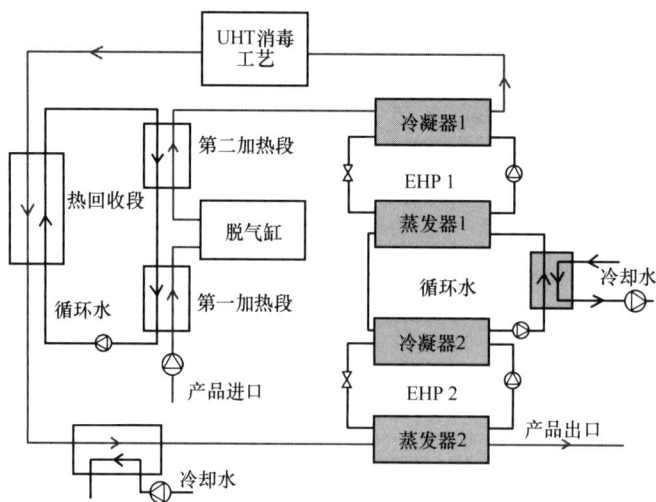

图 7.41　利用电动热泵实现饮料消毒后的速冷流程

由于饮料消毒流程是一个先加热至要求的温度后进行速冷的过程，因此采用电动热泵实现同时加热和速冷。该流程中包含了两个电动热泵，中间通过循环水连接，由冷却水排出多余的热量。常温产品首先经过热回收段加热，经过第一个电动热泵（EHP1）的冷凝器进一步加热至所需高温后进入 UHT 消毒流程进行冷却，然后通过热回收段以及冷却水冷却后，进入第二个电动热泵（EHP2）的蒸发器进一步冷却至常温。通过这种方式，也可以在对饮料进行速冷的同时满足饮料消毒的加热温度要求（对于饮料，一般要求消毒前饮料达到 98℃）。以 R245fa 为制冷剂工质，对流程中的两个电动热泵进行设计，其 P-h 图如图 7.42 所示，表 7.14 中给出了电动热泵的设计参数。

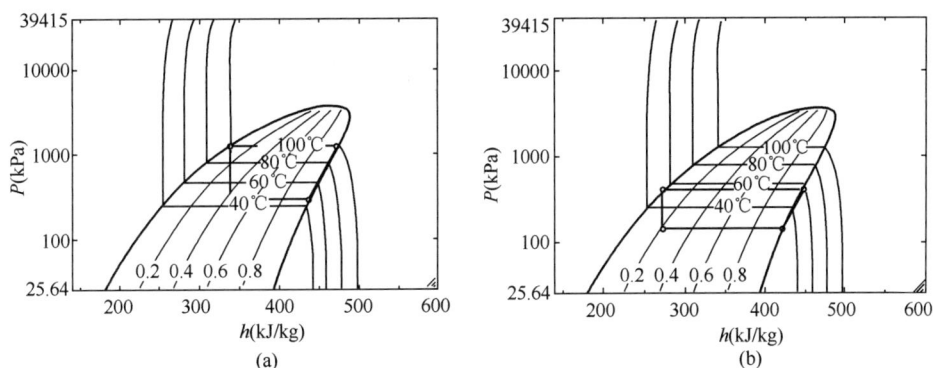

图 7.42　电动热泵的 P-h 图（R245fa 工质）
(a) EHP1 的 P-h 图；(b) EHP2 的 P-h 图

电动热泵的设计参数　　　　　　　　　　　　　　　　　　　　　　表 7.14

参数	冷凝温度	蒸发温度	制热 COP_h	制冷 COP_c	电功率	热负荷	冷负荷
单位	℃	℃	—	—	kW	kW	kW
EHP1	100.0	45.0	3.7	—	21.6	80.0	58.4
EHP2	55.0	23.0	—	5.5	14.5	94.5	80.0

2. 等效电能耗比较

比较三个流程：带有热回收的原速冷流程（original process with heat recovery，OPH）、吸收式热泵的速冷流程（the absorption chiller process，AC），以及电动热泵的速冷流程（electrical heat pump process，EHP）。为了公平地进行对比，需要统一所耗能源（蒸汽、电能）的形式，将其统一为"等效电"。在此首先对等效电进行定义：

$$等效电（kWh）=k×蒸汽消耗量（kWh） \tag{7-9}$$

式中，k——等效电系数，用于折算蒸汽能耗与等效电能耗。

K 值的计算应为利用所耗蒸汽量按照一定效率进行发电后，可以产生的电量。当蒸汽温度为 133℃，乏汽温度 35℃，考虑等熵过程以及等熵发电效率为 0.9，则此时等效电系数为 0.24。

定义热回收率：

$$\eta = \frac{Q_{hr}}{Q_{hr} + Q_h} \tag{7-10}$$

式中，η——热回收率；

Q_{hr}——热回收段回收的热量；

Q_h——饮料经过热回收段加热后剩余需要加热的热量。

考虑不同热回收率下，三种流程的等效电能耗情况如图 7.43 所示。例如，当热回收率为 75％时，带有热回收的原流程（OPH）等效电能耗为 22.2kJ/kg 饮料，而采用吸收式热泵的流程（AC）等效电能耗为 20.4kJ/kg 饮料，采用电动热泵的流程（EHP）等效电能耗为 27.8kJ/kg 饮料，AC 流程能耗最低。当热回收率低于 93％时，采用吸收式热泵的流程等效电能耗低于其他两个流程，而当热回收率高于 93％时，采用电动热泵的流程能耗最低。然而，考虑到实际的换热器换热端差，达到 93％的热回收率实际非常难以实现。从曲线中也可以看出，在实际应用中，当热回收率逐渐降低，采用电动热泵的流程能耗远高于其他两个流程，而当热回收率低于 93％时，采用吸收式热泵的流程具有明显的节能优势。

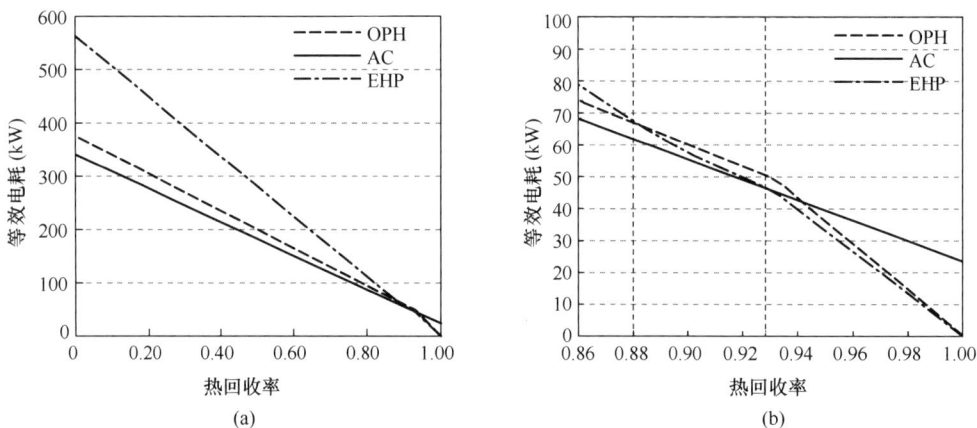

图 7.43 三个流程消耗的等效电耗对比

（a）三个流程的等效电耗对比；（b）高回收率部分细节放大图

3. 经济性比较

（1）热回收段换热器的投资和运行成本

随着热回收率的提高，传热温差减小，所需要的传热面积就会增大。在系统的实际设计中，需要根据热回收率对热回收段的换热器进行不同的设计。由于流体速度的变化也会影响换热系数，因此使用商用换热器选型软件计算换热面积的变化。传热面积、传热系数和泵功率如图 7.44 所示。这个例子的饮料流量为 18t/h，75％热回收率下的热负荷为

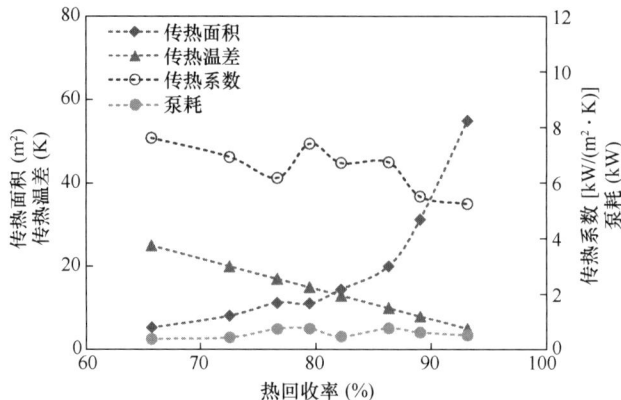

图 7.44 不同热回收率下的热回收段换热器投资

365kW，维持系统运行的饮料泵功率为 0.6kW，考虑泵的效率为 0.65，通过比较可以发现，热回收段换热器的换热面积随着热回收率的增加有明显的增加趋势，当热回收率高于85%时几乎呈指数增长，从而导致换热器的投资成本指数增加，而泵的运行费用则变化不大。

（2）水泵和冷却塔的运行费用

在整个 UHT 消毒速冷系统中主要存在以下几种水泵：吸收式冷水机组中的饮料循环泵、循环水泵、冷却水泵和溶液循环泵。其中，由于吸收式热泵的溶液流量相对较小，可以忽略溶液泵的电耗。对于饮料和冷却水，两台循环泵的电耗与饮料、循环水和冷却水的流量直接相关。由于三种流程中的饮料流量和循环水流量相同，泵的耗电量主要影响冷却水流量。表 7.15 显示了在 75% 的热回收率下，OPH、AC 和 EHP 流程的冷却水泵和风机的运行成本。设定饮料流量为 18t/h，室外湿球温度为 26℃，冷却水温度为 30～35℃，风水比为 0.8，冷却水泵扬程为 10m，效率为 0.65。OPH、AC 和 EHP 的总运行成本分别为 4.2、8.0 和 1.6kW，其中 AC 流程运行费用最高。

冷却水泵和风扇的运行成本　　　　　　　　　　　表 7.15

项目	冷却水排热量（kW）	冷却水流量（kg/s）	水泵扬程（m）	水泵功率（kW）	风水比	风量（m³/h）	风机功率（kW）	总运行费用（kW）
OPH	220	10.5	15	2.4	0.8	23500	1.8	4.2
AC	420	20.1	15	4.5	0.8	44900	3.5	8.0
EHP	84	4.0	15	0.9	0.8	9000	0.7	1.6

（3）整个系统的投资和运行费用

最后，对 OPH、AC 和 EHP 这三个过程进行整个系统的投资和运行费用的初步经济分析。仍然考虑饮料流量为 18t/h 的情况，基本投资费用中包括吸收式热泵和电动热泵的成本费用。吸收式热泵的价格为 0.8 元/W 制冷量，制冷机价格为 0.8 元/W 制冷量。我们选择了国内三个典型城市的蒸汽和工业用电的价格，如表 7.16 所示。三个流程的基本成本和投资回收期见表 7.17。通过比较可以发现，在运行成本方面，蒸汽和电价格的比值对三种流程运行成本有显著影响。三个城市三个流程在不同热回收率下的总运行成本如图 7.45 所示。运行成本计算涵盖 5000 个运行小时。投资回收期按 80% 的热回收率计算时，在城市 1 和城市 2 中，AC 流程的运行成本低于 EHP 和 OPH，而在城市 3 中，EHP 的运行成本最低。在所有城市中，AC 过程的投资回收期都比 EHP 的投资回收期短。在城市 3，AC 和 EHP 的投资回收期均在 1～2 年。

三个典型城市的蒸汽和工业用电价格　　　　　　　表 7.16

城市	蒸汽价格		工业用电价格（元/kWh）	蒸汽价/电价
	（元/t）	（元/kWh）		
城市 1	180	0.27	0.7	0.39
城市 2	230	0.35	0.85	0.41
城市 3	252	0.38	0.75	0.50

基本成本和投资回收期 表 7.17

项目	制冷负荷（kW）	基础投资（万元）	年运行费用（万元）			投资回收期（年）		
			城市 1	城市 2	城市 3	城市 1	城市 2	城市 3
OPH	290	—	47.9	60.7	64.2	—	—	—
AC	262	21.0	35.4	45.2	49.6	1.7	1.4	1.4
EHP	501	40.1	39.1	47.5	41.9	4.6	3.0	1.8

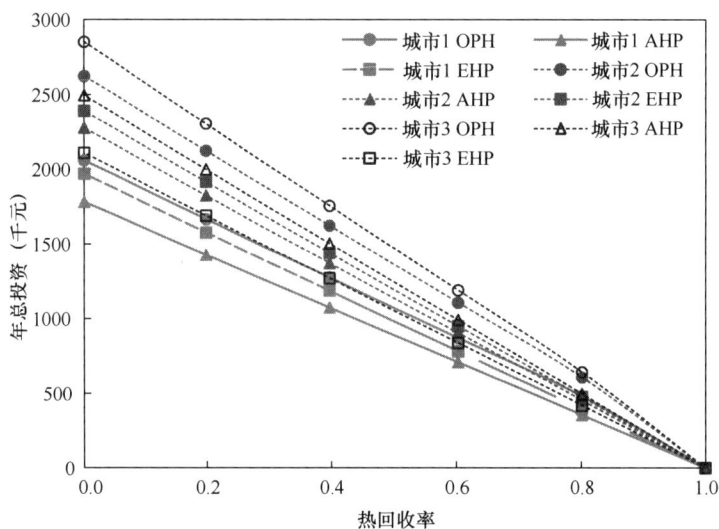

图 7.45 每年总运行费用（以 5000h 计）

本节介绍了目前采用的带有热回收的 UHT 消毒流程（OPH），并提出了一种新型的采用吸收式热泵的 UHT 消毒流程（AC），以及采用电热泵的新型的 UHT 消毒速冷流程（EHP），并对三种流程的能耗进行了比较。当热回收率低于 93% 时，AC 流程等效电能耗最低，而 EHP 流程等效电能耗最高。当热回收率在 88%～93% 之间时，OPH 消耗的等效电能耗最大。当热回收率大于 93%，EHP 流程比 OPH 和 AC 流程等效电能耗少，而达到如此高的热回收率在实际流程中是非常困难的。总的来说，在这三种流程中，采用吸收式热泵进行 UHT 消毒后速冷的流程是一种能耗较低的设计。最后，对三个流程的整个系统的投资和运行成本进行了经济分析，讨论了水泵、冷却塔和回收热交换器的运行成本，并比较了不同城市不同蒸汽和电价时各种流程的运行能耗。在城市 1 和城市 2，蒸汽价格和工业用电价格比值较低，AC 流程的运行成本低于 EHP 和 OPH 流程。在城市 3 中，蒸汽价格和工业用电价格比值较高，EHP 流程的运营成本最低。在所有城市中，AC 流程的投资回收期都比 EHP 的投资回收期短。在城市 3，AC 和 EHP 的投资回收期均在 1～2 年。

本章参考文献

［1］ H T L，XIE X Y，JIANG Y. Simulation research on a variable-lift absorption cycle and its application in waste heat recovery of combined heat and power system[J]. Energy，2017，140：912-921.

［2］ XIE X Y，JIANG Y. Absorption heat exchangers for long-distance heat transportation[J]. Energy，

2017，141：2242-2250.

［3］ YI Y，XIE X Y，JIANG Y. Optimization of solution flow rate and heat transfer area allocation in the two-stage absorption heat exchanger system based on a complete heat and mass transfer simulation model［J］. Applied Thermal Engineering，2020，178：115616.

［4］ YI Y H，XIE X Y，JIANG Y. A two-stage vertical absorption heat exchanger for district heating system［J］. International Journal of Refrigeration，2020，114：19-31.

［5］ YI Y，XIE X Y，JIANG Y. Process design and analysis of a flexibly adjusted zonal absorption heat exchanger for high-rise building heating systems［J］. Applied Thermal Engineering，2021，195：117173.

［6］ 董磊. 集中供热庭院管网能耗现状与节能措施研究［D］. 北京：清华大学，2014.

［7］ 江亿，谢晓云，朱超逸. 实现楼宇热力站的吸收式换热器技术［J］. 区域供热，2015(4)：38-44.

［8］ ZHU C Y，XIE X Y，JIANG Y. A multi-section vertical absorption heat exchanger for district heating systems［J］. International Journal of Refrigeration，2016，71：69-84.

［9］ 李勇. 饮料生产的节能技术措施［J］. 中国食品工业，2009(12)：42-43.

［10］ 余军，洪琛. 简述饮料生产线设计中蒸汽冷凝水回收用途设计与节能成本测算案例［J］. 饮料工业，2012，15(2)：43-47.

［11］ 周坤. 年产9万吨液态奶的生产车间设计［D］. 无锡：江南大学，2005.

［12］ YANG Y T，XIE X Y，JIANG Y. Novel beverage heating and fast-cooling processes separately using an absorption chiller and using electric heat pumps［J］. International Journal of Refrigeration，2018，94：87-101.